HUNDEERZIEHUNG

Wie Sie Ihrem Hund schlechte
Angewohnheiten abgewöhnen können

Colin Tennant

HUNDE-ERZIEHUNG

Wie Sie Ihrem Hund schlechte
Angewohnheiten abgewöhnen können

www.knaur.de

▶ Zur Benutzung dieses Buches

Dieses Buch versucht zu erklären, was in einem Hund vorgeht und warum Hunde sich so verhalten, wie sie es tun – besonders, wenn sie sich nach unserem Verständnis schlecht benehmen. Es gibt Ratschläge zu Erziehungsübungen und anderen Maßnahmen zur Bekämpfung schlechter Angewohnheiten. Wenn sie mit Vernunft angewendet werden, zeigen die in diesem Buch beschriebenen Methoden Erfolg; trotzdem muss sich der Leser darüber im Klaren sein, dass Hunde sehr viel Kraft entwickeln und in bestimmten Situationen unvorhersehbar reagieren können. Hunden, die Merkmale wie zum Beispiel Aggression zeigen, sollte man sich stets mit Vorsicht nähern – suchen Sie im Zweifelsfall vorher den Rat eines qualifizierten Hundetrainers oder Verhaltenstherapeuten.

Autor und Verlag geben keinerlei Garantie auf die in diesem Buch enthaltenen Informationen und Empfehlungen und übernehmen keine Haftung für deren Anwendung.

▶ Der Leser wird in diesem Buch öfter auf meine Empfehlung stoßen, sich mit einem Problemhund an einen Hundetrainer oder Verhaltenstherapeuten zu wenden. Beide Profis sollten ein tiefer gehendes Verständnis von der Hundepsychologie haben und die Gründe dafür kennen, warum manche Hunde sich schlecht benehmen. Seien Sie sich trotzdem der Tatsache bewusst, dass nur wenige Trainer Hunde wirklich bis zu einem hohen Niveau ausbilden können. Das sollten Sie wissen, bevor Sie professionelle Hilfe in Anspruch nehmen.

Beim Lesen der Ratschläge in den einzelnen Kapiteln sollte der Leser je nach seinen persönlichen Umständen sowie Alter und Rasse seines Hundes selbst entscheiden, welche Trainingsmethode in Frage kommt. In manchen Fällen wäre es nicht angebracht, alle beschriebenen Methoden zur gleichen Zeit anzuwenden.

▶ Der Autor

Colin Tennant ist Englands führender Experte für Hundeverhalten und Hundeerziehung. Er leitet ein Zentrum für Verhaltenstherapie für Hunde, das Besitzern aller Hunderassen Rat und Unterstützung anbietet. Im Jahr 1975 arbeitete der Autor in der Polizeihundestaffel von Cheshire und qualifizierte sich extern als Polizeihundeführer. Colin Tennant startete seine Karriere im Bereich Hundeverhalten in der Asoka-Hundeschule in Manchester und gründete in den frühen 80er Jahren in London eine Erziehungsgruppe speziell für Problemhunde.

Er hat Tiere für über 100 Fernsehsendungen trainiert und mehrere Lehrvideos zu Erziehungsproblemen oder Pflege von Katzen und anderen Tieren gedreht. Er hält Vorträge rund um die Welt und schreibt häufig Beiträge für Zeitungen und Zeitschriften. Er wird von den Medien als Berater angefragt und hat neben anderen Sendern bereits BBC als Experte in Sachen Hundeverhalten und Hundeerziehung beraten. Er ist Vorsitzender der britischen »Canine and Feline Behaviour Association« und praktiziert als Verhaltenstherapeut für Tiere in seinem »Canine and Feline Behaviour Centre« mit Sitz in Hertfordshire.

▶ Inhalt

▶Einleitung

Die Herkunft des Hundes

Der friedlich zu Ihren Füßen zusammengerollte Hund ist seit Tausenden von Jahren ein treuer Freund des Menschen. Ursprünglich aus seinen wild lebenden Verwandten domestiziert, ist der Hund heute in vielen Millionen Haushalten daheim und zählt zu den beliebtesten Haustieren der Welt. Viele seiner Charaktereigenschaften erscheinen uns vertraut und liebenswert, aber leider übersehen wir auch oft die natürlichen Erbanlagen unserer Lieblinge, die sie letzten Endes überhaupt zu Hunden machen. Wir verlangen von Tieren, die wir domestizieren, sich unserem Lebensstil anzupassen. Um das Hundeverhalten zu verstehen, muss man etwas über die Herkunft des Hundes und seine natürlichen Eigenschaften wissen.

Links: *Große Hunde, kleine Hunde – welche Größe sie auch haben, sie leisten uns seit Tausenden von Jahren Gesellschaft.*

Hunde sind schneller als Wölfe. Mastiffs wurden auf Stärke und besondere Kampfqualitäten hin – und zwar sowohl gegen Menschen als auch gegen Tiere – gezüchtet.

Weltweit gibt es über vierhundert Hunderassen und jedes Jahr kommen weitere hinzu. Wenn man sie betrachtet, fragt man sich vielleicht, was unsere Vorfahren mit ihrer Zuchtauswahl erreichen wollten. Ein

Die Frühgeschichte der Hunde

Archäologische Ausgrabungen haben gezeigt, dass Hunde vermutlich schon seit etwa hunderttausend Jahren mit Menschen zusammen leben. Die alten Ägypter hielten Hunde zu den verschiedensten Zwecken. Sie verehrten den schakalköpfigen Gott Anubis und begruben Hunde oft zusammen mit ihren Herren – ein sicheres Indiz dafür, wie sehr die Ägypter ihre Hunde schätzten. Auch die alten Griechen, Chinesen und Römer hielten und trainierten Hunde und erkannten ihnen einen hohen Status in ihrer jeweiligen Gesellschaft zu. Ein berühmter japanischer Kaiser besaß 100 000 Hunde, die unter kaiserlichem Schutz standen.

Mit der Zeit begann der Mensch mit einer selektiven Zucht des Hundes, um diejenigen Fähigkeiten zu fördern, die er brauchte, und um die Triebe nutzbar zu machen, die ihm Vorteile verschafften. Collies haben beispielsweise einen viel besseren Hütetrieb als Wölfe und Schäferhunde besitzen mehr Selbstvertrauen sowie einen besseren kombinierten Wach- und Hütetrieb. Die auf Sichtkontakt hin hetzenden

Links: *Der Deutsche Schäferhund ist ein extrem vielseitiger Arbeitshund und eine der beliebtesten Hunderassen.*

Dieser Hund braucht eine feste Hand.

Oben: *Mastiffs sind große und starke Hunde, die jahrhundertelang als Kampfhunde zu Kriegszwecken oder zum Einsatz gegen Wildtiere gezüchtet wurden. Trotz ihres furchterregenden Aussehens haben sie ein sanftes Gemüt.*

Chihuahua zum Beispiel ist nicht zum Hüten von Schafen oder Bewachen geeignet, denn er wiegt nicht mehr als ganze zwei Kilogramm. Als kleinste Hunderasse der Welt wurde er zu keinem anderen Zweck gezüchtet, als dem Menschen zu gefallen und oft, um adligen Damen Gesellschaft zu leisten. Der Pekinese ist ein ähnliches Beispiel.

Arbeitshunderassen

Die Schäfer- und Hütehunderassen sprechen zweifellos am besten auf Ausbil-

Rechts: Kleinhunde sind besonders anhängliche und treue Haustiere. Trotz ihrer geringen Größe können sie gute Wachhunde sein.

Ein schlecht erzogener Mastiff kann beim Spaziergang wirklich schwer zu bändigen sein.

dungsmaßnahmen des Menschen an und bilden deshalb den Löwenanteil der Arbeitshunderassen. Ich gebrauche diesen Begriff zur Beschreibung von Hunden, die in der modernen Welt tatsächlich an der Seite des Menschen arbeiten. Dazu gehören vor allem Polizeihunde, Blindenhunde, Schäferhunde und Servicehunde für Behinderte.

Begleitung

Studien der Universitäten Cambridge und Glasgow wiesen eindeutig nach, dass Menschen älter werden und ein erfüllteres Leben führen, wenn sie einen Hund besitzen. Ältere und allein stehende Menschen profitieren von einem Hund ganz besonders: Er hält sie fit und mit ihm knüpfen sie auf Spaziergängen leichter neue Bekanntschaften. Da immer mehr Stress in unserer Gesellschaft herrscht, werden Hunde und andere Haustiere zweifellos weiterhin wichtige soziale und psychologische Bedürfnisse der Menschen erfüllen. Aber haben auch die Tiere etwas davon? Wir werden sehen.

Unten rechts: Hunde bieten allein stehenden Menschen Zuneigung und Freundschaft in einem ansonsten leeren Haus. Ihre Gesellschaft kann sich sogar positiv auf die Gesundheit auswirken – sie bekämpfen Depressionen und beschleunigen die Genesung nach einer Krankheit.

ger. Der Hund kann zwar unsere Beweggründe nicht verstehen, aber er lernt, sich an unser seltsames, nicht hundetypisches Verhalten und unsere merkwürdige Umgebung anzupassen. Miteinander auszukommen ist ein zweiseitiger Prozess.

Schnüffeln und sich Wälzen

Hunde schnüffeln an anderen Hunden, an Menschen, an Kot und Urin von anderen Hunden und Tieren. Warum? Weil das ihre Art der Mitteilung ist, die in mancherlei Hinsicht Ihren Augen entspricht, die ein Verkehrsschild oder eine Zeitungsannonce

Domestikationsprobleme

Leider wählen zu viele Menschen einen Hund aus, der nicht zu ihrem Lebensstil und zu ihrer Wohnungssituation passt. Man darf nicht vergessen, dass ein Haushund im Wesentlichen ein Wolf im Fell eines Labradors (oder einer anderen Hunderasse) ist. Dem Mensch gelang es sehr gut, den echten Wolf durch Züchtung zu tarnen, sodass wir das in unseren Hunden lauernde wilde Tier nicht mehr sehen können. Zumindest erkennen wir es so lange nicht, bis der Hund beginnt, sich »schlecht« oder vielmehr – so würde ich es ausdrücken – wie ein Wolf zu benehmen. Diese Selbsttäuschung ist der springende Punkt bei vielen Verhaltensproblemen, die mir immer wieder begegnen. Hunde wissen, was sie sind, Hundebesitzer leider nicht. Es braucht oft einige Zeit und viele Beratungsgespräche, bis sie realisieren, dass sie einen Wolf groß gezogen und liebevoll bei sich aufgenommen haben.

Des Menschen bester Freund

Die meisten Menschen betrachten vieles an Hunden als selbstverständlich: Sie erwarten, dass sie loyale, gehorsame, freundliche, gesellige und von uns abhängige

Freunde sind, die uns jeden Wunsch von den Lippen ablesen. Wenn wir hören, dass jemand von einem Hund gebissen wurde, reagieren wir mit Zweifel und reden uns ein, dass dies ein ungewöhnliches Vorkommnis sein müsse. Tatsache ist: Wir erwarten von Hunden meist etwas, was sie nicht sind, und sind enttäuscht, wenn sie sich schlecht oder ungesellig – besser gesagt – wie ein Hund benehmen.

Genauso sind Hunde enttäuscht und frustriert, wenn wir sie allein zu Hause lassen, um uns einen schönen Abend zu machen. Sie sind Rudeltiere, keine Einzelgän-

wahrnehmen. Der Geruch zeigt die Anwesenheit von Hunden und ist außerdem auf der Jagd nach Nahrung wichtig.

Da Nahrung Überleben bedeutet, besitzen die meisten Tiere in dieser Hinsicht sehr starke Instinkte. Solange sie es nicht anders gelernt haben, nehmen Hunde dankbar jedes Futter, das sie erschnüffelt, in einem Futternapf, auf der Straße oder auf Ihrem Kaffeetisch erspäht haben. Hunde sind Raubtiere und Aasfresser und zufällig gefundenes Futter ist für sie ein Glücksfall, den man sich nicht entgehen las-

Oben: *Wie ihre Stammart, die Wölfe, sind Hunde von Natur aus Rudeltiere. Es ist daher nicht überraschend, dass sie unglücklich sind, wenn sie lange Zeit allein im Haus bleiben müssen.*

Oben rechts: *Was Futter betrifft, haben Hunde instinktiv einen Blick für gute Gelegenheiten. Zwischen unserem Kaffeetisch und ihrem Fressnapf zu unterscheiden, müssen sie erst lernen.*

Links: *Wenn Hunde sich begegnen, beschnüffeln sie sich gegenseitig im Genitalbereich. Duft ist für sie ein Weg, Informationen über die Welt zu sammeln.*

sen darf. Wegen ihres stark ausgeprägten Geruchssinnes wälzen sich Hunde besonders gerne im Dung anderer Tiere, um ihren Eigengeruch zu überdecken. Sie markieren auch tote Beutetiere, in dem sie sich auf ihnen wälzen um so ihren Besitzanspruch zu demonstrieren. Sie tun es instinktiv, wir aber halten es für eine schlechte Angewohnheit.

Rudelregeln

Die meisten Hunde versuchen, andere Hunde oder Menschen, mit denen sie in Kontakt kommen, mittels Körpersprache und/oder Knurren, Beißen oder aggressiven Körperkontakt zu dominieren. Wenn Sie dieses wolfsähnliche Verhalten verstehen, werden Sie Ihren Hund besser erziehen, kontrollieren und respektieren können. Bedenken Sie, dass diese Instinkte dem Wolf dazu verholfen haben, zu einer der erfolgreichsten Tierarten der Welt zu werden.

Da Hunde Jäger sind, ist es für sie normal, sich bewegende Objekte zu verfolgen – ob ein Jogger, eine Katze oder ein Eichhörnchen. Größere Hunde können aus lauter Begeisterung, uns bei der Rückkehr begrüßen zu wollen, wertvolle Gegenstände umstoßen oder sogar an uns hochspringen und uns umwerfen – genauso, wie sie auch von der Jagd zurückkehrende Rudelgenossen begrüßen würden. Im Wolfsrudel stehen die anderen aber sicher auf vier Beinen und bequem auf Schnauzenhöhe, sodass man sie um Futter bettelnd ablecken kann, ohne hochspringen zu müssen. Bei Menschen ist das ganz anders.

Rudelverhalten

Hunde lieben es, in weichem Boden oder Sand zu buddeln und Knochen oder Spielzeuge zu vergraben – das ist ihre Art, Futter für schlechte Zeiten aufzubewahren. Sie haben dabei nicht die Absicht, unseren gepflegten Rasen zu zerstören. Sie können einfach nichts Schlechtes in ihrer instinktiven Handlung erkennen. Hunde, besonders Rüden, markieren ihr Territorium mit Urin und Ausscheidungen der Duftdrüsen und stecken so ihr Jagdrevier zur Futterversorgung ab und teilen anderen Hunden die eigene Anwesenheit mit.

Beachten Sie einmal die Reaktionen Ihres Hundes, wenn Sie vom Einkaufen nach Hause kommen. Er wird sie aufgeregt überall beschnüffeln, weil viele unbekannte Gerüche an der Kleidung und an dem Einkauf haften. Er benimmt sich wie ein Wolfswelpe, der aufgeregt die von der Jagd heimkehrenden Erwachsenen begrüßt. In der Tat behalten Haushunde ihr ganzes Leben lang ein jugendliches Verhalten bei – eine Konsequenz ihrer Domestikation.

Unten: *In den prägenden Phasen der Welpenzeit wird der Hund zum Mitglied des Familienrudels.*

Hunde lecken uns oft mit großer Begeisterung ab. Besonders gern mögen sie unser Gesicht. Das ist die Art des Hundes, den Körperkontakt mit dem Rudel zu verstärken und Unterwerfung gegenüber höherrangigen Rudelmitgliedern zu zeigen – und um das Hervorwürgen eines Stückes Fleisch zu bitten.

Wenn man sie nicht daran hindert, wandern Hunde über große Entfernungen. Sie mögen es, andere Hunde zu treffen und sie zu untersuchen; das Beschnüffeln der Ge-

Oben: *Haushunde haben vom Wolf das Bewusstsein für die Dynamik des Rudelverhaltens geerbt. Rudeltiere müssen lernen, sich in eine Hierarchie einzufügen. Das erklärt, warum so viele Hunde versuchen, fremde Hunde bei Begegnung über das Zeigen von Aggression zu dominieren.*

Für Hunde ist Bellen als Warnung oder Hilferuf normal, lang anhaltendes Bellen dagegen ist eine Angewohnheit, die einem den Spaß an der Hundehaltung verderben kann.

Unten: *Die Ähnlichkeit der Bilder ist frappierend – der Haushund, der hinter seinem Spielzeug kauert, um gleich damit zu spielen und der aufmerksam im Schnee lauernde Wolf. Große Teile des Hundeverhaltens sind von wolfsähnlichen Instinkten beeinflusst.*

Oben: *Hunde – und Wölfe – sind mitteilungsbedürftige Lebewesen. Hunde kommunizieren über ihre Stimme mit Artgenossen, Wölfe warnen mit Stimmsignalen vor Gefahren oder rufen andere Rudelmitglieder.*

nitalregion stellt für sie neben einer wichtigen Informationsquelle auch einen Akt der Höflichkeit dar. Oft löst es Spannungen auf. Hunde machen außerdem gerne von ihrer Stimme Gebrauch und bellen, heulen oder winseln als Ausdruck ihrer momentanen Stimmung. Auch Wölfe tun all diese Dinge – mit Ausnahme von Bellen.

Man muss sich dessen bewusst sein, dass alle diese Verhaltensweisen normal sind, auch wenn sie nicht immer zu unseren Lebensumständen passen. Überhaupt sind Verhaltensprobleme immer in großem Maß vom jeweiligen Umstand abhängig. Beispielsweise stellt ein Hund, der auf dem Land ein Eichhörnchen jagt, vermutlich für seinen Halter kein Problem dar. Tut er das gleiche aber in einem belebten Stadtpark, ist das für den Besitzer sehr wohl problematisch.

Oben: *Hunde sind instinktive Jäger – der Wunsch, hinter anderen Tieren herzujagen, ist von Geburt an in ihnen verwurzelt.*

Unten 1: *Für Kinder ist es toll, mit einem gut erzogenen Hund spielen zu können. Genau wie der Hund müssen aber auch sie erst die Regeln lernen.*

Unten 2: *Der Hund muss lernen, dass er in der Rangordnung unter den Menschen steht.*

Unten: *Ein Hund, der Gehorsam gelernt hat, ist ein angenehmer und zufriedener Hausgenosse.*

❶ ❷ ❸

Dominanz

Ich vertrete keine strenge Sichtweise, was dominante Hunde betrifft. Hunde sind so verschieden in Wesen, Temperament und Verhalten, dass keine einfachen Regeln anwendbar sind. Meine Erfahrung im Umgang mit Tausenden sich schlecht benehmenden Hund hat mich gelehrt, dass der Versuch einer voreiligen Beurteilung ihres Verhaltens zu keiner Besserung führt.

Ich gehe in der Hundeerziehung und bei jedem Versuch, Hundeverhalten zu ändern, immer den sicheren Weg. Wenn Sie meinen Ratschlägen folgen, wird der Hund im Idealfall daran gehindert, übermäßige Dominanz zu zeigen; zumindest sollte das Verhalten auf ein kontrollierbares Maß reduziert werden. Wölfe unterdrücken sich in der Natur gegenseitig ständig mit Hilfe ritualisierter Handlungen und entsprechend sollten wir als Menschen die natürliche Neigung unserer Hunde unterdrücken, die Führung übernehmen zu wollen.

Hundeerziehung und -verhalten

Die meisten unerwünschten Verhaltensweisen bei Hunden können geändert oder verhindert werden, wenn man im Rahmen der Grunderziehung neue Regeln anhand der in diesem Buch gezeigten Methoden einführt. Deshalb ist es auch so wichtig, die Grundregeln festzulegen, wenn ein neuer Welpe oder Hund ins Haus kommt. Ob Sie Ihren Hund mit Hilfe von Büchern, Videos, Hundeschulen oder einem privaten Trainer ausbilden – die Erziehung bleibt eine Notwendigkeit und ein Vorgang, der das ganze

Unten: *Ein Hund, der Gehorsam gelernt hat, ist ein angenehmer und zufriedener Hausgenosse.*

Hundeleben lang anhält. Hundeerziehung ist dem Lernprozess des Menschen nicht unähnlich – sie sollte von der Geburt bis zum Tod andauern und ständig bestärkt werden.

Im Umgang mit Hunden bleibt unter dem Strich die Frage, ob man führt oder geführt wird. Hunde haben ein Schwarzweiß-Denken in Bezug auf Führung – wenn Sie Ihrem Hund beibringen, was er darf und nicht darf und ihm klare, knappe Anweisungen in Verbindung mit der entsprechenden Belohnung geben, stehen die Chancen gut, dass er ihre Führung und Autorität akzeptiert. Sicherlich sind gut erzogene Hunde, die verstanden haben, wie sie verschiedene Kommandos richtig befolgen müssen, auch glückliche Hunde. Sie geraten selten in Schwierigkeiten, weil sie die Regeln des Zusammenlebens mit Menschen kennen. Das allgemeine Verhalten unserer Hunde wird also größtenteils von einem entscheidenden Faktor beeinflusst – von der Unterordnung.

Hunde lassen sich gut erziehen, arbeiten gut und werden zu guten Begleitern, wenn die Regeln klar sind. Sie können nicht in Harmonie an unserer Seite leben, wenn sie versuchen, das menschliche Rudel anzuführen. Lernen Sie also aus diesem Buch, wie man zum Rudelführer wird.

Hundeerziehung – Neun Tipps

▷ 1. Bevor Sie mit der Erziehung Ihres Hundes beginnen, vergewissern Sie sich, dass Sie die Übung und Kommandos, die Sie ihm beibringen wollen, auch selbst genau verstanden haben. Versuchen Sie nie eine Übung, wenn Sie selbst im Zweifel sind.

▷ 2. Für Ihren Hund ist die Motivation zum Lernen Lob in Form von Stimme, Zeigen von Rudelverhalten, Futter und Spielen. Bedenken Sie das während der gesamten Erziehung.

▷ 3. Hunde verstehen unsere Sprache nicht, auch wenn manche Hundebesitzer das glauben. Wenn der Hund Fehler macht, können Sie sicher sein, dass der Fehler beim Trainer liegt, der seine Mitteilung nicht klar genug an das Tier weitergegeben hat. Wenn Sie Ihrem Hund etwas befehlen, muss Ihre Stimme klar und Ihr Ton fest sein.

▷ 4. Es kann sein, dass Ihr Hund während des Trainings das Interesse verliert. Lassen Sie ihn in diesem Fall eine Übung machen, die er gut kann und mag, loben Sie ihn dafür und beenden Sie die Stunde. Spielen Sie kurz mit ihm und versuchen Sie es später am Tag noch einmal.

▷ 5. Lassen Sie Ihren Hund nie mit angelegter langer Leine unbeaufsichtigt. Er könnte irgendwo hängen bleiben und sich verletzen.

▷ 6. Bedenken Sie, dass Hunde verschiedener Rasse verschieden schnelle Fortschritte machen. Es ist egal, ob Ihr Hund schnell oder langsam lernt, so lange er überhaupt lernt und sich positiv verändert.

▷ 7. Die Übungseinheiten sollten kurz sein. Beginnen Sie mit etwa zehn Minuten und steigern Sie die Dauer dann allmählich, ohne dass der Hund sein Interesse verliert. Mehrere kurze Übungseinheiten sind besser als eine lange.

▷ 8. Üben Sie mit Ihrem Hund dann, wenn er aufmerksam ist. Sollte er müde sein oder gerade gefressen heben, wird er nicht gut mitarbeiten.

▷ 9. Vermeiden Sie es, Kommandos zu wiederholen. Hunde sind weder taub noch dumm. Es hilft nicht, zehnmal hintereinander »Platz!« zu sagen. Wenn Sie zwischen den Kommandos ruhig bleiben, helfen Sie dem Hund, zwischen den Geräuschen und Ihren Wünschen zu unterscheiden.

▶Wie Hunde lernen

Genau wie Menschen lernen Hunde durch Assoziation. Der Hund wird eine Handlung, die mit etwas Angenehmem wie zum Beispiel Futter oder Streicheln belohnt wurde, gerne wiederholen, aber abgeneigt gegen die Wiederholung einer Handlung sein, die er mit unangenehmen Folgen wie Bestrafung oder tadelnden Blicken verbindet. Man bezeichnet das als erlerntes Verhalten. Im Gegensatz zu uns denkt der Hund aber nicht logisch; er kann sich die Konsequenzen einer bestimmten Handlungsweise nicht so vorstellen, wie wir das können – und genau das ist der springende Punkt bei den meisten Problemen, mit denen Hundehalter zu tun haben. Wenn wir dem Hund einen Schuh zeigen, an dem er gerade gekaut hat und laut »Nein!« rufen, gehen wir davon aus, dass der Hund den zerkauten Schuh mit unserer Missbilligung in Verbindung bringt – weil wir so handeln würden. Es ist aber eher unwahrscheinlich, dass der Hund diese gedankliche Verbindung schafft. Wir können einen Hund zwar wie einen Menschen

Geben Sie Befehle mit klarer Stimme.

behandeln – aber denken Sie daran, dass er nur wie ein Hund reagieren kann.

Die entscheidende Lernphase

Im Alter zwischen fünf und zwölf Wochen sind Hunde am empfänglichsten für das Lernen. Das ist ein sehr kurzer Zeitraum. Ich finde es wichtig, dass meine Welpen während dieser Zeit mit den grundlegenden Erziehungskommandos und Belohnungstechniken vertraut gemacht werden. So werden sie konditioniert, um in Zukunft auch auf schwierige Anforderungen zu reagieren, die

Unerwünschtes Verhalten muss innerhalb von zwei Sekunden nach der Tat bestraft werden, damit der Hund Ihren Ärger mit seiner Handlung verbinden kann.

gute Manieren und ein angenehmes Verhalten zum Ziel haben. Wenn Welpen sich normal entwickeln sollen, müssen sie mit Menschen und Tieren sozialisiert und mit möglichst vielen Umwelterfahrungen auch außerhalb des Hauses konfrontiert werden.

Zwar lernen Hunde ihr ganzes Leben lang, aber es ist schwieriger, das Verhalten älterer Hunde mit gefestigten Angewohnhei-

ten zu verändern. Die frühen Wochen sind die beste Zeit, um gesellschaftsfähiges Verhalten und Gehorsam zu lehren und dem Hund eine Vorstellung davon zu vermitteln, welche Verhaltensweisen akzeptabel sind und welche nicht. Geben Sie trotzdem bei älteren Hunden nicht auf; auch sie können schlechte Angewohnheiten ablegen, es dauert nur etwas länger und sie wer-

Oben rechts: *In den ersten Lebenswochen sind Hunde besonders leicht erziehbar.*

❶

Oben 1, 2 und 3: *Unter dem domestizierten Äußeren eines Hundes verbirgt sich ein Wesen, dessen Instinkte aus einem Leben in der Wildnis stammen. Neugier ist etwas völlig Natürliches.*

den hin und wieder austesten, ob Sie inzwischen weniger streng geworden sind und sie wieder ihren eigenen Weg gehen können.

Ererbtes Verhalten

Bestimmte Triebe und Verhaltensweisen sind beim Hund genetisch ererbt. Wie stark das der Fall ist, liegt bis zu einem gewissen Grad an der Rasse: Ein Border Collie zum Beispiel hat einen starken Hütetrieb und ein besonders scharfes Auge für Bewegungen. Wenn ein solcher Hund nicht genug Gelegenheit erhält, diese Triebe auszuleben, versucht er möglicherweise, seine Frustration anders zu kanalisieren – beispielsweise indem er Jogger oder Fahrradfahrer jagt. Oft verwendet man Bälle, um solches Verhalten wieder umzulenken. Auch ängstliches oder ruhiges Wesen können ererbt sein, aber in den meisten Fällen werden solche Wesenszüge erst durch das unabsichtliche Verhalten des Besitzers geprägt.

Bei den Gehorsamsübungen können auch Kinder mithelfen.

Oben rechts: *Bis zu einem gewissen Grad wird das Verhalten eines Hundes auch von seiner Rasse beeinflusst. Hunde mit Hüteveranlagung haben Unmengen an Energie und brauchen viel Bewegung.*

Die Suche nach Futter ist ein Grundinstinkt.

Ererbte Verhaltensweisen können nicht gelöscht, aber verändert, verringert oder in Richtung eines weniger störenden Verhaltens umgeleitet werden. Trotzdem bleibt Ihnen nichts anderes übrig als zu akzeptieren, dass Terrier immer sehr lebhaft sind und gerne bellen oder dass Jagdhunde gerne Spuren verfolgen und gelegentlich für Kommandos taub zu sein scheinen. Aber verzweifeln Sie nicht! In den meisten Fällen ist eine schwache Wesensart, zum Beispiel ein Hund, der Ängste und Phobien zeigt, das Ergebnis einer mangelhaften Sozialisation in der Welpenzeit. Diese Art von Verhalten lässt sich korrigieren. Manche Rassen haben ein robusteres Gemüt als andere. Kleinhund-Rassen können oft hyperaktiv und ängstlich sein, was möglicherweise daran liegt, dass sie in einer Welt von Menschen mit großen, tapsigen Füßen unnatürlich klein wirken.

bei der Erziehung zu ausgezeichneten Resultaten. Wenn wir unserem Hund »Sitz!« befehlen und ihn gleichzeitig herzlich loben, wird er schnell lernen, dass diese Handlung lohnenswert ist. Diese Botschaft wird durch Wiederholung gefestigt und das gewünschte Ergebnis erreicht. Belohnungen in Kombination mit dem richtigen Timing (siehe unten) bringen einen gut erzogenen Hund hervor.

Tonlage

Worte als solche sind für einen Hund bedeutungslos. Wenn Sie einen guten Hundetrainer bei der Arbeit sehen, werden Sie feststellen, dass Ton und Lautstärke seiner Stimme stark variieren. Ein Wort (Lautzei-

Oben: *Stellen Sie sich die Welt einmal aus Sicht des Hundes vor – Welpen müssen in einer von Riesen bevölkerten Welt zurechtkommen.*

chen) sollte immer klar, knapp und deutlich ausgesprochen werden und aus höchstens ein oder zwei Silben bestehen. Lob und Vertrauen schaffende Worte bedeuten einem Hund sehr viel. Sprechen Sie nicht in langen, wortreichen Sätzen, wenn Sie Ihrem Hund etwas Neues beibringen möchten; sonst braucht er unnötig lange, um ihre Mitteilung zu entschlüsseln.

Belohnen

Um zu rekapitulieren, Hunde lernen durch Assoziation. Lob – in Form von ermutigenden Worten, Streicheleinheiten oder Futter – ist ein starker Anreiz für einen Hund und führt

Nach einer Übungsstunde sollten Sie gutes Verhalten durch eine Belohnung bestärken.

Oben: *Spielen hilft, ein freundschaftliches Band zwischen dem Hund und Ihnen zu knüpfen.*

Bestrafen

So effektiv wie Lob ist, um dem Hund eine gewünschte Handlung beizubringen, so effektiv ist Strafe, um ihm ein bestimmtes unerwünschtes Verhalten abzugewöhnen. Es gibt viele Möglichkeiten, einem Hund zu zeigen, dass er etwas Unerwünschtes tut – zum Beispiel bestimmt »Nein!« sagen, ihn an einer Hautfalte, im Nacken oder am Halsband packen und ihm streng in die Augen sehen. Wenn der Hund beispielsweise spielerisch in Ihre Hand zwickt, packen Sie ihn am Halsband, sagen gleichzeitig laut »Nein!« und starren ihm ein paar Sekunden lang fest in die Augen. Hunde hassen diese Art von Verwarnung und finden schnell heraus, dass das Anstarren des Alphatieres oder Rudelführers etwas ist, dass man besser vermeidet.

Leider neigen Menschen von Natur aus zur Ungeduld und wenden deshalb Strafe viel öfter an, als es zur Erziehung eines Hundes nötig wäre. Man kann einen Hund erfolgreich erziehen und dabei nur selten auf Bestrafung zurückgreifen müssen. Besser als den Sie anspringenden Hund zu schlagen wäre es, ihm das »Sitz und

Bleib!« beizubringen und so von vornherein den Versuch des Anspringens zu verhindern. Versuchen Sie vorauszuahnen, wann der Hund hochspringen wird und befehlen Sie »Sitz!«. Diese positive Methode ist besser, als sich zum Strafen genötigt zu sehen, wenn der Hund die Handlung schon ausgeführt hat. Hunde sind nicht entstanden, um sich an unsere Lebensweise anzupassen. Es ist erstaunlich, dass sie trotzdem so gut mit Menschen zurecht kommen, bedenkt man, wie wenig wir über die Kommunikation unter Hunden wissen.

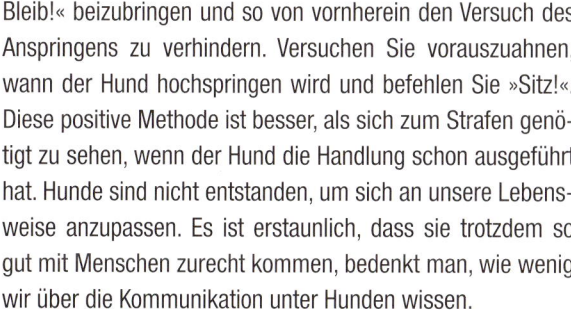

Unten 1, 2, 3 und 4: Achten Sie beim Training darauf, dass Sie klare Kommandos geben und sie deutlich aussprechen. Sprechen Sie lobende Worte mit sanfterer Stimme. Versuchen Sie, jeden Tag sowohl in Ihren Laut- als auch Ihren Handzeichen konsequent zu sein.

①

Der Hund sitzt aufmerksam und horcht auf das Kommando

②

Der Befehl »Platz!« wird von einer klaren Handbewegung und Beugung des Oberkörpers begleitet.

③

Der Hund hat richtig reagiert.

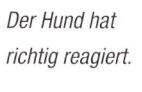

④

Der richtige Zeitpunkt

Das richtige Timing ist für alle Kommandos und Handlungen in der Ausbildung entscheidend. Wenn Ihr Hund in einer bestimmten Situation etwas lernen soll, müssen Lob oder Strafe innerhalb von zwei Sekunden nach der jeweiligen Handlung stattfinden. Egal ob Sie ermutigende oder ablehnende Wort gebrauchen – wenn Sie zu lange warten, können Sie sich diese ebenso gut sparen. Es macht zum Beispiel überhaupt keinen Sinn, den Hund für verspätetes Kommen auf Zuruf zu bestrafen. Er kann die Strafe nicht mit etwas verbinden, was eine Minute zuvor geschah, sondern verknüpft sie mit der Tatsache, dass er zu Ihnen gekommen ist – was nicht dem gewünschten Ergebnis entspricht. Loben Sie den Hund also sofort, wenn er Ihr Kommando befolgt, dann versteht er schnell, was gemeint ist.

Rechts: *Richtiges Timing ist alles. Lob oder Strafe müssen innerhalb von zwei Sekunden nach der Handlung erfolgen. Wenn Sie länger brauchen, kann der Hund Ihre Reaktion nicht mehr mit seinem Verhalten in Verbindung bringen.*

Bleiben Sie konsequent

Wichtig ist, dass jeder, der mit der Korrektur der Unarten Ihres Hundes zu tun hat, konsequent handelt, damit der Hund nicht durcheinander gebracht wird. Sie erreichen kaum Fortschritte, wenn jemand inkonsequent auf ein unerwünschtes Verhalten des Hundes reagiert, besonders, wenn dieses schon

Unten 1 und 2: *Die ganze Familie kann bei der Erziehung des Hundes mithelfen, vorausgesetzt, alle benützen konsequent die gleichen Kommandos und Zeichen.*

Der Befehl ist klar und die Geste unzweideutig.

Der Hund bleibt wie befohlen und achtet auf seine Besitzerin.

1

2

recht fest etabliert ist. Sie bekommen sonst einen Hund, der manchmal gehorcht und manchmal nicht. Die Psychologie ist die gleiche wie in der Kindererziehung: Sie müssen genau wissen, was Sie erreichen wollen und das auch allen anderen Familienmitgliedern oder Betroffenen genau erklären. Denken Sie daran: Um Erfolg zu haben, müssen Sie konsequent sein.

Eine weitere menschliche Schwäche ist unsere häufig mangelhafte Fähigkeit zur Selbstkritik. Fast alle Hundebesitzer, die mich wegen Verhaltensproblemen ihrer Tiere um Rat bitten, wiederholen immer das Gleiche: »Er will nicht hören, ich hab es ihm zehnmal gesagt, er will einfach nicht lernen.« Oft filme ich diese Leute dann dabei, wie sie versuchen

ihren Hund zu erziehen und spiele ihnen die Aufnahme dann vor. »Oskar, sitz, setz dich, sitz hier, hör auf, sitz endlich Oskar, Oskar sitz, du dummer Hund« und so geht es in einem fort. Wozu soll das gut sein? Das Kommando lautet »Sitz!«. Wie der Hund herausfinden soll, dass ein Wort in diesem ganzen Gerede zu einer sitzenden Körperhaltung führen soll, ist mir unverständlich und natürlich dem Hund auch. Den meisten Menschen geht ein Licht auf, nachdem sie das Video gesehen haben. Das kann übrigens auch sehr interessant sein, weil wir über unsere menschlichen Schwächen lachen können. Bedenken Sie, dass wir es gewohnt sind, anderen Menschen etwas beizubringen, die Probleme mit ihrem großen Hirn und komplexen Gedankengängen lösen können. Hunde funktionieren nicht so.

Unten 1: *Hunde sind durchaus bereit, auch anderen Familienmitgliedern, einschließlich Kindern, zu gehorchen. Dieser Dalmatiner achtet aufmerksam auf das Handzeichen des Mädchens für »Sitz!«, genau wie er sich auf den Bildern der vorigen Seite auf die Mutter konzentriert.*

Unten 2: *Wie seine Mutter es ihm erklärt hat, gibt das Mädchen deutliche Handzeichen und benützt kurze, klare Lautzeichen. Das Ergebnis ist ein brav sitzender Hund, der auf weitere Anweisungen wartet. Konsequenz zahlt sich immer aus.*

Schlechtes Gewissen?

Viele Menschen berichten, dass ihr Hund sie schuldbewusst anschaut, wenn er auf den Teppich uriniert oder ein Stuhlbein angekaut hat. Daraus schließen sie, ihr Hund wüsste, dass er etwas falsch gemacht habe. In den meisten Fällen gucken Hunde aber nicht aus schlechtem Gewissen schuldbewusst, sondern weil sie gelernt haben, Ihre Körpersprache und Stimmlage zu lesen und diese als Androhung von Strafe zu deuten. Hunde haben kein Schuldbewusstsein wie wir. Nur wenn Sie diese Tatsache akzeptieren, kann mit der Umerziehung begonnen werden. Wenn Hunde ängstlich aussehen, ist das kein Ausdruck von Schuldbewusstsein, sondern schlichtweg von Angst.

Erwarten Sie von Ihrem Hund nicht, dass er materieller Werte schätzt. Er kennt den Unterschied zwischen Designerkleidung und alten, abgetragenen Jeans nicht. Der Hund unterscheidet nicht zwischen seinem und Ihrem Essen, für ihn ist es einfach Futter – bis er etwas Anderes lernt. Hunde müssen schrittweise lernen, wenn sie zu guten, geselligen Begleitern werden sollen. Wenn Sie einen Hund korrigieren müssen, der etwas Falsches getan hat, sollten Sie immer eher versuchen, das Richtige zu loben anstatt das Falsche zu bestrafen. Das macht das Leben für alle Beteiligten einfacher.

Unten 1, 2 und 3: Wenn Sie Ihren Hund wie hier auf frischer Tat ertappen, deuten Sie den Gesichtsausdruck auf Bild 3 sicher als schlechtes Gewissen. Tatsächlich aber zeigt er eher ängstliche Erwartung einer gleich kommenden Strafe, die er aus Ihrer Körpersprache liest.

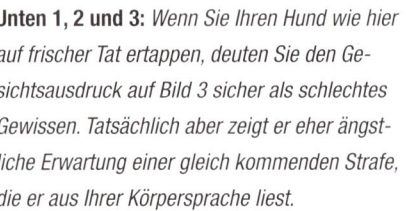

Ignorieren – eine wirksame Waffe

Wenn der Hund übertrieben stark versucht, Ihre Aufmerksamkeit zu erlangen, indem er beispielsweise bellt, hochspringt, schubst, mit den Pfoten kratzt oder winselt, machen Sie ihn mit einer neuen Erfahrung vertraut – ignoriert zu werden. Meiner Meinung nach ist das eine der wirksamsten Erziehungsmethoden, die wir anwenden können. Einfach gesagt, ignorieren Sie das Verhalten, das Sie abschwächen oder beseitigen möchten, und schenken Sie dem Hund Aufmerksamkeit, wenn er ein erwünschtes Verhalten zeigt. Soweit ganz leicht, schwieriger wird es aber, sehr berechnende, kluge Hunde zu ignorieren, die mit außerordentlicher Hartnäckigkeit ihre eigenen Wege gehen. Solche Hunde beherrschen oft sämtliche Tricks der Manipulation. Wenn Sie wirklich konsequent sind, werden Sie aber nur wenige Hunde finden, die auf Dauer ein Verhalten fortführen, das sich nicht lohnt. Junghunde oder weniger geübte Hunde reagieren am stärksten auf die Methode des Ignorierens.

Links: Hartherzig zu erscheinen und nicht auf die flehenden Blicke zu reagieren ist schwierig, aber Ignorieren ist ein sehr wirksames Mittel, um ihm unerwünschtes Verhalten abzugewöhnen.

Nehmen wir als Beispiel an, Ihr Hund würde Sie dauernd belästigen. Sie sagen »Hau ab – hör auf«, schubsen den Hund möglicherweise weg und schauen ihn dabei an. Viele Hunde empfinden aber diese Hand-

lungen als lohnend – auch wenn sie mit Aggression Ihrerseits verknüpft sind. Die Kunst des Ignorierens besteht darin, unbeteiligt zu wirken. Stellen Sie sich vor, Ihr Hund wäre gar nicht da, auch wenn er Sie gerade an

den Rand des Wahnsinns treibt. Wenn er etwa eine Woche lang erfolglos versucht hat, Ihre Aufmerksamkeit zu erlangen, beginnt das lästige Verhalten von selbst zu verschwinden.

3

Unten: Bei dominanten Hunden hilft es oft, ihre Bewegungsfreiheit zu beschränken, indem man die Leine an einem Wandhaken festbindet.

Zusammenfassung: Ignorieren

Wenn Ihr Hund Sie bedrängt und Ihre Aufmerksamkeit zu gewinnen versucht, denken Sie an Folgendes:

➤ Kein Blickkontakt zum Hund.

➤ Schubsen oder schieben Sie den Hund nicht weg – er könnte das als Spiel missverstehen.

➤ Schreien Sie den Hund nicht an.

➤ Wenden Sie, falls nötig, die Anbindemethode für dominante Hunde an (siehe S. 48–51).

➤ Wenden Sie die Übungen zur Abschwächung von Dominanz (siehe S. 44–47) an, wodurch sich Verhalten deutlich verbessern wird.

Zusammenfassung: Wie Hunde lernen

➤ Die entscheidende Zeitspanne für die Wesensbildung des Welpen liegt zwischen der fünften und zwölften Lebenswoche.

➤ Das ererbte Verhalten verschiedener Rassen ist genauso unveränderlich wie andere Rassenmerkmale (Fellfarbe, Größe, Körperbau u.a.).

➤ Ihre Stimmlage und die Fähigkeit, Ihre Stimme in der Erziehung effektiv einzusetzen, sind entscheidend.

➤ Belohnungen müssen gleichzeitig oder spätestens zwei Sekunden nach einem Kommando gegeben werden.

➤ Strafen müssen gleichzeitig oder spätestens zwei Sekunden nach einem Kommando gegeben werden.

➤ Timing und Konsequenz sind wichtig, damit der Hund Kommando und gewünschte Handlung dauerhaft miteinander verknüpfen kann.

➤ Schuld ist ein Begriff, der in der Welt des Menschen existiert, aber nicht in der des Hundes.

➤ Ignorieren ist ein sehr wirksames Erziehungsinstrument.

▶ Ausbildungsgegenstände

Grunderziehung bei Hunden

Zur Erziehung des Hundes braucht man als erstes Halsband und Leine. Die meisten Hunde reagieren gut darauf und die Ergebnisse sind in der Regel gut. Ein Hund braucht genau wie ein Kind Erziehung, um auf ein Leben in unserer Welt vorbereitet zu sein. Wenn er nicht lernt, was man darf und was nicht, wird er instinktmäßig handeln und tun, was er will. Konflikte mit dem Besitzer sind dann unvermeidlich. Beispielsweise ist es instinktmäßig für einen Hund völlig normal, jedes erreichbare Essen zu fressen, und zwar nicht nur aus dem Hundenapf, sondern auch vom Esstisch. Für einen Hund ist dies einfach so lange ein natürliches Verhalten, bis er etwas anderes lernt. Übrigens würde ein menschliches Ba-

Die Leine ist in Schlaufen gelegt und kürzer gemacht, damit der Hund näher beim Mensch bleibt.

by genauso handeln, aber während man die Handlung des Babys als unschuldig betrachtet, wird der Hund als Dieb und böse beschimpft. Diese Haltung ist unfair gegenüber dem Hund und zeigt uns einmal mehr, wie oft unser Verständnis und unsere Erwartungen vom Hundeverhalten der Korrektur bedürfen.

Unten: *Ein gut passendes und stabiles Halsband ist ein Muss für jeden Hund. Daran können Sie ihn, falls nötig, sicher packen und mit Hilfe der Leine unter Ihrer Kontrolle halten.*

Verhalten korrigieren

Viele Hersteller bieten hervorragende und gut durchdachte Ausrüstungsgegenstände an, die den Hundehalter bei der Korrektur oder Umerziehung seines Hundes unterstützen sollen. In diesem Abschnitt wird erklärt, was davon leicht erhältlich ist und wie man es anwendet. Leider werden solche Hilfsmittel viel zu oft als schnelle Problemlösung missbraucht – aber ohne das Erlernen der dazu gehörenden Trainingsmethoden funktionieren sie selten. Wenn die Spezialausrüstung hingegen von erfahrenen Leuten mit »Hundeverstand« oder unter Anleitung eines qualifizierten Ausbilders oder Verhaltenstherapeuten eingesetzt wird, kann sie die Umerziehung beschleunigen und selbst schwierige Fälle von Verhaltensproblemen verbessern.

Die meisten Hilfsmittel sind sowohl für junge oder sensible als auch für dominante

Oben: *Eine der wichtigsten Grundlektionen ist das Bei-Fuß-Gehen an der Leine. Sobald der Hund diese Übung begriffen hat, können auch Kinder gefahrlos mit ihm spazieren gehen.*

Hunde geeignet, einige aber dürfen nur bei dominanten Hunden eingesetzt werden. Wenn in diesem Kapitel nicht ausdrücklich auf etwas anderes hingewiesen wird, ist der Einsatz bei beiden Hundetypen möglich.

Ausziehleine

Roll-Automatik- oder Abrollleinen sind zur Korrektur von Hundeverhalten vielseitig einsetzbar. Ich verwende sie zum Beispiel, wenn ich den Hund mit einem neuen Haustier, einer Katze oder einem anderen Hund, bekannt mache. Die flexible Distanz durch das Abrollsystem lässt den Hund nur so nahe an das neue Tier herankommen, wie Sie es möchten, ohne dass Sie direkt eingrei-

fen müssen. Aggressionen von Hund zu Hund sind ein weiteres Gebiet, auf dem die Abrollleine gut einsetzbar ist. Viele Hunde reagieren Artgenossen gegenüber aggressiv, wenn sie angeleint sind. Bei der Abrollleine bleibt die erwartete Einschränkung der Bewegungsfreiheit aus, wodurch sich die Situation sofort entschärft. Auch ist der Hundeführer nicht in unmittelbarer Nähe, um den Angreifer zu »unterstützen«, sodass der Hund auf sich alleine gestellt ist. Diese Bewegungsfreiheit reduziert oft die Spannung und damit die Aggression.

Lange Leine

Nehmen Sie ein 6-15 m langes Stück Nylonseil, wie es in Baumärkten oder im Bootsbedarf erhältlich ist. Bringen Sie einen Karabinerhaken zum Befestigen am Halsband an und knoten Sie eine Schlaufe in das andere Ende. Wenn Sie diese Leine benutzen, die sehr

effektiv bei der Übung »Kommen auf Rufen« mit Welpen ist, sollten Sie immer Handschuhe tragen.

> ### Auf einen Blick: Leinen und Halsbänder
>
> ▷ **Leine:** Am besten sind Lederleinen. Die ideale Länge liegt zwischen 1,20 und 2,00 Metern.
>
> ▷ **Halsband:** Auch hier ist Leder vorzuziehen, wobei Nylonhalsbänder ebenfalls tauglich sind.
>
> ▷ **Würgehalsbänder mit begrenztem Zug:** Sie sind relativ sicher in der Anwendung, da sie sich nicht vollständig zusammenziehen und dem Hund die Luft abdrücken können.
>
> ▷ **Würgehalsbänder und -ketten:** Sie ziehen sich auf Zug am Hals zusammen. Man darf sie nur in ganz bestimmten Situationen und unter Anleitung eines erfahrenen Trainers anwenden. Sie sind nicht für den Dauergebrauch gedacht und dürfen nie bei Junghunden oder kleinen Rassen eingesetzt werden.

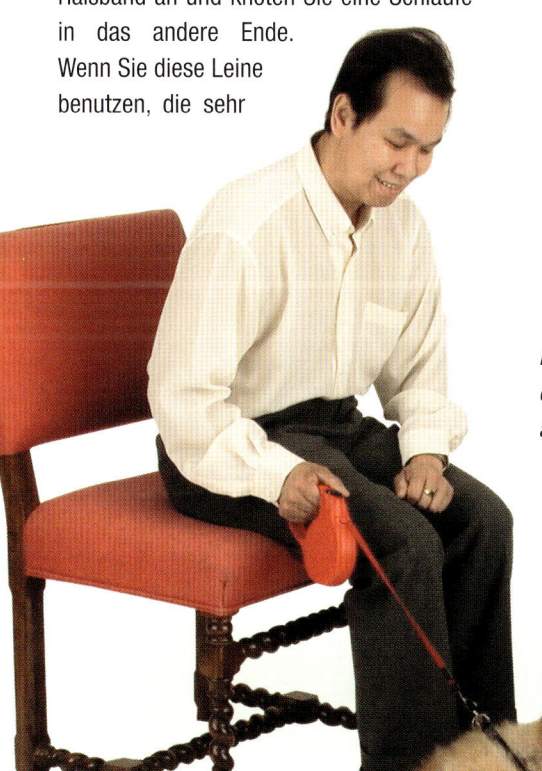

Dieses Mädchen führt den Hund an einer Abrollleine.

Oben und rechts: *Die Abrollleine rollt sich mit einem Federmechanismus im Gehäuse auf. Durch Druck auf einen Knopf an dem Griff kann man sie in jeder beliebigen Position arretieren.*

Links: *Eine Abrollleine ist sehr nützlich, um den Hund mit einem anderen Haustier bekannt zu machen. Er hat damit genügend Freiheit, um sich vor zu bewegen und Bekanntschaft zu schließen, aber bei Anzeichen von Aggression können Sie ihn zurückhalten.*

Brustgeschirr

Ein Geschirr mit Brustriemen wird um dem Hund angelegt, die Leine befestigt man oben in einem Ring. Das Prinzip ist: Es ist unbequem sind, solange der Hund zieht und bequem, wenn er mit dem Ziehen aufhört.

Sicherheitsgeschirr fürs Auto

Es wird einfach in den Verschluss für den Sicherheitsgurt eingehakt und ermöglicht so den sicheren Transport des Hundes auf dem Autorücksitz. Es ist von Nutzen, wenn die Bewegungen des Hundes unterwegs kontrolliert werden müssen oder wenn

Wie das Bild links zeigt, können Hunde mit einem Halfter immer noch den Fang zum Hecheln öffnen.

Oben: *Ein Brustgeschirr verleidet dem Hund das Ziehen, indem es Druck auf den Brustkorb ausübt.*

der Hund unter Reisekrankheit leidet (siehe S. 192–193).

Kopfgeschirr (Halfter)
(nur für dominante Hunde)

Es dient wie das Brustgeschirr dazu, dem Hund das Ziehen abzugewöhnen, wird aber um die Schnauze des Hundes gelegt. Der Hund kann die Schnauze normal zum Atmen und Hecheln öffnen. Sobald der Hund nach vorn zieht, verengt sich das Halfter und dreht den Hundekopf zur Seite, sodass es unange-

Links: *Dieser Labrador fühlt sich wohl und geht ruhig neben seinem Besitzer. Aber sobald er vordrängt, zieht das Halfter seinen Kopf herum.*

nehm für ihn wird. Ein Halfter lehrt den Hund, dass ruhiges Bei-Fuß-Gehen an loser Leine angenehm für beide Seiten ist. Es ist besonders für große Hunde geeignet.

Maulkorb
(nur für dominante Hunde)

Ein Maulkorb ist hilfreich bei allen Problemen mit Aggression oder Futterneid. Wenn zum ersten Mal ein Maulkorb verwendet wird, muss der Hund unbedingt langsam an ihn gewöhnt werden, damit er keine schlechten Erfahrungen damit verbindet. Die meisten Menschen überspringen diese Gewöhnungsphase und wundern sich dann über die Stressreaktion des Hundes. Sie sollten folgendermaßen vorgehen (diese Methode gilt auch für Halfter): Lassen Sie den Hund mit Halsband und Leine sitzen, halten Sie einige Leckereien bereit. Legen

Links: *Wenn Sie Ihren Hund mit Hilfe von Leckereien an den Maulkorb gewöhnen, akzeptiert er ihn in der Regel schnell. Eine Autofahrt zum Park belohnt den Hund für das Tragen eines Maulkorbs mit der Aussicht auf einen gemeinsamen Spaziergang.*

Oben: *Durch die gitterartigen Riemen eines festen Maulkorbes kann man Futterbelohnungen geben.*

Angstverhalten beschäftigen. Meiner Erfahrung nach kann sich das Verhalten eines Hundes deutlich verändern, wenn er auf natürliches Futter wie gekochtes Frischfleisch mit Reis oder Gemüse umgestellt wird. Mit Sicherheit ist es von Vorteil, wenn Sie Ihren Hund mit selbst zubereitetem oder von einem namhaften Hersteller erworbenem Futter versorgen.

Spielzeug zum Ausstopfen

Dieses im Inneren hohle Spielzeug aus Hartgummi kann man mit Futter füllen. Es wird eingesetzt, um mit Trennungsangst, zerstörerischem Verhalten, Aggression umzugehen oder Hunde daran zu gewöhnen, allein in Haus oder Garten zu bleiben. Der Hund ist beschäftigt, weil er daran arbeiten muss, um an das Futter zu gelangen.

Unten: *Das mit Futter gefüllte Gummispielzeug ist sehr hilfreich, um den Hund von schlechtem Verhalten abzuhalten, weil es ihm eine interessante Beschäftigung bietet.*

Sie den Maulkorb an – der Hund muss seine Schnauze noch öffnen können – und belohnen Sie ihren Hund mit einer Leckerei. Lassen Sie den Maulkorb einige Minuten an, bevor sie ihn wieder abnehmen und den Hund erneut mit Futter belohnen.

Wiederholen Sie diese Prozedur drei Tage hintereinander jeweils dreimal für je etwa zehn Minuten. Legen Sie am vierten Tag Maulkorb und Leine an, machen Sie einen kurzen Spaziergang durch Haus oder Garten und belohnen Sie den Hund zwischendrin. Wenn der Hund in Panik gerät oder den Maulkorb abzustreifen versucht, was normal ist, lenken Sie ihn mit Futter ab und bringen Sie ihn in Sitz-Position.

Hilfreich ist auch, den Maulkorb täglich zweimal für etwa zehn bis fünfzehn Minuten angelegt zu lassen, während der Hund im Haus ist. Sobald der Hund den Maulkorb ohne Aufhebens akzeptiert, kommen Sie in die Phase der Normalisierung. Die meisten Hunde hassen den Maulkorb zu Beginn, gewöhnen sich aber schnell daran und

bringen ihn schon bald mit Futter und Spazierengehen in Verbindung. Sobald der Hund keine Abwehrreaktion zeigt, kann der Maulkorb auch außerhalb des Hauses eingesetzt werden.

Natürliche Ernährung und Futterbelohnung

Futter ist zwar nicht das einzige Hilfsmittel in der Hundeerziehung, kann aber einen sehr großen Einfluss haben. Es ist lebenswichtig für die Aufrechterhaltung der Körperfunktionen und hat einen deutlichen Einfluss auf das Verhalten von Hunden. Ich bin der Meinung, dass Hunde genau wie Menschen eine natürliche Nahrung erhalten sollten, die frei von Chemikalien und Zusatzstoffen ist. Ich bezeichne das als »reine Nahrung«. Gutes Futter braucht keine Geschmacksverstärker, Vitaminzusätze und ähnliches.

Futter spielt bei vielen Programmen in diesem Buch eine Rolle, insbesondere in solchen, die sich mit Aggressions- und

Abschreckspray

Diese harmlose, unangenehm riechende Sprays sind sehr nützlich, um Welpen in der Frühphase der Erziehung beizubringen, nicht an Möbeln oder anderen Gegenständen zu kauen.

Ich habe erst kürzlich eines verwendet, um Saphie, einem jungen Cairn Terrier, das Kauen abzugewöhnen. Wie alle Junghunde ist Saphie von Natur aus neugierig und untersuchte ihre Umwelt mit Nase und Zähnen. Unter meinem Schreibtisch befindet sich ein großes Gewirr von Computer- und Elektrokabeln, und weil ich Saphie nicht pausenlos im Auge haben kann, sprühe ich die Kabel täglich mit dem bitter schmeckenden Spray ein. In der Hundeerziehung sind oft die ersten Erfahrungen entscheidend, so auch bei Saphie. Seit sie dieses Spray gekostet hat, stehen Kabel nicht mehr auf ihrem Speiseplan.

Oben: *Das Sprayhalsband wird mit einer kleinen Fernbedienung aktiviert.*

Oben: *Abschrecksprays enthalten bitter riechende, aber harmlose Substanzen, um dem Hund ein bestimmtes Verhalten zu verleiden. In diesem Fall soll es den Hund davon abhalten, im Spiel nach dem Arm des Mädchens zu schnappen.*

Sprayhalsband

(nur für dominante Hunde)

Dieses Halsband funktioniert mit Fernbedienung über kurze Entfernungen und sendet auf Knopfdruck eine Wolke harmlosen, aber für den Hund übel riechenden Zitronellölduftes frei. Ich verwende es bei Hunden, bei denen andere Methoden zum Erlernen Kommens auf Rufen erfolglos waren.

Wenn Hunde Mülltonnen plündern oder den Kot anderer Tiere fressen, wodurch sie sehr krank werden können, kann dieses Halsband ebenfalls sehr hilfreich sein. Um es effektiv einsetzen zu können, müssen Sie verstehen, wie Hunde lernen. Richtiges Timing ist entscheidend und Sie sollten sich von einem professionellen Trainer zeigen lassen, wie man dieses Gerät richtig anwendet. Es ist kein Mittel, um den Hund zu strafen oder Ihren Ärger abzulassen! Auch wenn das Spray harmlos ist, kann es doch den Hund bei falscher Anwendung sehr verängstigen.

Trainingsscheiben

Bei richtiger Anwendung dieser Hilfsmittel kann man zwei unterschiedliche Wirkungen erzielen. Wenn man sie in die Nähe eines sich schlecht benehmenden Hundes auf den Boden wirft, unterbrechen sie die gerade ablaufende Handlung und schaffen eine unangenehme Assoziation. Bei der Anwendung gilt es, den Hund darauf zu konditionieren, dass er auf das Geräusch der Scheiben reagiert. Eine ähnliche Wirkung können Sie auch mit einem Schlüsselbund erzielen, aber die Scheiben sind praktischer in der Anwendung und funktionieren bei den meisten Hunden. In der Anwendung bei Welpen ist jedoch Vorsicht geboten.

Die Scheiben wirken folgendermaßen:

- Der Hund lernt, ein Geräusch (das Klappern der Scheiben) mit der Tatsache zu verbinden, dass er gerade etwas Unerwünschtes tut
- Er assoziiert das Geräusch mit dem Kommando »Nein!«
- Nach kurzer Zeit reagiert der Hund sofort auf »Nein!« allein, ohne den Einsatz der Scheiben.

Die meisten Hunde lernen auf diese Weise, ein unerwünschtes Verhalten allein auf »Nein« zu unterbrechen, nur bei sehr hartnäckigen Typen ist es gelegentlich nötig, die Scheiben einzusetzen.

Anwendung der Trainings-scheiben

Leinen Sie den Hund an, nehmen sie einen schmackhaften Leckerbissen zwischen zwei Finger und tun Sie so, als wollten sie ihn auf den Boden legen. Wenn der Hund nach der Leckerei schnappen möchte, schließen Sie die Hand und werfen Sie gleichzeitig mit dem Kommando »Nein!« die Scheiben in der Nähe Ihrer Hand auf den Boden. Wenn Ihr Hund so gierig ist, dass Sie um Ihre Finger fürchten müssen, bitten Sie eine zweite Person um Hilfe, die den Hund an der Leine halten kann.

Der Hund erschrickt und weicht zurück – genau das, was wir wollten. Bei manchen Hunden müssen Sie die Scheiben mehrere Male werfen, bevor sie verstehen, dass sie das Futter nur beim Kommando »Fressen!« nehmen dürfen. Der Hund soll also lernen, dass immer dann, wenn er ohne Ihre Aufforderung nach dem Futter schnappt, die Scheiben auf den Boden scheppern. Frisst der Hund dann schließlich mit Ihrer Erlaubnis, kann ein ruhig geflüstertes »Guter Hund!« ihn bestärken.

Das so erlernte Verhalten können wir nun auch zur Bekämpfung anderer Probleme wie Hochspringen, Kläffen oder Stehlen einsetzen. Sobald der Hund verstanden hat, dass »Nein« in Kombination mit dem scheppernden Geräusch der Scheiben wirklich »Nein« heißt, können Sie die Methode auch anderweitig anwenden. Wenn der Hund zum Beispiel lästig um Aufmerksamkeit bettelt, sagen Sie »Nein!« und werfen gleichzeitig die Scheibe neben Ihre Füße, um die unerwünschte Handlung zu stoppen. Sobald wieder Ordnung herrscht, können Sie ruhig »Guter Hund!« sagen.

Dog-Stop-Alarm
(nur für dominante Hunde)

Bei diesem Alarm in Form von Aerosoldosen entsteht bei Auslösen ein hohes, schrilles Geräusch. Der Hund ist dadurch so überrascht, dass Sie in seine Handlung eingreifen und ein Gegenkommando geben oder ihn für eine andere Tat belohnen können. Wenn der Hund beispielsweise beginnt, einem anderen Hund gegenüber Aggression zu zeigen, aktivieren Sie den Alarm – das Verhalten wird unterbrochen – und Sie können mit dem Hund weggehen, indem Sie ihn durch Kommando oder mit einem Spielzeugs bzw. einer Leckerei ablenken.

Oben: *Mit Trainingsscheiben können Sie dem Hund beibringen, dass er die Leckerei nur auf Ihr Kommando nehmen darf. Stürzt er sich unaufgefordert darauf, werden die Scheiben laut scheppernd neben ihm auf den Boden geworfen.*

Schritt 1: *Die Trainingsscheiben helfen auch bei lästig aufdringlichen Hunden.*

Schritt 2: *Werfen Sie die Scheiben und sagen Sie gleichzeitig »Nein!«. So lernt der Hund, das Geräusch der Scheiben mit »Nein!« in Verbindung zu bringen.*

Schritt 3: *Nach einer Zeit reagiert der Hund allein auf das »Nein!«, ohne dass die Scheiben zur Bestärkung geworfen werden müssen.*

Unten: *Es zahlt sich aus, wenn man den Hund darauf konditioniert, auf eigenem Schlafplatz Zeit zu verbringen. Der Hund fühlt sich sicher und Sie können ihn dort zurücklassen, wenn Sie einmal allein sein wollen.*

Hundeklappe

Sie funktioniert wie eine große Katzenklappe und ist nützlich bei der Erziehung zur Stubenreinheit. Auch ermöglicht sie dem Hund Zutritt zum Garten, wenn Sie nicht da sind.

Innenkäfig und Laufstall

Diese Gegenstände sind nützlich in der Erziehung zur Stubenreinheit und zur Kontrolle von Hunden mit zerstörerischem Verhalten.

Wasserpistole

Wasserpistolen (oder leere, saubere Spülmittelflaschen) können dazu verwendet werden, einen sich schlecht benehmenden Hund mit Wasser zu bespritzen. Sie funktionieren ähnlich wie der Dog-Stop-Alarm, weil sie den Hund kurzzeitig erschrecken. Besonders hilfreich sind sie bei Welpen, die anfangen, Stromkabel oder Topfpflanzen zu benagen.

Liegeplatz

Wenn ein Welpe in sein neues Zu Hause einzieht, fühlt er sich sehr unsicher und verloren. Man kann ihm die Eingewöhnung erleichtern, indem man ihm zeigt, dass er einen eigenen Platz hat, an dem er ungestört liegen kann, ohne im Weg zu sein. Ich lege dazu meist ein Liegekissen in einen Käfig oder eine Kiste. Der Welpe fühlt sich durch den Stoff und die Wärme geborgen und wird, da er nur über Nacht und am Tag für kurze Zeit eingesperrt wird, ganz natürlich darauf konditioniert, auf dem Liegeplatz zu schlafen. Wenn der Welpe sich nach einigen Wochen sicherer fühlt, beginne ich damit, den Liegeplatz innerhalb der Küche zu verschieben. Da er nun schon auf das Kissen konditioniert ist, wird er ihn immer dann aufsuchen, wenn er ruhen oder schlafen möchte.

Später erweitere ich das Training, indem ich »Schlaf!« sage und auf sein Bett zeige.

Oben und rechts: *Seilspielzeuge wie dieses helfen, einen Hund körperlich und geistig fit zu halten. Außerdem macht das Spielen Ihnen beiden Spaß!*

Ich bringe dem Hund bei, zum Liegeplatz zu gehen und sich dorthin zu legen und belohne ihn dafür. Das ist sehr hilfreich, wenn Besuch kommt und Sie den Hund aus dem Weg haben möchten oder Sie im Haus beschäftigt sind und er nicht stören soll. Sie können das Liegekissen oder -körbchen nun an jeder beliebigen Stelle im Haus und sogar im Auto platzieren und der Hund wird sich stets dort zur Ruhe begeben.

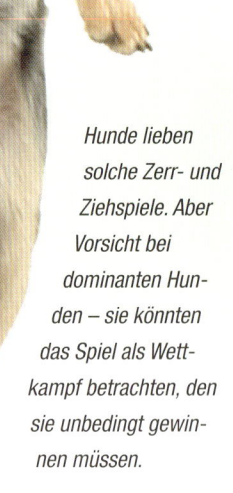

Hunde lieben solche Zerr- und Ziehspiele. Aber Vorsicht bei dominanten Hunden – sie könnten das Spiel als Wettkampf betrachten, den sie unbedingt gewinnen müssen.

Einstieghilfe fürs Auto

Einem Hund das Einsteigen ins Auto beizubringen, ist eine größere Aufgabe, wenn der Hund groß und der Besitzer nicht so stark ist. Rampen helfen dabei, dem Hund Ihre Absicht klar zu machen und ermöglichen ihm ein sicheres Einsteigen, bis er alt genug ist, um selbst hinein- oder herauszuspringen. Bei Autos mit sehr hohem Einstieg kann eine Rampe für kleine Hunde und Welpen auch dauerhaft nützlich sein.

Transportkäfige und -boxen

Was die Sicherheit betrifft sind solche Käfige und Boxen besonders im Auto sinnvoll und verhindern unerwünschtes Verhalten, zum Beispiel das Springen auf die Autositze.

Auch Sicherheitsgeschirre zum Anschnallen des Hundes sind nützlich, besonders, wenn Sie keinen Kombi, sondern eine Limousine fahren. Sie sind in verschiedenen Größen erhältlich und werden einfach in die Gurthalterung auf dem Rücksitz befestigt. Sie sind bequem für den Hund und verhindern ein unkontrolliertes Umherspringen.

Spielzeug und Bälle

Sie sind unerlässlich für alle geistig anregenden Spiele zur mentalen Entwicklung des Hundes. Man setzt sie auch in den Programmen bei Trennungsangst und zur Übung von Kommen auf Rufen ein.

Oben: *Heutzutage gibt es eine Riesenauswahl an Hundespielzeug in allen Formen, Farben und Größen. Spielen mit dem Hund schafft eine feste Bindung.*

Hundepfeife

Das ist ein unverzichtbares Hilfsmittel bei der Übung von Kommen auf Rufen (ausführliche Anweisungen siehe S. 54)

Ein Käfig oder Laufstall ist unerlässlich, um einem Welpen Stubenreinheit beizubringen. Außerdem ist es vernünftig, den Welpen zu lehren, dass auch gelegentliches Alleinsein völlig normal ist.

▶ Der dominante Hund

Dominant, ungestüm, frech, immer im Weg, immer vor den Füßen – so oder ähnlich beschreiben Menschen einen dominanten Hund. Solche Hunde sind wie Kinder, bei denen man es im frühen Alter versäumt hat, ihnen Disziplin beizubringen. Beide haben kein Verständnis für unsere Auffassung von richtig oder falsch. Damit hören die Gemeinsamkeiten aber schon auf – denn einem Kind können Sie erklären, was Sie wollen, während der Hund nur im »Jetzt« lebt und alle Erklärungsversuche reine Verschwendung sind. In gewisser Weise leben dominante Hunde in einem Zustand der Unklarheit, weil alle normalen Signale der Kommunikation zwischen Mensch und Hund verwischt wurden.

In freier Wildbahn käme so etwas nicht vor damit das Rudel als Einheit funktioniert, darf es unter seinen Mitgliedern keine Missverständnisse geben.

Links: *Ein typisches Beispiel für einen dominanten Hund, der ungeachtet der Kommandos seiner Besitzerin an der Leine zieht.*

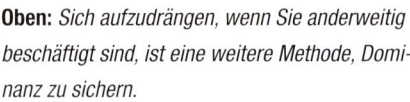

Oben: *Sich aufzudrängen, wenn Sie anderweitig beschäftigt sind, ist eine weitere Methode, Dominanz zu sichern.*

Unten: *Airedales sind starke und energiegeladene Hunde und gelegentlich nicht leicht zu handhaben.*

Anzeichen für Probleme

Dominante Hunde können eins oder mehrere der oben aufgeführten Verhalten zeigen. Außerdem drängeln sie oft vor Ihnen durch die Tür oder springen als Erste aus dem Auto, ohne auf eine Aufforderung zu warten. Sie neigen häufiger zum Zerren an der Leine und ziehen ihre Besitzer vom einen Ende des Parks in das andere oder von einem interessanten Geruch zum nächsten. Typisch ist, dass sie dabei nie nach hinten sehen, um sich nach den Reaktionen des »Rudelführers« zu richten, weil sie das nicht für nötig halten – auch wenn der Besitzer an der Leine zieht und alle möglichen Befehle gibt. Solche erfolglose Halter sind für den dominanten Hund nicht mehr als ein Hintergrundgeräusch.

Oft beschreiben Hundebesitzer, wie sie

Der dominante Hund! Bildlicher könnte man nicht darstellen, wie Hunde manchmal ihre Halter beherrschen.

mit verschiedensten Mitteln versuchen, den Hund abzulenken oder auszutricksen, um nicht von ihm von hier nach da gezerrt zu werden. Kommt Ihnen vielleicht eine dieser Aussagen bekannt vor? »Ich kann meinen Autoschlüssel nie als Erster holen«, »Ich kann dem Hund nie die Leine am Halsband befestigen, weil er sich aufregt«, »Ich muss den Hund vor den Kindern ins Auto lassen, weil er sonst auf sie drauf springt«, »Ich kann ihn nicht vor einem Geschäft sitzen

> ### Taktiken, um die Dominanz zu festigen
>
> - Ein kummervoller, trauriger Blick
> - Bellen
> - Spielzeug bringen
> - Nach etwas greifen, was Ihre Aufmerksamkeit erregt
> - Das Stupsen Ihrer Hand für Streicheleinheiten
> - Mit der Pfote tätscheln
> - Den Körper gegen den Ihren drücken oder sich an Sie lehnen
> - Den Besitzer nicht zur Kenntnis nehmen
> - Ihre Kommandos ignorieren
> - Sich auf Ihren Fuß setzen
> - Winseln

lassen, weil er dann bellt«, »Ich kann das Katzenfutter nicht vorbereiten, ohne den Hund aus dem Raum zu schicken«. Allen gemeinsam ist das »Ich kann nicht«. Der dominante Hund hat die Herrschaft – sind Hunde nicht clever?

Oben 1, 2 und 3: Wie oft findet diese Szene statt? Ihr Hund bringt ein Spielzeug und legt es zu Ihren Füßen, damit Sie es werfen sollen. Dominante Hunde versuchen, das Spiel zu bestimmen. Stattdessen müssen Sie die Regeln machen.

Ursachen der Dominanz

Dominante Hunde haben einen starken inneren Drang, das Leittier zu sein. Wenn auch diese Stärke von Hund zu Hund und von Rasse zu Rasse variiert, entsteht Dominanz zum großen Teil dadurch, dass der Hund in zahllosen Situationen gelernt hat, die Aufmerksamkeit des Besitzers zu erlangen und seinen Willen durchzusetzen.

In der Hundegesellschaft gibt es keine Gleichheit; entweder man führt oder wird geführt. Das bedeutet nicht, dass wir Menschen keine vertrauensvolle und freundschaftliche Beziehung zu unseren Hunden

aufbauen können. Im Gegenteil, ein Hund, der seinen Platz in der Familienhierarchie kennt, ist zweifellos glücklich und zufrieden.

Die folgenden Trainingsprogramme zeigen, wie Sie Ihren Hund geschickt dazu bringen können, sich schon bald nach Ihren Wünschen zu verhalten. Sie müssen durch Ihr Vorbild, Ihr Verhalten und durch Ignorieren der Versuche des Hundes, Ihre Aufmerksamkeit zu erlangen, zeigen, dass Sie das »Leittier« sind. Denken Sie daran, dass Hunde von nicht dazu ausersehen wurden, mit Menschen zusammenzuleben, die nicht die »Wolfssprache« sprechen.

Verhalten korrigieren

Um das Verhalten eines Hundes ändern zu können, müssen wir unsere Belohnungen sehr klar definieren und sie nur bei dem Verhalten einsetzen, das wir lehren oder bestärken möchten. Unerwünschtes Verhalten wie Anspringen oder lästiges Betteln um Aufmerksamkeit kann ohne Konfrontation beendet werden. Der Hund weiß natürlich nicht, dass Sie Ihren Verpflichtungen nachkommen müssen. Genau wie ein Kleinkind hat er keine Vorstellung von Zeitplänen oder Verantwortung, für ihn zählt nur, was er jetzt gerade in diesem Moment möchte.

Bei sehr willensstarken Hunden oder solchen, die sich schon lange schlecht benehmen und wissen, wie man Menschen austrickst, brauchen Sie zusätzliche Ausrüstung und Übungen, um das etablierte unerwünschte Verhalten zu korrigieren. Hilfsmittel wie Trainingsscheiben helfen hier zwar, kurzfristig Erfolge zu erzielen, aber langfristig muss der betreffende Hund noch

Rechts: *Offensichtlich hält sich dieser Hund für den Pascha im Haus, aber diese Haltung kann man korrigieren.*

Unten 1, 2 und 3: *Dominanz ist manchmal schwer zu definieren. Was der eine Halter als schlechtes Benehmen betrachtet (so wie hier das Anspringen und Betteln um Aufmerksamkeit), ist für jemand anderen vielleicht überhaupt kein Problem.*

Schafft der Hund es, Ihre Aufmerksamkeit zu erlangen, setzt er sich durch – genau, was der dominante Hund will.

①

②

Links und unten 1, 2 und 3:
Wie bereits beschrieben, muss sowohl Lob als auch Strafe innerhalb von zwei Sekunden nach der Handlung des Hundes stattfinden, um wirksam zu sein.

Das Klappern der Trainings-scheiben er-schreckt den Hund und unterbricht seine Hand-lung.

❶

❷

❸

❸

lernen, wie er sich richtig benimmt. Das erreichen Sie nur, wenn Sie ihn wie einen Hund behandeln und nicht wie einen kleinen Menschen. Das bedeutet, geduldige und langfristige Erziehungsmethoden ohne Konfrontationen. Hartnäckiges schlechtes Benehmen muss korrigiert werden. Da Hunde sehr anpassungsfähig sind, können sie ihr Verhalten ändern, sofern sie klare Hinweise und eine Bestärkung erhalten.

Wenn Sie den Abschnitt über das Lernverhalten von Hunden (S.22-29) aufmerksam gelesen haben und wissen, dass die Zeit für eine Lernassoziation beim Hund etwa 2 Sekunden beträgt, werden Sie verstehen, dass sie die Verbindung zwischen einer Handlung und Belohnung oder unangenehmer Erfahrung innerhalb dieses Zeitfensters schaffen müssen. Ich vermeide hier mit Absicht den Begriff »Strafe«, weil es meiner Meinung nach das falsche

Wort ist, um zu beschreiben, was Sie mit dem Hund tun. Gelegentlich verwende ich es trotzdem aus Gründen des Erzählflusses und weil es dem Verständnis vieler Menschen entgegenkommt, aber versuchen Sie immer daran zu denken, dass ein Hund die die Bedeutung des Wortes nicht versteht. Die menschliche Auffassung von Strafe bedeutet für einen Hund nichts. Er lernt lediglich, dass einer Handlung entweder eine angenehme Erfahrung folgt oder nicht. Wenn eine Handlung aufhört, angenehm zu sein oder nicht mehr belohnt wird, stellt der Hund dieses Verhalten möglicherweise ein.

Anspringen

Ein typisches Beispiel für inakzeptables Verhalten ist das Anspringen durch einen dominanten, großen und ungestümen Hund. Er kann Ihnen wehtun und das Verhalten muss unterbunden werden. Hunde möchten instinktiv in der Nähe Ihres Mundes sein – wie ihre wild lebenden Verwandten, für die das Anspringen von älteren Rudelmitgliedern mit hervorgewürgten Futterbrocken belohnt werden kann. Ein weiterer häufiger Grund für das Anspringen ist, dass viele Welpen und Junghunde mit Futter, Stimme und/oder Streicheleinheiten dafür belohnt werden, dass sie ihre Vorderpfoten »so süß« auf die Oberschenkel des sitzenden Besitzers legen. Leider wird mit der Zeit nicht nur das Problem größer, sondern auch der Hund.

Beim erwachsenen Hund ist dieses Spiel nun fest in der Psyche verankert. Menschen reagieren oft mit einer Vermeidungstaktik, um die Belästigung durch das Anspringen zu minimieren. Dies wiederum motiviert den Hund, mehr Aufmerksamkeit erlangen zu wollen, indem er hochspringt. Punkt und Sieg für den Hund!

Je größer, beweglicher und schneller der Hund wird, desto unangenehmer wird das Anspringen und die Menschen neigen dazu, ihn nach einem anfänglichen Streicheln (Belohnung) wegzuschieben und zu denken »Genug jetzt, damit muss er zufrieden sein«. Der dominante Hund versteht dieses Verhalten aber als eine ihn bestärkende Belohnung – das Streicheln heißt für ihn nicht »Und jetzt geh weg«, sondern wird als Lob für die Belästigung aufgefasst. Der Hund demonstriert sein Recht auf Dominanz, indem er Familienmitglieder oder Besucher dazu zwingt, ihm Aufmerksamkeit zu schenken.

Da jeder Mensch auf das Anspringen unterschiedlich reagiert, sucht sich der Hund schon bald aus, wen er am liebsten belästigt, weil er von ihm die meiste Aufmerksamkeit bekommt. Das zeigt wunderbar, wie schnell ein Hund lernt, sich Beloh-

Oben: *Je größer der Hund ist, desto größer kann das Problem werden, wenn er unbedingt auf Ihren Schoß möchte.*

Der Faktor Mensch

Bestimmte Typen von Hundehaltern sind stärker gefährdet als andere, von ihren Hunden dominiert zu werden und finden sich oft aggressiven Handlungen ausgesetzt. Es ist nicht ungewöhnlich, dass Menschen mit geringeren Ansprüchen oder wenig Bestimmtheit ihre Hunde fürchterlich verderben, indem sie sie wie Kinder behandeln. Sie vermeiden die Konfronta-

Unten: *Nur schwer kann man einem Welpen widerstehen, der einem seine Pfötchen aufs Bein legt und um Streicheleinheiten bittet. Wenn wir aber immer darauf eingehen, können wir ein Verhalten festigen, das im späteren Leben des Hundes nicht mehr so akzeptabel ist. Der Hund oder Welpe sollte immer nur dann gelobt werden, wenn er auf vier anstatt zwei Beinen steht.*

nungen zu verschaffen. Aber wenn Sie wissen, wie Sie dem Hund das beibringen, was Sie wollen, können Sie diese Fähigkeit zu Ihrem Vorteil nutzen, um einen dominanten Hund umzuerziehen.

tion mit einem unangenehmen Verhalten und leben in der Hoffnung, dass es eines Tages von selbst aufhört. Solche Menschen sind natürlich besonders gefährdet, aber ein sehr willensstarkes Tier wird versuchen, jeden Halter zu dominieren, egal wie autoritär dieser sein mag.

Manche Hunderassen scheinen eine ererbte Neigung zu Dominanzverhalten zu haben. Dazu gehören zum Beispiel Wach- und Schutzhunde wie Rottweiler, Dobermann oder Mastiff, aber auch andere Rassen wie Cocker Spaniel oder viele Terrierarten können diesen Wesenszug zeigen. Kleinhund-Rassen wie der Shih-Tzu sehen zwar wie liebenswerte kleine Fellbündel aus, sind aber trotz ihrer geringen Körpergröße oft von Natur aus dominant und aggressiv. Auch Riesenrassen wie der Maremmano-Abruzzese, Pyrenäen-Berghund und Berner Sennenhund können ziemliche Aggression zeigen. Allerdings konnte ich dominanzbedingte Aggression bei allen Rassen beobachten; keine ist wirklich vollkommen frei davon.

Rechts: *Dieses Bild stellt anschaulich das Problem dar, wenn große Hunde ihre Dominanz durch Anspringen zu sichern versuchen. Die Besitzerin beugt sich zurück und zeigt als reaktiver Part dieser Handlung eine Mischung aus Amüsement und etwas Ängstlichkeit.*

Auf seinen Hinterläufen stehend ist dieser Dalmatiner fast so groß wie die Frau.

Der Umgang mit Dominanz – den Hund psychologisch zurückstufen

Die folgenden Vorschläge sind nicht als Strafen zu verstehen. Sie sind Möglichkeiten, eine neue Hausordnung einzuführen, in der Sie der Chef sind und der Hund Sie als solchen akzeptiert. Er lernt, wie man sich gut benimmt und wird zu einem angenehmen Mitbewohner. Meiner Erfahrung nach werden sogar ängstliche Hunde gehorsamer und weniger nervös, wenn dieses Erziehungsprogramm durchgeführt wird.

Es ist sinnvoll, dieses Erziehungsprogramm über einen Zeitraum von ein bis zwei Wochen allmählich einzuführen.

Unten 1: *Dominante Hunde nehmen gerne wichtige Plätze im Haus in Anspruch wie zum Beispiel das Wohnzimmersofa oder Ihr bequemes Bett.*

- Wenn Ihr Hund im Schlafzimmer schläft, verbannen Sie ihn ab sofort aus diesem Bereich einschließlich der hinführenden Treppe. Bringen Sie notfalls ein Babygitter an, um den Zutritt zu versperren.
- Sorgen Sie dafür, dass der Hund Ihnen aus dem Weg geht, wenn Sie sich im Haus bewegen. Gehen Sie nicht um ihn herum, sondern drängeln Sie ihn mit dem Fuß sanft aus dem Weg. Wenn er aggressiv ist oder beißt, benützen Sie eine Einkaufstasche mit Rädern oder einen Besen, den sie vor sich herschieben.
- Geben Sie keine Leckereien außer als Belohnung während der Übungen.
- Räumen Sie alle herumliegenden Spielzeuge, Bälle, Kauartikel und Ähnliches weg und holen Sie sie nur noch zum gezielten Einsatz hervor.

Links: *Erlauben Sie dem Hund nicht, sich vor Ihnen durch die Tür zu drängeln. Schließen Sie die Tür vor seiner Nase, um ihm das Privileg des Vorauslaufens zu nehmen. Praktizieren Sie das so lange, bis er Ihnen den Vortritt lässt.*

Rechts: *Er bekommt sein Futter erst dann, wenn Sie mit Ihrem Essen fertig sind.*

Unten 2: *Sie müssen aktiv werden, dem Hund befehlen, das Bett zu verlassen und ihn aus dem Raum verbannen.*

Unten 3: *Halten Sie die Tür geschlossen oder verwenden Sie ein Babygitter, um dem Hund den Zutritt in die obere Etage zu verwehren.*

- Hören Sie auf, Ihren Hund einfach so zu streicheln – und zwar gänzlich. Jedes Streicheln muss ab sofort verdient werden.
- Wenn Ihr Hund gewohnheitsmäßig bestimmte Räume oder Sitzplätze für sich beansprucht, verbannen Sie ihn ab sofort von dort. Bringen Sie notfalls ein Babygitter an, um ihn am Zutritt zu hindern.
- Lassen Sie den Hund nicht vor Ihnen durch die Tür gehen. Wenn er sich vorzudrängen versucht, schlagen Sie ihm die Tür vor der Nase zu, aber geben Sie acht, dass Sie ihn nicht treffen. Vermutlich müssen Sie die Tür nun viele Male zuschlagen, bis der Hund gelernt hat zu

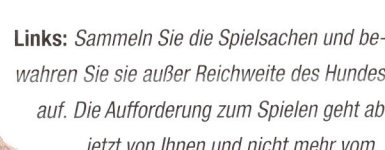

Links: *Sammeln Sie die Spielsachen und bewahren Sie sie außer Reichweite des Hundes auf. Die Aufforderung zum Spielen geht ab jetzt von Ihnen und nicht mehr vom Hund aus.*

warten. Schließlich begreift er, dass er nur ungefährdet die Tür passieren kann, wenn Sie ihn rufen; drängelt er an Ihnen vorbei, schlägt die Tür zu.

- Ihr Hund bekommt sein Futter erst, nachdem Sie mit Essen fertig sind. Lassen Sie ihn das merken, wenn Sie sein Futter und/oder Ihre Mahlzeit zubereiten.

- Streicheln Sie Ihren Hund nicht automatisch, wenn er Sie anstupst, während Sie fernsehen oder lesen. Ignorieren Sie ihn. Alphawölfe ignorieren die Annäherungen rangniedriger Rudelmitglieder, wenn es ihnen nicht passt – das macht sie zum Leittier.

- Beschränken Sie den Zugang zum Wohnzimmer, wenn Sie ein Haus von normaler Größe besitzen. Lassen Sie den Hund nur zwischen drei- und sechsmal am Tag für je etwa eine halbe Stunde hinein. Dann befehlen Sie ihn hinaus und setzen das, falls nötig, mit Halsband und Leine durch.

- Wenn Sie mit der Anbindemethode arbeiten (siehe S. 48–49), bringen Sie möglichst mehrere Haken in den verschiedenen Räumen an, damit Sie dem Hund leichter begreiflich machen können, dass er nicht in Ihren Raum kommen soll.

Links 1: *Bei richtig durchgeführtem Gehorsamstraining können auch kleine Kinder große Hunde kontrollieren. Ganz wichtig ist, dass alle Familienmitglieder die gleichen Kommandos benützen.*

Oben: *Das ist die Situation, die Sie ändern müssen. Der Hund ist gewohnt, sich durchzusetzen – der unglückliche Halter sitzt auf dem Boden.*

Rechts: Das ist schon besser. Der Halter beansprucht den Sessel und kann in Ruhe lesen, ohne vom Hund belästigt zu werden. Es kann Monate dauern, dahin zu kommen, aber Konsequenz zahlt sich aus.

Vielleicht fragen Sie sich nun, was Sie denn noch von einem Hund haben, wenn Sie ihn weder loben noch streicheln dürfen. Nun, Sie müssen sich entscheiden: Entweder ignorieren Sie das Problem und sehen zu, wie es schlimmer wird oder Sie tun etwas dagegen, damit Sie beide später eine glücklichere Beziehung genießen können.

Wie sollte man die beschriebenen Methoden durchführen? Das hängt von mehreren Faktoren ab, unter anderem davon, wie dominant Ihr Hund ist, wie schlecht er sich benimmt und wie lange das Problem schon be-

Unten 2: *Das bestimmend vorgebrachte Kommando »Sitz!« führt, verstärkt durch das Handzeichen, zum gewünschten Ergebnis.*

Unten 3: *Hier reagiert der Hund auf den Befehl »Platz!« und die Bewegung des Kindes zeigt ihm, was zu tun ist. Die Mutter hält ihn währenddessen an Halsband und Leine, um ihn jederzeit unter Kontrolle zu haben.*

Gehorsamserziehung

Die Gehorsamserziehung ist für Hunde das, was der Schulbesuch für Kinder ist, nämlich eine Form der Erziehung und der Eingliederung in die Gesellschaft. Hunde, die die Grundkommandos »Sitz!«, »Steh!«, »Platz!«, »Bleib!«, »Komm!«, »Nein!« oder »Guter Hund!« kennen, verfügen über eine Kommunikationsgrundlage, von der beide Seiten profitieren. Genau wie Kinder brauchen Hunde Zeit und Wiederholungen zum Lernen. Je konsequenter Sie mit Ihren Anforderungen sind, desto leichter kann der Hund lernen. Es verwirrt ihn, wenn er eine gewohnte Handlung plötzlich mit einem anderen Wort von ihm verlangt wird, das er noch nicht kennt.

Wenn Sie Ihren Hund bestimmte Kommandos gelehrt haben, können Sie diese Kontrollmöglichkeit zur Beeinflussung seines Verhaltens anwenden. Wenn der Hund beispielsweise nicht vom Sofa herunter kommen möchte, können Sie »Komm!« und dann »Platz!« bzw. »Bleib!« sagen. Ihr Hund wird die Idee verstehen und Sie mit Unterstützung der lobenden Stimme oder auch der obligaten Leckereien als Führer akzeptieren lernen. Das dauert seine Zeit, funktioniert aber, wenn Sie konsequent und geduldig sind und sich auch langfristig bemühen. Vielleicht sagen viele erfahrene Leser, dass sie das alles schon versucht haben, der Hund aber trotzdem noch schwierig ist. Lesen Sie weiter – ich habe ein paar neue Methoden für Sie, mir denen Sie Ihren Hund besser steuern können.

steht. Meiner Erfahrung nach kann man nach etwa drei Monaten einige der Einschränkungen lockern, besonders, was das Ignorieren und Streicheln betrifft. Manche Hunde müssen allerdings ihr Leben lang mit den neuen Regeln leben.

Rechts 4: *Ende der Übungsstunde – Zeit zum Bürsten oder für ein Spiel. Sobald der Hund akzeptiert, dass er auf Kommandos gehorchen muss, ist das Gleichgewicht im Familienrudel wieder hergestellt.*

Phase Zwei – die Anbindemethode

Der nächste Schritt besteht darin, strukturierte Trainingslektionen einzuführen, die Ihren Hund am Ausführen von unerwünschtem Verhalten hindern, das bereits in Fleisch und Blut übergegangen ist. Jetzt entscheiden Sie, was um Sie herum geschieht, wann und wo sich Ihr Hund wie benimmt. Man könnte sagen, dass Sie die Vertrautheit innerhalb von Haus und Garten neu bilden.

Wenn Besuch kommt

In diesem Abschnitt erfahren Sie, wie Sie das Verhalten Ihres Hundes im Haus ändern und ihn beruhigen. Ich konzentriere mich auf das Haus, weil dort die meisten Menschen offenbar am wenigsten in der Lage sind, einen dominanten Hund zu kontrollieren. Es ist der gemeinsame Mittelpunkt Ihrer beiden Welten und ein sehr geschäftiger Ort, vor allem, wenn Kinder da sind. Wurden die folgenden Übungen bereits durchgeführt, berichten mir die Besitzer meist, wie ruhig und gesittet sich ihr Hund nun benimmt. »Er ist nicht

Ein großer, außer Kontrolle geratener Hund ist eine bedrohliche Aussicht.

Rechts: *Ein Hund, der sich so gegenüber Besuchern verhält, lässt Sie schnell Freunde verlieren – es sei denn, Sie tun etwas dagegen.*

Unten 1, 2 und 3: *Bei der Anbindemethode lernt der Hund durch das mit Futter gefüllte Spielzeug, das Angebundensein mit einer angenehmen Belohnung zu verbinden.*

❶ ❷ ❸

wiederzuerkennen!« Es ist eigentlich sehr einfach – und so geht es:

Sie brauchen ein Gummispielzeug, das in der Mitte eine Aushöhlung besitzt, in die man Fleischstücke stecken kann. Es sollte aus stabilem Material sein, das sich nicht zerbeißen lässt. Das Herausholen des Futters ist für den Hund eine mühsame Angelegenheit, die ihn beschäftigt. Dieses Spielzeug setzen wir in Erziehungsübungen ein.

Hunde, die dominantes Verhalten zeigen und jeden Besucher anspringen, können damit lernen, dass die Ankunft von Besuchern mit etwas Angenehmem belohnt wird – etwas, was mit Anspringen nichts zu tun hat. Wir versuchen, die Energie des Hundes auf dieses neue Spielzeug und die Assoziation mit Leine und Anbindehaken, wie unten beschrieben, umzulenken. Das Spielzeug ist attraktiv, weil es mit dem täglichen Futter Ihres Hundes gefüllt ist, und zwar mit der gesamten Ration, und nicht nur mit Leckerbissen. Ein paar Monate lang sollte der Hund sein gesamtes Futter nur so bekommen. Eine Wasserschüssel muss natürlich immer bereitstehen.

So sieht der Hund die Situation

Um einen dominanten Hund umzuerziehen, ist es wichtig zu verstehen, wer führt und wer geführt wird. Die meisten dominanten Hunde haben gelernt, auf eine ganze Reihe von »Auslösern« zu reagieren. Der Besitzer wiederum reagiert auf den Hund und wird in der Konsequenz geführt. Nehmen wir als Beispiel den Gast, der an die Tür klopft. Das ist für den Hund ein Auslöser und er wird plötzlich sehr aufgeregt. Er hat gewöhnlich auch gelernt, wie er verhindert, dass man ihn packt und festhält. Der Hund springt den Gast an, möchte gestreichelt werden, bellt und zeigt anderes störendes Verhalten.

Auch wenn Sie Ihr Bestes versuchen, um den Hund im Zaum zu halten, so hat dieser doch meist aus Erfahrung gelernt, wie man

Links: Sobald der Gast einem drängelnden Hund Aufmerksamkeit schenkt, hat dieser einen kleinen Sieg errungen und wird sein Verhalten wiederholen.

mit Hartnäckigkeit den Widerstand der Menschen bricht. Wenn ein Hund jemanden bedrängt, bleiben die meisten Menschen stehen und streicheln, weil sie denken, dieses Zugeständnis würde den Hund beruhigen. Sie glauben, der Hund wird aufhören, wenn man ihm Aufmerksamkeit geschenkt hat. Auch viele Besitzer streicheln und berühren ihren Hund, um ihn zu beruhigen oder vom unerwünschten Verhalten abzubringen. Der Hund lernt, dass sein Verhalten zu Streicheleinheiten, Blickkontakt und Stimmlob führt. Dieser Erfolg ist seine Belohnung und das Verhalten wird weiter gefestigt. Er hat keine Motivation, damit aufzuhören, also hört er auch nicht auf.

Der Hund hat folgendes Szenario gelernt: An der Tür klingelt es. Ich (der Hund) muss schnell reagieren und bin aufgeregt, denn zwei Belohnungen warten auf mich.

1 Der Besucher muss stehen bleiben, mich streicheln und mir, dem dominanten Hund Aufmerksamkeit schenken.

2 Mein Besitzer berührt mich (auch das Festhalten empfindet der Hund als Belohnung), schreit mich an und ist über den Besuch genau so aufgeregt wie ich.

Das nachfolgende Chaos wird oft durch die Handlungen des Hundehalters ungewollt noch weiter verschlimmert, bis der Hund wirklich unerträglich wird.

Unten: Um den Hund davon abzuhalten, den Gast zu belästigen, fassen viele Besitzer ihn an – der Hund versteht das als Belohnung und macht weiter.

So übernehmen Sie das Ruder

Die erste Abhilfe schaffende Handlung besteht darin, das gefestigte Störverhalten des Hundes in die richtige Bahn zu lenken. Sie müssen entscheiden, was im Haus passiert und wann. In den ersten fünf Tagen ist Geduld entscheidend. Kein Ärger, kein Anschreien, kein Anfassen des Hundes. Hunde sind im Grunde Opportunisten und werden jede Gelegenheit nutzen, um ihre Tricks anzuwenden. Diese neue Hausordnung ist ebenso manipulierend und macht sich die Tatsache zunutze, dass Hunde ihren »Rudelführer« lieben und ihn mit Spazierengehen in Verbindung bringen, also wird das Anlegen einer Leine relativ leicht sein.

Benötigte Ausrüstung

Kurzfristig betrachtet können Trainingsscheiben oder Wasserpistole (siehe S. 34–37) das Verhalten des Hundes stoppen oder zumindest unterbrechen. Werden beispielsweise die Scheiben wirklich konsequent eingesetzt, assoziiert der Hund schnell das Hochspringen mit dem unangenehmen Klappergeräusch der auf den Boden fallenden Scheiben.

Sie brauchen außerdem eine 1,20–2,00 m lange Leine und zwei oder mehr Haken, die fest in der Wand, an einer stabilen Fuß- oder Scheuerleiste verschraubt werden

sowie ein mit frischem Futter (kein Trockenfutter) gefülltes Gummispielzeug. Wenn Sie die Haken in etwa 10 cm Höhe über dem Boden anbringen, können Sie leicht die Handschlaufe der Leine daran befestigen. Bringen Sie die Haken nicht im Durchgangsbereich an und vergewissern Sie sich, dass die Haken bzw. Scheuerleiste wirklich gut be-

Unten 1 und 2: *Um störende Verhaltensmuster zu durchbrechen, ist es hilfreich, den Hund daran zu gewöhnen, eine bestimmte Zeit allein am Haken angebunden zu verbringen.*

Links: *Bleibt Ihr Hund am Haken ruhig, wenn Gäste da sind, können Sie ihn mit leiser Stimme loben und von der Leine befreien.*

Lob und Streicheleinheiten gibt es nur, wenn Sie wollen.

festigt sind, denn ein großer Hund könnte sonst beides von der Wand reißen.

Binden Sie Ihren Hund nun täglich dreimal für je etwa 20 Minuten mit Halsband und Leine am Haken an, während Sie im Haus sind. Lassen Sie ihn nur dann wieder frei, wenn er ruhig und entspannt ist. Sollte er sich bei Ihrer Annäherung aufregen, gehen Sie sofort wieder weg. Sagen Sie nichts. Wenn Sie diesen Vorgang mehrmals in der Woche wiederholen, lernt der Hund, dass er nur freikommt, wenn er ruhig bleibt. Er hat nun einen Teil einer neuen Regelung gelernt, der Ihren Besuchern zugute

kommt. Jetzt sind wir bereit für den Testlauf.

1 Legen Sie Ihrem Hund Halsband und Leine an, bevor der Gast kommt oder wenn die Türklingel geht.
2 Sichern Sie die Leine am Haken. Vergessen Sie nicht, dem Hund das mit Futter gefüllte Spielzeug zu geben.
3 Wenn der Hund unaufhörlich kläfft, binden Sie ihn in einem anderen Raum an. Ignorieren Sie seine Proteste.
4 Gehen Sie zur Tür, lassen Sie den Gast hinein und bitten ihn, den Hund überhaupt nicht zu beachten.

5 Sobald der Hund sich beruhigt hat oder nach etwa 15 Minuten binden Sie ihn los, aber halten Sie ihn zur Kontrolle noch an der Leine.
6 Sie und Ihr Gast müssen den Hund völlig ignorieren.
7 Ignorieren Sie auch, wenn der Hund Spielsachen bringt oder anders um Aufmerksamkeit bettelt.
8 Bei sich sehr schlecht benehmenden Hunden können Sie die Trainingsscheiben einsetzen, wenn der angebundene Hund bellt oder wenn er vom Haken losgemacht wird.
9 Eine große Belohnung für gutes Benehmen ist das Freigelassenwerden – tun Sie das aber nur, wenn der Hund wirklich ruhig ist.
10 Wenn sich Ihr Hund stark erregt, während Sie auf ihn zugehen, um ihn loszubinden, drehen Sie sich um und gehen weg wie zu Beginn des Erziehungsprogramms.
11 Nach ein paar Wochen Training sollte Ruhe zur Gewohnheit geworden sein. Ihr Hund hat gelernt, dass Lob, Streicheln und Belohnungen nur auf Ihr Geheiß zugeteilt werden.

Ich wende diese Methode meist so lange an, bis der Hund freiwillig zum Haken läuft, sobald er die Türglocke hört. Wenn der Hund nach ein paar Monaten aufgehört hat, Besucher zu belästigen, benütze ich Leine und Haken nur noch dann, wenn ich die Türe offen lassen muss oder den Hund nicht im Auge behalten kann. Der Haken ist vom Sicherheitsaspekt her durchaus mit dem Laufstall eines Kleinkindes zu vergleichen. Wenn Sie gleichzeitig die Übungen der Dominanzkontrolle zur psychologischen Zurückstufung des Hundes durchgeführt haben, sollten Sie jetzt einen wesentlich ruhigeren und zufriedeneren Hund haben.

Unten 3 und 4: *Der Hund begreift allmählich, dass Sie die Regeln bestimmen. Das mit Futter gefüllte Spielzeug belohnt das ruhige Verhalten, das Sie festigen möchten.*

Angebunden, aber glücklich

Manche Hunde machen ernsthafte Schwierigkeiten oder werden sehr laut, wenn man sie in ihrer Bewegungsfreiheit einschränkt. Aber auch ihnen kann geholfen werden – ein mit Futter gefülltes Gummispielzeug tut seinen Teil dazu. Ich stopfe es einfach mit einer Portion des üblichen Fleischfutters aus. Nehmen Sie zu diesem Zweck immer natürliches Hundefutter, keine Futtermittel mit chemischen Zusatzstoffen, die das Verhalten des Hundes beeinflussen könnten. Verwenden Sie kein Trockenfutter, denn es fällt zu leicht heraus. Das Futter muss etwas klebrig sein, damit der Hund sich bemühen muss, um es aus dem Spielzeug herauszubekommen. Wenn Sie Gäste erwarten, füttern Sie Ihren Hund an diesem Tag nur auf diese Weise. Füllen Sie es mit Futter und verwahren Sie es in einer Plastiktüte im Kühlschrank. Vor Ankunft der

Gäste darf Ihr Hund kein anderes Futter bekommen. Wichtig ist, dass Sie diese Erziehungsübungen im Voraus planen, damit Sie dem Hund vermitteln können: Die Sache mit dem Haken bedeutet Angenehmes!

Legen Sie bei Ankunft des Gastes die Leine über den Haken, bevor Sie die Tür öffnen. Geben Sie dem Hund das gefüllte Spielzeug und bitten Sie dann Ihren Gast herein.

Nach einiger Wiederholung beginnt Ihr Hund die Ankunft von Gästen mit Futter zu

Unten 1, 2 und 3: *Wenn Ihr Gast an der Tür klingelt, zügeln Sie den Überschwang Ihres Hundes und legen Halsband und Leine an, bevor Sie die Tür öffnen.*

Unten 5: *Nun können Sie sich endlich ungestört mit Ihrem Gast unterhalten und sich über ihren friedlichen Hund freuen.*

verbinden. Außerdem ist er eine ganze Zeit-lang mit dem »Auspacken« des Futters be-schäftigt und hat keine Zeit, den Gast zu belästigen. Mit der Zeit wird das erwünsch-te Verhalten immer weiter gefestigt – Ihr Hund wird weniger dominant und Gästen gegenüber weniger lästig.

Wenn Sie – vermutlich nach ein paar Monaten – ein Stadium erreicht haben, in dem Ihr Hund ruhig bleibt, das Spielzeug mit dem Futter akzeptiert und erwartungs-voll zu Haken und Leine läuft, ist es Zeit, nun ohne den Haken und nur noch mit Lei-ne und Spielzeug auszukommen, das an beliebiger Stelle im Raum liegt. Bitten Sie den Gast herein und setzen Sie sich, wäh-rend sich der Hund um das Spielzeug küm-mert. Zum Schluss brauchen Sie auch die Leine nicht mehr, sondern nur das Spiel-zeug, das Sie auf den Boden legen. In Kom-bination mit den psychologischen Übungen zur Dominanzkontrolle und anderen in die-sem Buch beschriebenen Methoden haben Sie nun einen Hund mit guten Manieren, den man auch einmal streicheln kann, wenn Sie es möchten, und der insgesamt ruhiger und kontrollierter mit Menschen umgeht. Ein weiterer Vorteil ist, dass die friedliche Atmosphäre es Hund und Halter erleichtert, eine gemein-same, klare Sprache zu finden – der Hund kann positives Verhalten nun bereitwilliger lernen.

Seien Sie aber immer wachsam und bedenken Sie, dass manche do-minanten Hunde in ihre alten Gewohn-heiten zurückfallen können.

Rechts: *Ein friedlicher, gut gehorchender Hund ist ein wunderbarer Begleiter. Momente wie die-ser sind die Belohnung für all die harte Arbeit.*

Zusammenfassung: Verhalten ändern

▷ Es ist nicht länger erlaubt, zur Tür zu stürmen – Belohnung bleibt aus.

▷ Besucher zu bedrängen ist nicht mehr möglich – Belohnung bleibt aus.

▷ Sich auf sitzende Personen zu stürzen und ständiges Heischen um Aufmerk-samkeit wird verhindert – Belohnung bleibt aus.

▷ Das Rennen von Raum zu Raum ist nicht mehr möglich – Belohnung bleibt aus.

Zusammenfassung: Neue Belohnungen

▷ Das Angebundensein am Haken wird mit Futter und Spielzeug belohnt.

▷ Der Hund kommt nur frei, wenn er sich nicht aufregt – die Befreiung ist die Belohnung.

▷ Ruhige Annäherung an Menschen ohne Anspringen wird mit Streicheln belohnt.

Kein Anschreien und Drohen mehr durch genervte Menschen.

Das Befolgen von Kommandos und Ausführen von Übungen aus der Grunderziehung wird mit weiteren Belohnungen honoriert.

▶Kommen auf Rufen – der Hund folgt nicht aufs Kommando

Eine der Fragen, die mir am häufigsten gestellt wird, ist: Wie kann ich den Hund dazu bringen, zu kommen, wenn ich ihn rufe? Der Hundetrainer spricht von Kommen auf Rufen. Warum haben so viele Besitzer mit dieser Übung Schwierigkeiten? Eine Antwort aus der Sicht des Hundes lautet, dass viele Halter schwieriger Hunde ihre Tiere auf Spaziergängen zu Tode langweilen. Daran ist vieles wahr – wir würden uns auch nicht viel um ein Familienmitglied scheren, das uns die meiste Zeit ignoriert. Trotzdem ist es nicht die ganze Antwort. Meistens kommt das Problem dadurch zustande, dass wir selbst die Grundzüge der Hundepsychologie nicht verstehen.

Betrachten wir das Ganze einmal aus der Perspektive des Hundes. Wenn sich ein Welpe über den Junghund zum erwachsenen Hund entwickelt, entdeckt er all die faszinierenden Gerüche in seiner Umgebung, spielt mit allen anderen Hunden und untersucht alles, was um ihn herum geschieht. Diese Vergnügungen werden stän-

Oben: *Hunde lieben es, bei Spaziergängen neue Bekanntschaften zu schließen und ignorieren manchmal die Aufforderung »Komm!« ihrer Besitzer.*

dig durch Wiederholung bestärkt. Währenddessen sind Sie natürlich das Letzte, woran der Hund denkt – beziehungsweise Sie werden es, falls Sie Ihren Hund nicht zum Kommen auf Zuruf erzogen haben.

Wenn Sie Ihren Hund rufen, geht es nur um die Frage, ob seine Motivation, zu Ihnen zu kommen, stärker ist als die Vergnügungen und Ablenkungen in diesem Augenblick – und genau das ist der springende Punkt. Die meisten Menschen lassen ihre Hunde gerne frei laufen, damit sie mit anderen Hunden spielen können. Das ist auch richtig, weil Ihr Hund so Sozialverhalten lernt – ein wichtiger Teil bei der Formung eines gesunden Wesens. Genauso wichtig aber ist, klarzustellen, dass Entdeckerdrang und

Eine weitere Schwierigkeit taucht auf, wenn Ihr Hund ein dominanter Typ ist, der alle Hunde der Umgebung klar von seiner Anwesenheit in Kenntnis zu setzen versucht. Das heißt Markierung des Territoriums mit Urin und anschließend Rasen durch

Links: Ist das, was geschieht, wenn Sie Ihren Hund beim Spaziergang zu sich rufen? Es ist sehr frustrierend, wenn der Hund Ihr Rufen komplett ignoriert, und viel mehr an den Gerüchen in der Umgebung interessiert ist.

Schließen von Freundschaften erst an zweiter Stelle hinter Ihren Kommandos stehen. Sie müssen also den Hund dazu bringen, dass er Sie viel interessanter findet als alles andere, was er vielleicht gerade tut. Keine einfache Aufgabe – zumindest nicht für Menschen, die mit dem Hund wenig Aufwand treiben wollen.

Rechts: So wünschen wir es uns – der Hund kommt gehorsam auf Rufen. Wichtig ist, den Hund schon früh darauf zu konditionieren, Sie als Rudelführer zu betrachten. Machen Sie den Spaziergang mit Bällen und Spielsachen spannender, damit der Hund eine Motivation hat, auf Zuruf zu Ihnen zu kommen.

den Park. Es gibt auch noch andere Gründe, warum Hunde das Kommando »Komm!« nicht immer befolgen.

Tipps zur Vorbeugung

Vom ersten Tag Ihres Zusammenlebens an sollten Sie Zeit darin investieren, das Interesse des Hundes wachzurufen und es zu erhalten. Eines der einfachsten und nützlichsten Spiele dazu ist das Apportieren mit einem Ball oder sonst einem interessanten Spielzeug. Meine Junghunde lernen schnell, dass ich der Rudelführer und der Mittelpunkt der Welt bin. Die Zeit, die ich in den ersten sechs Monaten investiere, ermöglicht mir später das Kommen auf Aufforderung zu perfektionieren. Der Hund hat zwar immer noch Spaß am Spiel mit Artgenossen, lernt aber Ihrem Kommando zu gehorchen – und zwar bereitwillig, weil Sie der Chef sind und es Spaß macht, zu Ihnen zu kommen.

Wenn Besitzer Ihrem Hund diese Grundidee nicht vermitteln können, werden sie feststellen, dass er in vielen Situationen ihr wütendes Rufen ignoriert und dass verspätete Versuche, das Kommen auf Rufen zu lehren, auf taube Ohren stoßen.

55

Das Verhalten korrigieren

Lassen Sie uns nun ein paar Erziehungsmethoden betrachten, mit deren Hilfe man diese alte Gewohnheit abschaffen kann. Wichtig zu wissen ist, dass ein Bestrafen des Hundes für sein Nichtkommen – leider eine häufige menschliche Reaktion – alles schlimmer macht. Hunde, die wissen, dass sie eine Strafe erwartet, kommen nicht gerne. Der Hund kann keine Verbindung zwischen seiner Handlung und Ihrer Strafe herstellen, wenn er später, nachdem er endlich gekommen ist, oder Sie ihn eingefangen haben, gestraft wird. Lesen Sie dazu auch den Abschnitt über das Lernverhalten (S. 26-27). Bevor Sie sich für eine Erziehungsmethode entscheiden, sollten Sie sich über das Wesen Ihres Hundes klar werden. Wenn es um die Erziehung geht, kann man Hunde grob in zwei Kategorien einteilen: der dominante und/oder zielstrebige Hund und der sensible Hund oder Welpe. Falls nicht ausdrücklich anders erwähnt wird, sind die unten beschriebenen Methoden für beide Typen geeignet. Wenn Sie sich nicht sicher sind, wie Ihr Hund einzuordnen ist, wählen Sie zuerst eine Methode für den sensiblen Hund und sehen dann, wie er reagiert.

Kommen an der Leine

Halsband und Leine bilden die Grundmethode, um einem Hund das

Unten 3 und 4: Sobald der Hund seine Aufmerksamkeit auf Sie richtet, sagen Sie »Komm!« und ermutigen ihn durch Ihre Körpersprache, näher zu kommen.

Oben 1 und 2: *Beim Üben von Kommen auf Rufen an der Leine muss die Leine mindestens 2,00 m lang sein, damit der Hund sich weit genug von Ihnen entfernen kann.*

Rufen Sie den Hund beim Namen, damit er aufmerksam wird.

Der Hund erkennt seinen Namen und wendet den Kopf.

Kommen beizubringen. Auch wenn Sie beim Versuch, das Kommen ohne Leine zu üben, gescheitert sind, ist es am besten, mit den Grundübungen an der Leine von vorne zu beginnen.

Legen Sie dem Hund sein Halsband und eine etwa 2,00 m lange Leine oder Abrollleine an. Befehlen Sie »Sitz und Bleib!« und

entfernen Sie sich etwa anderthalb Meter weit. Bleiben Sie stehen, drehen Sie sich um, warten Sie ein paar Sekunden und tun Sie dann Folgendes:
- Rufen Sie den Hund beim Namen.
- Geben Sie das Kommando »Komm!«.
- Bücken Sie sich einladend und loben Sie den Hund, während er sich nähert

Nach vielen Wiederholungen können Sie auch noch das Kommando »Sitz!« hinzufügen, sodass wir nun die Übung Kommen auf Rufen als Ganzes haben: Name, Hier, Sitz, Braver Hund. Wahrscheinlich sind viele von Ihnen bereits so weit gekommen, haben aber immer noch Probleme, bei nicht angeleinten Hunden.

Schließen Sie die Übung mit dem Befehl »Sitz!« ab.

Die Gründe, warum ein Hund nicht gehorcht

▷ Der Halter hat es dem Hund im Welpenalter erlaubt, seine eigenen Vergnügungen zu finden.

▷ Der Halter hat nicht sofort die Führungsposition (Alpharolle) übernommen.

▷ Der Halter besteht nicht konsequent auf dem Kommen, wenn er abgelenkt ist.

▷ Der Halter hat mit der Grunderziehung zu lange gewartet.

▷ Der Halter hat das Kommen nicht in allen Situationen, auch im Haus, ab dem Alter von acht Wochen geübt.

▷ Der Halter hat sich eine Hunderasse ausgesucht, die für seinen Erfahrungsstand zu schwer zum Erziehen ist.

Oben 5: *Loben Sie den Hund überschwänglich, wenn er auf Zuruf gekommen ist.*

Rechts: *Hunde reagieren stark auf Lob Ihres Besitzers. Nutzen Sie diese Tatsache, um richtiges Verhalten zu bestärken.*

Kommen auf Rufen – Lautzeichen und Futter

Hunde haben ein gutes Gehör und die meisten Hunde fressen gern – diese Methode nutzt beide Eigenschaften. Sollte Ihr Hund nicht so versessen aufs Futter sein, haben Sie es schwerer und Sie müssen anstelle des normalen Futters eine besondere Leckerei bieten.

Sie benötigen eine Hundepfeife und etwas Futter. Nehmen Sie natürliches Fleischfutter, kein Trockenfutter. Bevor Sie die Methode anwenden, verwenden Sie beim Spazieren gehen einige Zeit darauf, mit dem Hund zu spielen – so lernt er, dass es Spaß macht, mit Ihnen zusammen etwas zu unternehmen. Die Lektion Kommen auf Rufen sollte täglich zweimal je etwa 15 Minuten geübt werden – zum Beispiel beim Spazierengehen. Suchen Sie sich dazu einen ruhigen Ort mit möglichst wenig Ablenkung. Wenn Sie sich sicherer fühlen und Ihr Hund Spaß am Training hat, können Sie auch an Orten, wo viel los ist, üben.

Geben Sie dem Hund einen ganzen Tag lang kein Futter und beginnen Sie mit der Übung am nächsten Tag an dem ausgesuchten ruhigen Ort, zum Beispiel in Ihrem Garten. Teilen Sie die Tagesration an Futter in etwa zehn Portionen auf und bewahren Sie diese in einem Behälter auf.

Zeigen Sie nun dem Hund eine Futterportion in Ihrer Hand und laufen Sie rückwärts. Rufen Sie beim Laufen mit freudig aufgeregt klingender Stimme »Rex, komm!« und pfeifen Sie einmal. Belohnen Sie Ihren Hund mit dem Futter, sobald er bei Ihnen angekommen ist. In diesem Stadium müssen Sie noch kein »Sitz!« verlangen. Wiederholen Sie das zehnmal und beenden Sie dann die Übung. Wenn Sie noch Futter übrig haben, können Sie das Ihrem Hund geben, nachdem Sie

Oben: *Rufen Sie den Hund während eines Spaziergangs öfter und nicht nur, wenn es Zeit ist, nach Hause zu gehen.*

ihn das letzte Mal gerufen und ihm die Leine angelegt haben.

Jetzt hat Ihr Hund einen wirklichen Anreiz, auf Ihr Rufen hin zu kommen, denn in der Regel kontrolliert sein Magen sein Denken. Setzen Sie das Training drei Tage lang fort, bis Ihr Hund jedes Mal auf Ruf und Pfeife hin kommt. Geben Sie dem Hund während der ersten zwei Trainingswochen

Zusammenfassung

▶ Der Hund lernt, dass er unterwegs anstatt zu Hause Futter bekommt.

▶ Der Hund lernt, das neue Pfeifsignal mit Futterbelohnung in Verbindung zu bringen.

▶ Der Hund lernt, dass das zweite Kommando, »Sitz«, sofortige Futterbelohnung bedeutet.

zu Hause nichts zu fressen und füttern ihn nur unterwegs. In der dritten und vierten Woche verabreichen Sie ihm seine halbe Tagesration (in Portionen aufgeteilt) auf dem täglichen Spaziergang. Sobald er be-

Oben 1: *Während Sie Kommen mit Hilfe von Lautzeichen und Futter üben, wird das Kommando »Komm!« von einer Hundepfeife unterstützt.*

❶

ginnt, schnell zu reagieren, lassen Sie das Lautzeichen weg und setzen Sie nur noch die Pfeife ein. Trotzdem können Sie Ihren Hund mit Worten loben, wenn er zu Ihnen kommt. Jetzt führen Sie das »Sitz!« ein. Am Ende des ersten Monats müssen Sie ihm langsam die Futterbelohnung abgewöhnen.

Nehmen Sie nur noch zwei oder drei Futterportionen mit auf den Spaziergang (das übrige Futter bekommt er am Abend zu Hause) und geben Sie es ihm gelegentlich, um sein Kommen auf Rufen zu bestärken.

Mit der Zeit müssen Sie das Kommen immer seltener mit Futter belohnen – nicht mehr als ein- oder zweimal pro Woche; so weiß Ihr Hund nie, wann es eine Belohnung gibt. Trotzdem müssen Sie Ihren Hund jedes Mal, wenn er kommt, belohnen – ob mit oder ohne Futter.

Unten 2 und 3: *Der Hund sieht, dass Sie ein Leckerbissen in der Hand halten, und kommt in freudiger Erwartung auf Futter zu Ihnen.*

Unten 4: *Geben Sie dem Hund den Leckerbissen, sobald er bei Ihnen ankommt. Auch das Kommando »Sitz!« kann jetzt gegeben werden.*

2

3

4

In den frühen Trainingsphasen hilft es, den Hund ein wenig hungern zu lassen – desto attraktiver ist die Belohnung.

Da die meisten Hunde Leckereien lieben, sind diese ein wirksames Mittel zur Bestärkung guten Verhaltens und lassen den Hund erkennen, wann er etwas Richtiges getan hat.

Trainingstipps

▶ Rufen Sie Ihren Hund nicht nur, um ihn anzuleinen oder nach Hause zu gehen.

▶ Rufen Sie Ihren Hund mindestens 10mal bei jedem Spaziergang, um den Gehorsam zu festigen (lassen Sie ihn jedes Mal sitzen).

▶ Spielen Sie auf jedem Spaziergang irgendein Spiel mit ihm

▶ Wenn Ihr Hund immer noch zögerlich kommt, lassen Sie ihn nochmals einen Tag hungern und versuchen es dann wieder mit der Futtermethode.

Kommen an der Fährtenleine

(nur für dominante Hunde)

Nach meiner Meinung ist das eine der erfolgreichsten Methoden, wenn der Hundehalter geschickt und konsequent ist – denn richtiges Timing ist hier entscheidend. Zuerst brauchen Sie eine lange, starke und dünne Leine, eine so genannte Fährtenleine. Entsprechende Seilware finden Sie im Boots- oder Bergsteigerbedarf oder in Baumärkten. Die Leine sollte etwa 9,00 m lang sein. Es ist es sinnvoll, Handschuhe zu tragen, um ein Verbrennen der Haut an den Händen zu verhindern, falls der Hund plötzlich die Leine durch Ih-

❶

Unten 1 und 2: *Die Methode mit der Fährtenleine kann man nur in offenem Gelände anwenden. Hier kann sich die lange Leine nirgends verheddern. Im Garten reicht auch eine kürzere Leine.*

❷

re Finger ziehen sollte. Knoten Sie nun eine etwa 15 cm große Schlaufe in das eine Seilende und bringen Sie einen Sicherheitshaken, der gewöhnlich an Hundeleinen zu finden ist, am anderen Seilende an. Haken Sie die Leine am Halsband ein, und es kann losgehen.

Beginnen Sie die Übung in einem Garten, Hof, ruhigen Teil des Hauses oder einem anderen abgelegenen Ort ohne Ablenkungen. In einem kleinen Garten ist eine kürzere Leine (3,00–4,50 m) meist praktischer in der Handhabung. Es dürfen keine Hindernisse im Weg sein, an denen sich die Leine verfangen könnte. Umgehen Sie Bäume, Zaun-

Oben: *Hört der Hund nicht auf das Kommando »Komm!«, können Sie mit einem kleinen Ruck an der Leine versehen, seine Aufmerksamkeit weiter auf sich lenken.*

pfosten, Parkbänke und alles andere, an dem die Leine hängen bleiben könnte. Offene Grasflächen eignen sich am besten.

Lassen Sie den Hund an der ausgesuchten Stelle laufen und die Leine abrollen. Wenn Ihr Hund losläuft, lassen Sie einfach die Leine fallen und folgen Sie ihr auf dem Fuß (halten Sie die Leine nie fest, außer Sie müssen den Hund zügeln). Irgendwann hält Ihr Hund wegen einer Ablenkung an, zum Beispiel um an einem Baum oder anderen Hund zu schnüffeln. Jetzt müssen Sie die über den Boden schleifende Leine aufgreifen und Ihren Hund beim Namen und mit »Komm!« rufen. Reagiert Ihr Hund nicht, rucken Sie einmal kurz und kräftig an der Leine, um ihn abzulenken. Gehen Sie sofort rückwärts und halten Sie die Leine weiterhin fest. Wenn Ihr Hund reagiert und zu Ihnen kommt, loben Sie ihn überschwänglich. Wenn er Sie ignoriert, wiederholen Sie das Lautzeichen »Komm!« und ziehen Sie gleichzeitig an der Leine, bis er reagiert. Kommt er dann zu Ihnen, befehlen Sie ihm »Sitz!« und loben Sie ihn begeistert. Auch eine kleine Leckerei kann gegeben werden.

Unten 1: Wickeln Sie alle Schlaufen in der Leine auf, bevor Sie Ihren Hund zu sich rufen.

Oben 2: Macht der Hund sich zu Ihnen auf den Weg, loben Sie ihn, um ihn weiter zu ermutigen. Rucken Sie an der Leine, wenn er sich ablenken lässt oder nicht gehorcht.

Loben Sie den Hund die ganze Zeit, während er zu Ihnen kommt.

In die Hocke gehen hilft, die Aufmerksamkeit des Hundes auf sich zu ziehen.

Übung macht den Meister

Üben Sie während der ersten Wochen weiter an dem auserwählten ruhigen Ort, bis Sie einen Standard erreicht haben, bei dem der Hund auf Ihre Hinweise reagiert, ohne dass Sie sich körperlichen einsetzen müssen.

In der nächsten Woche üben Sie an verschiedenen Orten, auch an einigen öffentlichen Plätzen.

Anfangs wird der Hund abgelenkt sein. Das ist normal, aber jetzt müssen Sie sich mehr anstrengen. Lassen Sie den Hund mit über den Boden schleifender Leine laufen. Rufen Sie nur »Komm!« – reagiert Ihr Hund jetzt nicht, rucken Sie kurz an der Leine, damit er aufhört, Sie zu ignorieren. Sobald das Halsband sich strafft und der Hund Sie ansieht, gehen Sie in gebückte Körperhaltung und loben Sie ihn mit möglichst begeisterter. Die meisten Hunde kommen nun angelaufen, was Sie mit überschwänglichem Lob quittieren müssen. Wichtig ist, mit dem Lob nicht so lange zu warten, bis der Hund bei Ihnen angekommen ist.

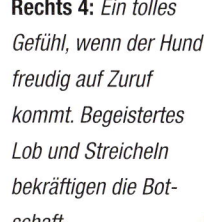

Es kann Wochen dauern, bis die Lektion wirklich sitzt, aber geben Sie nicht auf. Wiederholung fördert den Lernprozess.

Unten 3: Mission erfüllt! Loben Sie den Hund besonders viel, wenn er angekommen ist und geben Sie ihm eine Leckerei.

Rechts 4: Ein tolles Gefühl, wenn der Hund freudig auf Zuruf kommt. Begeistertes Lob und Streicheln bekräftigen die Botschaft.

Sobald der Hund noch etwa eine Armeslänge von Ihnen entfernt ist, greifen Sie sanft die Fährtenleine in etwa 1 Meter Abstand vom Halsband und befehlen dem Hund »Sitz!« (wie an Führleine). Lassen Sie ihn nach etwa 30 Sekunden mit »Lauf!« frei und geben die Leine wieder nach. Wiederholen Sie die Übung so oft wie Sie möchten, aber rufen Sie den Hund auf jedem Spaziergang mehrmals zu sich heran. So verfällt Ihr Hund nicht in die Erwartungshaltung, nur einmal am Ende des Spazierganges zum Anleinen gerufen zu werden. Ändern Sie auch gelegentlich Route und Dauer des Spazierganges, damit Ihr Hund nie vorhersehen kann, wann dieser endet und er nicht das »Ich-habe-keine-Lust-zu-kommen«-Syndrom entwickeln kann.

Die Psychologie der Übung ist Folgendes: Hunde messen keine Entfernung, weshalb die Fährtenleine in ihrer Vorstellung jede Länge von 45 bis 90 m haben könnte. Vorausgesetzt, Sie nehmen die Leine in verschiedenen Situationen in variierender Länge in die Hand, realisiert der Hund in der Regel nicht, dass Sie ihn immer nur aus Entfernung der Leinenlänge rufen. Wenn der Hund am Ende der Leine ankommt (und nicht abgelenkt wird), lasse ich die Leine fallen, gerade bevor sie sich strafft – der Hund zieht sie dann hinter sich her. Er merkt gar nicht, was ich getan habe. Wenn der Hund nun sagen wir etwa 100 Meter weit wegrennt, hole ich ihn rasch ein, nehme das Ende der Leine ruhig in die Hand und rufe den Hund. Wenn er sofort kommt, lobe ich ihn und laufe rückwärts. Ignoriert er mich, erntet er einen scharfen Ruck der Leine.

Mit Ablenkungen umgehen

Möglicherweise findet der Hund ablenkende Dinge interessanter als Sie oder das, was Sie ihm beizubringen versuchen. An diesem Punkt geben viele Besitzer auf, denn es scheint, als würde der Vierbeiner Rückschritte machen. Das ist aber nicht der Fall! Der Hund trifft nur Entscheidungen, die auf für ihn positiven Erfahrungen aus der Vergangenheit basieren. Er vergisst nicht, was Sie ihm beigebracht haben, sondern er assoziiert Ihr Kommando augenblicklich damit, ob Sie in der Vergangenheit positiv bestärkend auf seinen Gehorsam reagiert oder ihn ignoriert haben. Sie möchten, dass der Hund Ihnen unter allen Umständen gehorcht. Geben Sie nicht auf – machen Sie weiter!

Beim Üben an öffentlichen Plätzen kommen oft fremde Hunde zu Ihnen und Ihrem Hund. Möglich, dass sie friedlich sind, aber es kann auch sein, dass ihre Besitzer wenig oder gar keine Kontrolle über sie haben. Besonders in den ersten Trainingswochen ist es unter diesen Umständen am besten, schnell mit dem Hund woanders hin zu gehen. In schwierigen Situationen tausche ich die Fährtenleine gegen die Führleine und lasse die Erstere einfach auf dem Boden liegen, um sie einige Minuten später wieder aufzuheben. So gibt es kein Knäuel aus Hund und Leine, besonders, wenn ein fremder Hund stürmisch und unkontrolliert Sie beide überrennt. Sie können nicht erwarten, dass Ihr Hund lernt, wenn andere

Unten 1: *Bei der Übung mit der langen Leine im Freien lässt sich kaum vermeiden, dass Sie anderen Hunden begegnen, die Sie beim Training stören. In diesem Fall tauschen Sie die Fährtenleine gegen die normale Leine aus.*

Unten 2: *Der andere Hund ist einfach nur neugierig, aber unter solchen Umständen ist es schwer, die Aufmerksamkeit Ihres Hundes auf Sie zu konzentrieren.*

❶   ❷

Unten 1: *Loben Sie Ihren Hund immer, wenn er auf Befehl zu Ihnen kommt.*

Unten 2 und 3: *Streicheln und »Braver Hund!« zeigen dem Hund, dass Sie sich freuen. Befehlen Sie dann »Sitz!« und loben Sie ihn, wenn er gehorcht.*

Hunde um ihn herum springen. Gefährlich ist auch, wenn sich die lange Fährtenleine um beide Hunde herum verheddert.

Das Üben an der Fährtenleine funktioniert bei den meisten Hunden. Die einzige Ausnahme sind sehr große Hunde, die auf Leinenruck nicht reagieren.

Zusammenfassung

▶ Ihr Hund lernt, dass es an der Leine ruckt, wenn er Sie ignoriert.

▶ Wenn Sie rückwärts gehen, während Sie rufen, wird Ihr Hund zum Kommen ermutigt.

▶ Während der Hund zu Ihnen läuft und angekommen ist, loben Sie ihn. Befehlen Sie ihm dann »Sitz!« und loben Sie ihn wieder. Für Kommen auf Rufen ist auch eine Leckerei als Belohnung angebracht.

▶ Zeigen Sie sich immer erfreut und interessiert, wenn der Hund zu Ihnen kommt.

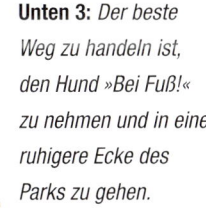

Unten 3: *Der beste Weg zu handeln ist, den Hund »Bei Fuß!« zu nehmen und in eine ruhigere Ecke des Parks zu gehen.*

Rechts: *Für Welpen ist es wichtig, sich mit älteren Hunden zu sozialisieren, Geraten sie aber in Trainingsstunden, sorgen sie zunächst einmal für Ablenkung.*

Kommen auf Rufen – Spielzeug und Lautzeichen

Hunde haben ein feines Gehör und die meisten Hunde beschäftigen sich gern mit einem Lieblingsspielzeug; diese Methode macht sich beide Tatsachen zunutze. Wenn Ihr Hund sich nicht für Spielzeuge begeistert, müssen Sie erst mit der Fährtenleine üben (siehe oben), bevor Sie die Anweisungen befolgen.

Sie benötigen eine Hundepfeife und ein Spielzeug (Ball, Quietschpuppe). Entfernen Sie zunächst alle herumliegenden Spielsachen. Suchen Sie dann ein besonders beliebtes Spielzeug aus und nehmen Sie es mit auf den Spaziergang, wenn Sie Ihr Training an dem ausgesuchten ruhigen Ort beginnen wollen.

Zeigen Sie dem Hund das Spielzeug in Ihrer Hand und laufen Sie rückwärts, wobei Sie gleichzeitig begeistert »Rex, Komm!« rufen und das Spielzeug auffordernd durch die Luft schwenken. Belohnen Sie Ihren Hund fürs Kommen, indem Sie das Spielzeug einmal werfen und es ihn apportieren lassen. Benützen Sie die Fährtenleine, sollte Ihr Hund das Spielzeug nicht mehr hergeben. Wiederholen Sie das zehnmal und beenden Sie dann die Lektion. Werfen Sie das Spielzeug beim letzten Rufen, leinen Sie dann den Hund an und gehen Sie nach Hause.

Jetzt hat der Hund einen wirklichen Anreiz, um zu Ihnen zu kommen, denn normalerweise ist die Motivation eines Hundes zum Apportieren größer als die, sich von anderen Dingen ablenken zu lassen – besonders, wenn der Mensch auch noch mitspielt. Achten Sie darauf, dass Ihr Hund bei der Rückkehr nach Hause kein Spielzeug vorfindet – und zwar ohne Ausnahme.

Setzen Sie das Training drei Tage lang fort, bis Ihr Hund jedes Mal auf Befehl hin kommt und üben Sie das Gelernte einen weiteren Monat lang auf dem täglichen

Sperren Sie zu Hause alle Spielsachen weg, damit das Spiel mit Ihnen im Park noch attraktiver wird.

Oben 1–4: *Die Tatsache, dass die meisten Hunde gerne apportieren, können Sie bei der Übung Kommen auf Rufen zu Ihrem Vorteil nutzen. Wenn der Hund auf »Komm!« und das zugehörige Pfeifsignal reagiert, wird er mit einem Apportierspiel belohnt.*

Zusammenfassung

▷ Der Hund lernt, dass es Spielzeuge nur auf dem Spaziergang und nicht zu Hause gibt.

▷ Der Hund lernt, dass er für sein Kommen mit einem aufregenden Spiel belohnt wird.

▷ Die Belohnung durch das Spielzeug wird langsam durch Lob ersetzt.

▷ Sie können jeden Gegenstand benützen, der den Hund dazu motiviert, zu Ihnen zu kommen.

Diese Übung können Sie bei einem Spaziergang bis zu zehnmal wiederholen. Spielen Sie vor dem noch ein letztes Spiel, bevor Sie nach Hause gehen.

Spaziergang. Sobald der Hund ohne Verzögerung reagiert, verstecken Sie das Spielzeug so lange vor ihm, bis er geradewegs auf Sie zukommt. Lassen Sie das Lautzeichen weg und benützen Sie nur noch die Pfeife; Sie können den Hund aber trotzdem loben, wenn er zu Ihnen kommt. Am Ende des Monats müssen wir den Hund langsam vom Spielzeug »entwöhnen«. Setzen Sie es deshalb nur noch gelegentlich als Belohnung für das Kommen ein. Werfen Sie es nur hin und wieder, damit Ihr Hund nie weiß, wann das schöne Spiel denn nun kommt.

Unten 1, 2 und 3: *Hat der Hund erst einmal gelernt, dass Kommen mit einem Spiel belohnt wird, können Sie das Spielzeug immer öfter weglassen und durch Lob ersetzen.*

Kommen auf Rufen – Verstecken und Suchen

Hunde sind Rudeltiere. Auch wenn Ihr Hund nicht auf Kommando kommt, behält er Sie in der Regel doch im Auge – sogar über große Entfernungen. Diese Methode macht sich den natürlichen Instinkt des Hundes zunutze, bei seinem Rudel bleiben zu wollen.

Lassen Sie Ihren Hund auf einer großen Fläche mit vielen Versteckmöglichkeiten laufen. Geben Sie Acht, dass möglichst keine fremden Hund in der Nähe sind. Leinen Sie den Hund ab, rennen Sie schnell weg und verstecken Sie sich. Ihr Hund soll Sie dabei sehen können. Viele Hunde laufen sofort zum Menschen zurück – aus Neugier und aus Rudelinstinkt. Verstecken Sie sich auf diese Weise einige Wochen lang, aber machen Sie es dem Hund allmählich schwieriger, Sie zu finden. Wenn Sie entdeckt sind, geben Sie ihm einen kleine Belohnung wie eine Leckerei oder ein Spielzeug, damit er für sein Kommen belohnt wird und loben Sie ihn mit großer Überschwänglichkeit.

Ohne das Kommando »Komm!« achten die meisten Hunde nach meinen Erfahrungen sogar besser darauf, wo Sie sich befinden, und beginnen, auf Rufen zu kommen.

Kommen auf Rufen – das Sprayhalsband

(nur für dominante Hunde)

Das Halsband mit Zitronellölduft ist ein neu entwickeltes elektronisches Gerät mit Fernsteuerung. Wenn es fachgerecht eingesetzt wird, was sehr wichtig ist, eignet es sich hervorragend, um dominante Hunde das Kommen auf Rufen beizubringen. Es funktioniert nach dem gleichen Prinzip wie die Fährtenleine, nur mit dem Unterschied, dass die Leine durch ein ferngesteuertes Signal ersetzt wird. Das batteriebetriebene Halsband wird mit einer nach Zitronellöl duftenden Flüssigkeit gefüllt, die für Hunde völlig harmlos ist. Wenn Sie den Knopf der Fernbedienung drücken, wird unter dem Kinn des Hundes die Flüssigkeit versprüht und vor der Nase des Hundes entsteht eine Duftwolke. Das kann zu zwei Ergebnissen führen:

• Der plötzliche intensive Geruch erschreckt den Hund und er läuft Schutz suchend zu seinem Besitzer.

• Der Hund wird beim Spielen oder Herumschnüffeln abrupt unterbrochen; die entstehende Lücke bietet ihm die Gelegenheit, auf das Kommando zu reagieren.

Für den Hund ist es eine unangenehme Erfahrung, von einer plötzlichen Duftexplosion erschreckt zu werden, wenn er seinen Besitzer ignoriert. Die meisten Hunde entscheiden, dass es die beste Reaktion ist, zum Besitzer zu laufen, um Aufmerksamkeit, Schutz oder was auch immer zu suchen. Danach können Sie die Übung Kommen auf Rufen abschließen. Der Hund bringt die unangenehme Erfahrung wegen der räumlichen Distanz nicht mit Ihnen in Verbindung, aber er lernt schnell, dass es Lob und Leckereien gibt, wenn er zu Ihnen kommt. Bevor Sie ein Dufthalsband einsetzen, müssen Sie unbedingt verstanden haben, wie wichtig richtiges Timing in der Hundeerziehung ist. Lesen Sie hierzu noch einmal die Seiten 22–29.

Rufen Sie den Hund nicht, wenn Sie Ihr Kommando nicht untermauern können, auch wenn das bedeuten kann, dass er sich unerlaubt entfernt.

1

Oben 1: Das Sprayhalsband mit Zitronellölduft wird durch Fernbedienung aktiviert.

2

Unten 2: Das Halsband setzt eine bitter schmeckende Duftwolke frei, die den Hund erschreckt.

Positives Bestärken durch

▷ Lieblingsleckerbissen – Ich empfehle Hähnchen- oder Schinkenstückchen

▷ Lieblingsspielzeug wie Ball oder Quitschpuppe – Geben Sie dem Hund die Spielsachen nur zu Trainingszeiten und schließen Sie sie im Haus sicher weg

▷ ein vergnügliches Spiel mit Ihnen

▷ die tägliche Futterration, aufgeteilt in mehrere Portionen als Belohnung

❶

❷

Oben 1: *Um richtiges Verhaltens bei Welpen und großen Hunden zu bestärken, können Sie verschiedene Belohnungsmöglichkeiten zurückgreifen. Dazu gehören Leckereien und Apportierspiele.*

Oben 2: *Wenn Sie das Kommen auf Ruf mit Hilfe von Spielzeugen üben möchten, müssen Sie diese zu Hause wegschließen, sodass nur der Hund sich auf das Spielen nur dann freuen kann, wenn Sie es sagen.*

Rechts 3: *Der Hund unterbricht in der Regel, was er gerade tue, und kommt entweder Schutz suchend zu Ihnen oder ist aufmerksam, wenn Sie »Komm!« rufen.*

Rechts: *Mit einem Hund, der zuverlässig auf Ruf zurückkommt, ist das Spazierengehen ein Vergnügen für die ganze Familie. Das Training verlangt Geduld, aber die Mühe lohnt sich wirklich.*

Denken Sie daran, Ihren Hund zu loben, immer wenn er auf Zuruf kommt.

❸

▶ Trennungsangst – allein zu Hause

Hunde und Menschen sind gern zusammen, deshalb haben ja auch so viele Menschen Hunde. Die Hunde allerdings binden ihr eigenes Leben oft mehr an das unsere, als uns das bewusst ist. Genau wie ihre Wolfsverwandten sind Hunde von Natur aus Rudeltiere und nicht zum Alleinsein geschaffen. Das ist mit größter Wahrscheinlichkeit auch der Grund dafür, weshalb wir so gut mit ihnen zurechtkommen. Aus Sicht des Hundes sind wir sein Familienrudel, weshalb er instinktiv unsere Nähe genießt und braucht – egal, ob er mit einer Einzelperson zusammen oder in einer Großfamilie lebt. Einen Hund regelmäßig über längere Zeitspannen alleine zu lassen ist unfair und nicht mit verantwortungsvoller Hundehaltung vereinbar. Trotzdem können Hunde, übrigens genau wie Wölfe und Menschen, sich daran gewöhnen, gewisse Zeitabschnitte alleine zu verbringen, ohne deshalb unter schweren psychischen Problemen zu leiden.

Bei den meisten Hunden entwickelt sich Ängstlichkeit selten zum Problemverhalten. Manche Hundebesitzer müssen aber feststellen, dass selbst ein kurzes Alleinlassen des Hundes zu sehr extremem Verhalten führen kann – und genau damit beschäftigen wir uns in diesem Kapitel. Die Reaktionen auf das Alleinsein können ganz verschieden sein: Bellen, Heulen, Selbstverstümmelung, extrem stürmisches Verhalten bei Rückkehr des Menschen, Zerstörungswut oder sogar der Versuch, den Besitzer durch Beißen am Verlassen des Hauses zu hindern. All das wird durch Stress verursacht und gehört zum Thema Trennungsangst.

Sie kann zu einem ernsten Problem werden, wie zum Beispiel bei einer Golden-Retriever-Hündin aus meiner Praxis, die morgens nach mehreren Familienmitgliedern schnappte, wenn diese das Haus verlassen wollten (Trennungsangst kombiniert mit leichtem Besitzerneid). Die Besitzerin eines Labradors berichtete, wie ihr allein gelassener Hund geradewegs ins Schlafzimmer des Sohnes marschierte und dort ein Paar teurer, handgenähter Lederschuhe zerkaute. Leder ist für viele ängstliche Hunde ein sehr attraktives Kaumaterial. Tatsache ist, dass Welpen gern kauen – das ist normales Hundeverhalten. Wir regen uns

Unten 1 und 2: *Hunde und Menschen verstehen sich gut – deshalb schätzen wir ihre Gesellschaft und teilen mit ihnen unser Zu Hause.*

verständlicherweise sehr auf, wenn unsere guten Sachen beschädigt werden – das ist normales menschliches Verhalten. Wenn wir als Hundehalter die Bedürfnisse und das Grundverhalten unseres Tieres zu verstehen versuchen, sind die meisten der beschriebenen unangenehmen Situationen vermeidbar.

3

4

Links und oben 3 und 4: *Zerstörungsanfälle wie dieser sind typisch für Hunde, die unter Trennungsangst leiden. In der Regel haben sie nicht genügend Selbständigkeit gelernt und sind zu stark von ihrem Halter abhängig.*

Dieser Hund hat bemerkt, dass er gleich allein gelassen wird.

Rechts: *»Bitte… ich möchte nicht allein sein.«*

Hunde sind bemerkenswert sensibel für Anzeichen, die Ihr Weggehen ankündigen, zum Beispiel das Klimpern der Schlüssel oder das Anziehen der Jacke.

Zeichen für Trennungsangst

Wenn Sie das Haus verlassen möchten, zeigt der Hund

➤ Hin- und Herlaufen

➤ starke Speichelbildung

➤ Bellen

➤ Schnappen nach Ihrer Kleidung

➤ aufgeregtes Verhalten

Bei Ihrer Rückkehr hat der Hund

➤ in die Wohnung uriniert

➤ sich selbst wund geleckt oder genagt

➤ die ganze Zeit über gebellt

➤ etwas zerstört

• Der Hund kann eines oder mehrere dieser Symptome zeigen.

Allgemeine Ursachen

Dieses Problem tritt fast immer dann auf, wenn ein Welpe zu sehr verwöhnt wurde oder nicht gelernt hat, einen bestimmten Tagesablauf zu akzeptieren. Vielleicht durfte er als Junghund im Schlafzimmer seines Besitzers schlafen und erhielt ständige Aufmerksamkeit oder wurde wegen seines knuddligen Aussehens von allen verhätschelt. Das unerwünschte Ergebnis ist dann oft ein Hund sein, der glaubt, er könne Aufmerksamkeit nach seinem Belieben verlangen und das für selbstverständlich hält. Wenn Sie also jedes Mal auf Ihren Hund reagieren, sobald er Sie mit seinem Hundeblick ansieht, könnten Sie bald ein Problem mit der Trennungsangst bekommen. Ich beschreibe diese Hunde als hilflos, wenn sie allein sind. Tatsache ist, dass wir diese Probleme selbst schaffen, indem wir zum falschen Zeitpunkt freundlich sind.

Hunde, die Tag und Nacht wirklich überallhin ihrem Besitzer folgen, können auch sehr von diesem abhängig werden. Daher ist es verständlich, warum die meisten Hunde mit Trennungsangst aus Single-Haushalten stammen. Besonders schlimm ist sie oft, wenn ältere Menschen nur den Hund als Gefährten haben. Wenn nur Sie und der Hund allein in einer Wohnung leben, sind sie natürlich auch die meiste Zeit zusammen. Trotzdem können Sie Ihren Hund lehren, auch mit sich alleine glücklich zu sein, ohne dabei Ihre innige Beziehung negativ zu beeinflussen.

Ängstliche oder von Natur aus viel Aufmerksamkeit fordernde Hunde erhalten von sensiblen Besitzern in den ersten Lebensjahren meist besonders viel Zuwendung –

Links: *Allein stehende Menschen knüpfen natürlicherweise sehr enge Beziehungen zu ihren Haustieren. Übertriebenes Verwöhnen kann aber eine Situation schaffen, in der der Hund völlig von der Gesellschaft seines Besitzers abhängig ist.*

eine zu enge Bindung und totale Abhängigkeit sind die Folge.

Wenn Sie die Menge der Ihrem Hund geschenkten Aufmerksamkeit und Zeit plötzlich reduzieren, wird ihn das stark verunsichern. Zum Beispiel kann ein Hund, der während einer Krankheit besonders liebevoll gepflegt wurde, es nach seiner Genesung nur schwer verkraften, wenn die Zuwendung plötzlich wieder aufhört. Aber es hängt auch von der Persönlichkeit des einzelnen Hundes, wie er auf solche Situationen reagiert. Auch plötzliche Änderungen in der Lebensweise Ihres Haltes können Hunde durcheinander bringen – wenn beispielsweise die Person, die sonst immer zu Hause war, nun außer Haus arbeitet. Für einen hochgradig abhängigen Hund ist es äußerst schwer, ohne die gewohnte Gesellschaft des »Rudelmitgliedes« auszukommen.

Sind Sie das Problem?

Ich würde sogar behaupten, dass Hunde völlig untadelig und wir Menschen immer das Problem sind. Ich habe nun seit vielen Jahren mit Hunden und ihren Besitzern zu tun, woraus ich eine ganze Menge über Hund-Mensch-Beziehungen und die komplexen Wege gelernt habe, auf denen wir Hunde zugunsten unserer eigenen Bedürfnisse formen. Wir sind uns dessen in der Regel nicht bewusst, aber in manchen Fällen kann diese gegenseitige Abhängigkeit sich bis zu einem ungesunden Grad steigern. Wenn die Umstände plötzlich wechseln – zum Beispiel durch einen neuen Partner oder Job – und der Hund nicht mehr so sehr gebraucht wird, kann er darauf mit Trennungsangst reagieren.

Unsichere Hunde möchten oft Aufmerksamkeit und Gesellschaft »auf Bestellung«, woraus dann wiederum das Tren-

Rechts: *Kinder überschütten ihre Lieblingstiere gern mit Aufmerksamkeit. Wenn die Umstände sich ändern, weil die Kinder beispielsweise tagsüber zur Schule gehen, kann der Hund diese Gesellschaft vermissen.*

nungsproblem entsteht. Wenn Sie jedes Mal auf die Forderungen Ihres Hundes eingehen, wird das für ihn schnell zur festen Gewohnheit. Die Trennungsangst tritt dann auf, wenn er nicht genügend Aufmerksamkeit erhält, das heißt wenn Sie nicht da sind. Bevor Sie das Haus verlassen, zeigt Ihr Hund große Aufregung oder sogar Zittern, in Ihrer Abwesenheit folgen Bellen und zerstörerisches Verhalten. Das häufigste Symptom für Trennungsangst ist wohl das Bellen.

Unten: *Bellen ist ein häufiges Symptom für Trennungsangst – schlecht für Sie, den Hund und die Nachbarn.*

Die Ursachen im Überblick

▶ Der Hund hat nicht vom Welpenalter an gelernt, auch einmal allein zu sein, sondern durfte immer mit den Menschen alle Zimmer betreten.

▶ Übertriebenes Verhätscheln des Hundes – oft zur Erfüllung eigener Bedürfnisse – führt zu seiner Hilflosigkeit.

▶ Der Hund hat gelernt, sich nur am Menschen zu orientieren und seine Natur zu ignorieren, was Ungleichgewicht und Unsicherheit verursacht.

▶ Kleine, knuddelige Hunde ziehen oft besondere Aufmerksamkeit auf sich, weshalb Trennungsangst bei Kleinhund-Rassen häufiger vorkommt.

Tipps zur Vorbeugung

Da Vorbeugen in diesem Fall die beste Lösung ist, möchte ich zunächst darauf eingehen. Wenn Sie einen Welpen oder neuen Hund haben, bringen Sie ihm bei, dass es ganz normal ist, mehrmals am Tag für eine halbe bis eine Stunde und nachts auch länger allein gelassen zu werden. Beginnen Sie allmählich, zuerst mit etwa fünf Minuten. Bei einem Welpen ist das natürlich viel einfacher als bei einem erwachsenen Hund. Lehren Sie Ihren Welpen, dass er seinen eigenen Bereich oder Käfig bzw. Korb hat, an dem Sie ihn besuchen. Gewähren Sie ihm keinen freien Zutritt zum ganzen Haus. Wenn der Welpe winselt und jault, sobald er in seinem Bereich allein ist, warten Sie, bis Ruhe eintritt und gehen Sie dann hin. Machen Sie aber nicht zu viel Aufhebens um ihn, das könnte die Trennungsangst fördern. Lassen Sie beim Hund nicht die Erwartung entstehen, dass er jedes Mal bei Ihrem Erscheinen seinen Bereich verlassen darf. Lassen Sie ihn manchmal hinaus und manchmal nicht – mit anderen Worten, seien Sie unberechenbar.

Bei um Aufmerksamkeit bettelnden Hunden machen viele Menschen den Fehler, sie bei jedem Auffordern zu streicheln. Wenn sie dann meinen, den Hund genug beachtet zu haben, hören sie mit dem Streicheln auf und erwarten vom Hund die Einsicht, dass sie ja gerecht gewesen sind. Dabei ist ihnen nicht bewusst, dass Hunde keine Vorstellung von Gerechtigkeit haben. Sie wissen nur – wenn ich nicht nachgebe, bekomme ich die gewünschte Aufmerksamkeit. Das aber verstärkt nur die Abhängigkeit des Hundes vom Besitzer – und/oder die Dominanz über ihn.

Umgang mit der Trennungsangst – Abhängigkeit reduzieren

Beginnen Sie dieses Trainingsprogramm am besten an einem langen Wochenende, und zwar damit, dass Sie die Aufmerksamkeit, die Sie sonst Ihrem Hund innerhalb

»Ob er mich wohl streicheln wird?«

von 24 Stunden entgegen gebracht haben, auf etwa ein Viertel reduzieren. Ignorieren Sie alle Versuche Ihres Hundes, um Aufmerksamkeit zu betteln, egal, ob er Sie anstupst, Ihnen Spielsachen bringt oder Sie sehnsuchtsvoll ansieht. Das wird Ihnen anfangs schwer fallen, aber Sie, Ihre Familie und Freunde müssen konsequent sein.

Als nächstes lassen Sie den Hund für etwa fünf Minuten in einem Raum allein, während Sie im Haus. Gehen Sie nicht zu ihm, wenn er beginnt zu bellen oder zu winseln. Wenn er einen Moment ruhig ist, warten Sie etwa 30 Sekunden, gehen Sie dann wie zufällig in den Raum. Sagen Sie nichts und halten Sie nur losen Kontakt. Auf keinen Fall

Links: *Gewöhnen Sie den Hund möglichst ab dem Welpenalter daran, auch einmal allein zu bleiben. Ein solcher Käfig kann sehr hilfreich sein.*

Jede Berührung bedeutet einen kleinen Sieg für den Hund. Bleiben Sie stattdessen gleichgültig.

mählich so weit, wie Sie es für den Alltag brauchen. Ihre Erfolgschancen sind größer, wenn Sie dieses Programm langsam über mehrere Wochen einüben. Wichtig ist die Konsequenz! Sie können diese Methode auch mit der nächsten verbinden, indem Sie dem Hund einen Teil seiner täglichen Futterration in einem speziellen Gummispielzeug zum Ausstopfen geben, wenn er allein ist. Er sollte auch seine Spielsachen und sein Futter bekommen, wenn Sie nicht da sind. Mit anderen Worten: Seien Sie so langweilig wie möglich, wenn der Hund bei Ihnen ist.

Unten: *Dieser Hund fühlt sich unsicher. Wenn Sie das Programm zum Abbau von Abhängigkeit befolgen, wird er das Alleinsein mit der Zeit akzeptieren.*

Oben 1, 2 und 3: *Wenn Sie daran arbeiten, Ihren Hund weniger von sich abhängig zu machen, müssen Sie der Versuchung widerstehen, ihn bei jedem Annäherungsversuch zu streicheln. Ignorieren Sie ihn stattdessen.*

dürfen Sie auf aufgeregte Temperamentsausbrüche reagieren. Trödeln Sie ein paar Minuten im Raum herum und lassen Sie den Hund dann frei. Achten Sie darauf, dass niemand ihn streichelt, egal wie sehr er um Lob heischt. Die anfängliche Verwirrung des Hundes oder sogar ein schlechteres Benehmen gehen schon nach ein paar Tagen in Akzeptanz der neuen Regeln über.

Wenn Sie durchhalten, bringen Sie dem Hund allmählich bei, dass es eigentlich keinen so großen Unterschied macht, ob er bei Ihnen ist oder nicht. Erst wenn das reibungslos klappt, steigern Sie die Zeit des Alleinseins für Ihren Hund ganz all-

Oben: *Das Holen von Spielzeug ist eine weitere Taktik, um Ihre Aufmerksamkeit auf sich zu ziehen. Es scheint hartherzig, aber Sie dürfen das angebotene Spielzeug nicht nehmen.*

Die Futtermethode

Wenn Sie mit Futterbelohnung arbeiten, um eine Verhaltensänderung zu erreichen, kann der Hund mit Ihrer Abwesenheit etwas Positives verbinden. Das nützlichste Hilfsmittel ist das schon angesprochene Gummispielzeug, das mit Futter gefüllt wird und aus dem der Hund sein Fressen Bissen für Bissen herausholen muss. Anstatt seine Mahlzeit schnell hinunterzuschlingen, hat er nun ein zeitintensives, befriedigendes neues Hobby.

- Sperren Sie den Hund im Essbereich ein, wenn Sie weggehen.
- Stellen Sie seine Ernährung auf naturbelassenes Futter ohne Chemie und Zusatzstoffe um (kein Trockenfutter).
- Geben Sie ihm die gesamte Tagesration nur in Gummispielzeug.
- Wenn Sie dreimal am Tag weggehen, teilen Sie das Futter in drei Portionen auf.
  - Füllen Sie das Spielzeug mit Futter, kurz bevor Sie aus dem Haus gehen.
- Legen Sie das Spielzeug auf den Boden und lassen Sie den Hund sein Futter herausholen.
- Sie können diese Methode auch anwenden, wenn Sie gar nicht aus dem Haus gehen. Lassen Sie den Hund dreimal täglich für je etwa 15 min. mit dem gefüllten Spielzeug im Essbereich allein. So lernt er, dass Angenehmes geschieht, wenn sie abwesend sind, auch wenn Sie sich vielleicht noch im Haus aufhalten.

- Füttern Sie den Hund nicht zusätzlich und geben Sie ihm keine Leckerbissen. Sein gesamtes Fressen muss mit dem Spielzeug verabreicht werden..
- Wenn Ihr Hund das Futter im Spielzeug nicht annimmt, legen Sie es bis zur nächsten Lektion in einer Plastikbox in den Kühlschrank Kaum ein Hund ignoriert auch am zweiten Tag das Futter.

Unten: *Benützen Sie Futter als Ablenkungstaktik, wenn Sie aus dem Haus gehen, damit der Hund mit sich selbst beschäftigt ist.*

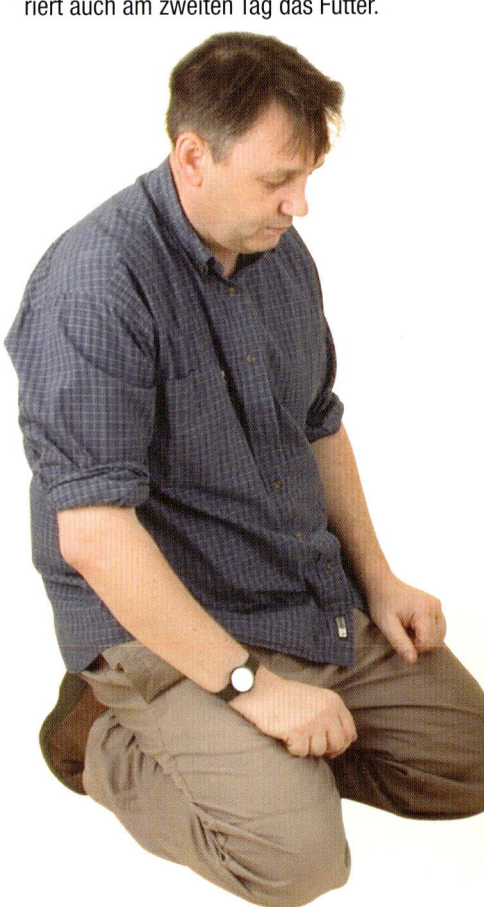

Die Kombination der beiden beschriebenen Methoden hat letztes Jahr in meiner Hundeschule bei Vierbeinern mit Trennungsangst aus den verschiedensten Rassen zu einer Erfolgsrate von 95 Prozent geführt.

Dieser Hund ist völlig darin versunken, an das Futter zu gelangen.

1

Oben 1, 2, 3 und 4: *Das Gute an dem mit Futter gefülltem Spielzeug ist, dass der Hund wirklich arbeiten muss, um an den leckeren Inhalt zu kommen. Während er sich darauf konzentriert und es im ganzen Raum herumschubst, hat er völlig vergessen, dass Sie gar nicht da sind.*

Das Futter für das Spielzeug muss fleischig und feucht sein, denn mit Trockenfutter funktioniert es nicht. Fest ausgestopft bietet es dem Hund eine Ablenkung, die seinen Geist beansprucht und seine Bemühungen mit Futter belohnt.

2   **3**   **4**

Hundegesellschaft

Eine andere Möglichkeit, Ihren Hund während Ihrer Abwesenheit zu beschäftigen ist die Gesellschaft eines anderen Hundes aus dem Freundeskreis oder der Nachbarschaft. Er muss sich allerdings gut mit Ihrem Hund verstehen und die beiden müssen einen Bereich haben, wo sie allein spielen können, ohne etwas kaputt zu machen. Die beste Kombination bilden ge-

wöhnlich ein Rüde und eine Hündin. Diese Methode funktioniert allerdings nicht, wenn Ihr Hund sehr kräftig auf Sie fixiert ist oder nicht gerne mit anderen Hunden spielt.

Unten: *Ein weiteres einfaches Mittel gegen Trennungsangst ist die Gesellschaft eines zweiten Hundes, während Sie außer Haus sind.*

Oben: *Gewöhnen Sie Ihren Hund an das Futterspielzeug, indem Sie ihm anfangs seine ganze Tagesration damit verabreichen und nicht mit dem Futternapf geben.*

Die Energie in Bahnen lenken

Versuchen Sie den Auslauf Ihres Hundes in die Länge zu ziehen, bevor Sie weggehen und machen Sie mehr Tempo, um ihn zu ermüden. Werfen Sie einen Ball und laufen Sie umher oder lassen Sie ihn mit anderen friedlichen Hunden spielen. Machen Sie nicht nur einen langweiligen Bummelspaziergang. Wieder zu Hause angekommen, lassen Sie Ihren Hund eine Zeitlang allein. Wenn er müde ist, wird er sich viel eher hinlegen und schlafen. Vergrößern Sie allmählich den Zeitraum, in dem Sie Ihren Hund allein lassen – genau wie bei der vorigen Methode.

Auf Spaziergängen und beim Auslauf können Sie Ihren Hund so viel loben und streicheln wie Sie mögen, besonders wenn Sie an der Gehorsamserziehung arbeiten. Wenn Sie die Trennungsangst methodisch bekämpfen, werden Sie schon bald als positiven Nebeneffekt feststellen, dass Ihr Hund im Freien viel gehorsamer wird.

Wichtige Tipps

1 Lassen Sie nicht Ihren Hund entscheiden, wann es Zeit für Aufmerksamkeit ist. Jede Handlung in dieser Richtung muss von Ihrer Seite ausgehen. Sie entscheiden, wann es genug ist. Ignorieren Sie also für die nächsten Monate Ihren Hund immer dann, wenn er Aufmerksamkeit fordert.

2 Wenn die Angst durch Ihr Weggehen ausgelöst wird, tun Sie mehrmals am Tag so, als wollten Sie das Haus verlassen. Ziehen Sie das ganze Ritual durch, auch das Anziehen der Jacke und Hinausgehen zum Auto. Kommt es häufig zu einem solchen »Fehlalarm«, kann Ihr Hund schließlich nicht mehr vorauszusehen, wann Sie wirklich weggehen – das tief verwurzelte Angstverhalten wird unterbrochen.

3 Begrüßen Sie Ihren Hund nicht zu überschwänglich und freudig, wenn Sie nach

Unten 1, 2, 3 und 4: *Hunde können Anzeichen von Angst zeigen, wenn Sie ahnen, dass Sie gleich das Haus verlassen. Indem Sie öfter einmal »Fehlalarm« geben, bringen Sie die Erwartungen des Hundes durcheinander und reduzieren so seine Angst.*

Gehen Sie weg oder nicht? Der Hund ist nicht mehr sicher, wozu Ihr Verhalten führt.

Wenn das Training Früchte getragen hat und die Angst des Hundes reduziert wurde, können auch die Streicheleinheiten wieder eingeführt werden.

②

③

Oben 1, 2 und 3: *Wenn der Hund bettelnd hochspringt, vermeiden Sie Blickkontakt, berühren Sie ihn nicht und stehen Sie nötigenfalls auf, damit er wieder auf den Boden abrutscht.*

Der Hund weiß, dass Sie sich nun ebenso gut umdrehen und wieder zurückkommen können. Warum sich also Sorgen machen?

④

Hause kommen oder wenn er längere Zeit in einem Raum allein war. Gewöhnen Sie sich stattdessen eine etwas gleichgültigere Haltung an, damit der Hund Ihr Kommen nicht als ein großes Ereignis wahrnimmt.

4 Bedenken Sie, dass viele Hunde, die um Aufmerksamkeit betteln, es als Belohnung empfinden, wenn man sie wegschiebt oder ausschimpft. Stehen Sie deshalb ruhig mit herabhängenden Armen, falls Ihr Hund Sie anspringt. Warten

Sie kurz und setzen Sie sich dann wieder hin. Wiederholen Sie das so oft, bis der Hund das Interesse verliert.

Zum Schluss

Nach meinen Erfahrungen sprechen die meisten Hunde gut auf die oben genannte Methoden an. Am Ende können Sie auch in Maßen Zuneigung zeigen, also zu einer Beziehung zurückkehren, die Ihnen beiden etwas gibt. Allerdings sollte dies immer auf ein Minimum reduziert bleiben.

▶ Zusammenfassung

▷ Lehren Sie Ihren Hund das Alleinsein, zunächst nur über kurze Zeiträume.

▷ Arbeiten Sie mit Futterbelohnung und verstecken Sie die Tagesration an Futter im Spielzeug.

▷ Zu anderen Zeiten gegebene Leckerbissen tragen nicht zur Lösung bei.

▷ Manche Hunde haben gerne etwas zum Kauen, wenn Sie allein sind.

▷ In Ihrer Gesellschaft bekommt der Hund weder Spielzeug noch Leckereien, außer beim Spaziergang.

▶Übermäßiges Bellen

Für Hunde ist Bellen eine natürliche Form der Kommunikation und sie tun es aus unzähligen Gründen. Ein Hund wäre kein Hund, wenn er nicht ab und zu bellen würde. Wer das Bellen aber zu häufig und übermäßig lang anhaltend auftritt, kann es zu einem Problem werden. Seltsamerweise bellt der Wolf als Vorfahr des Hundes fast nie. Seine starke Sei ist das Heulen, mit dem er Nachrichten an Artgenossen übermittelt.

Für übermäßiges Bellen oder Heulen gibt es verschiedene Gründe. Manche Hundehalter ermutigen einen Welpen zum Bellen, um seine Eigenschaften als Wachhund zu fördern. In anderen Fällen haben die Besitzer unbeabsichtigt zu dem Problem beigetragen. Jedes Mal wenn der Hund gebellt hat, haben sie ihm Aufmerksamkeit geschenkt. Da der Hund dieses Verhalten als Belohnung empfindet, bellt er natürlich immer wieder und immer öfter zu.

Manche Hunde bellen auch aus Stress, wenn sie von Ihren Besitzern getrennt sind, andere aus Langeweile, weil ihre Umge-

Rechts: *Wir erwarten, dass der Hund bellt, wenn es an der Türe klingelt – es ist praktisch, auf der Hut zu sein, wenn jemand sich dem Haus nähert. Wenn das Bellen aber unaufhörlich weitergeht, wird das Verhalten inakzeptabel.*

Vorbeugen im Welpenalter

Vorbeugung ist die beste Lösung! Wenn Sie einen Welpen oder einen neuen Hund haben, bringen Sie ihm bei, dass es völlig normal ist, mehrmals am Tag für eine halbe bis eine Stunde und nachts auch länger alleine ge-

① **②** **③** **④**

bung nicht genug Reize bietet. Ein weiterer Grund für übermäßiges Bellen und ähnliche Verhaltensstörungen ist, wenn der Tagesablauf eines Hundes sich plötzlich ändert und der Besitzer nicht mehr so viel Zeit mit ihm verbringen kann wie gewohnt.

Oben 1, 2, 3 und 4: *Dieser Hund sucht ziellos umher und scheint endlos gelangweilt zu sein. In solchen Fällen fangen manche Hunde an, anhaltend zu kläffen, um ihre Langeweile loszuwerden.*

lassen zu werden. Beginnen Sie allmählich mit Zeiträumen von fünf bis zehn Minuten.

Lehren Sie Ihren Hund auch, dass er seinen eigenen Bereich wie Käfig oder Liegeplatz hat, an dem Sie ihn besuchen. Geben Sie ihm von Anfang an keinen freien Zutritt

Ein Hund muss das Alleinsein lernen.

zu allen Räumen des Hauses oder der Wohnung. Wenn der allein gelassene Hund winselt und bellt, gehen Sie erst hin, nachdem er einen Moment lang ruhig war und loben Sie ihn mit Worten – allerdings nicht zu überschwänglich, sonst könnten Sie das Bellen fördern.

Für einen Hund ist es ganz natürlich zu bellen, wenn jemand an der Tür klingelt oder klopft. Den meisten Besitzern macht das auch nichts – das Bewachen des Territoriums ist normales Hundeverhalten. Lassen Sie den Hund aber nicht übertreiben, sonst könnten Sie einen Kläffer heranziehen.

Bellen, wenn der Besitzer zu Hause ist

Manche Hunde mögen es nicht, allein im Garten oder einem Nebenraum zu bleiben und bellen, bis sich der Besitzer um sie kümmert – was in der Regel heißt, dass er sich wieder in menschlicher Gesellschaft befindet. Welch tolle Belohnung! Kein Wunder, dass der Hund das Bellen lernt. Wenn Ihr Hund zu dem Typ Dauerbeller gehört, befolgen Sie die Übungen zum Abbau von Dominanz (siehe S. 28–29) und zum Ignorieren (S. 44–45). Für weitere Informationen lesen Sie auch den Abschnitt über Bellen bei Trennungsangst (siehe S. 72–73).

Gewöhnen Sie den Hund daran, einige Zeit im Käfig zu bleiben.

Oben 1, 2 und 3: *Hunde, die als Welpen sehr viel Zeit mit dem Besitzer verbracht haben, können später die Neigung zum Kläffen zeigen, wenn sie allein gelassen werden. Eine gute Methode dem vorzubeugen ist, dem Hund während der entscheidenden, prägenden Monate beizubringen, dass es ganz normal ist, einige Zeit allein im Käfig, Zwinger oder Laufstall zu verbringen.*

So gewöhnen Sie das Bellen ab

Beginnen Sie diese Übungen möglichst in den Ferien oder an einem langen Wochenende. Fangen Sie damit an, dem Hund im Tagesverlauf weniger Interesse zu schenken als sonst. Ignorieren Sie alle Versuche des Hundes, Ihre Aufmerksamkeit auf sich zu lenken, sei es durch Anstupsen, Bringen von Spielzeugen oder flehende Blicke. Das wird Ihnen anfangs schwer fallen, aber Sie und der Rest der Familie müssen konsequent sein.

Lassen Sie den Hund dann immer wieder für jeweils fünf Minuten in einem Raum allein, während Sie im Haus sind. Gehen Sie nicht zum Hund, wenn er jetzt zu bellen anfängt. Sobald er mit dem Bellen innehält, warten Sie etwa 30 Sekunden, gehen dann wie beiläufig in den Raum und begrüßen Sie den Hund ebenso beiläufig. Auf keinen Fall dürfen Sie aufgeregte Begeisterungsstürme beim Hund hervorrufen. Trödeln Sie dann ein paar Minuten im Raum herum und lassen Sie den Hund anschließend wieder frei laufen. Achten Sie darauf, dass niemand den Hund streichelt, wie sehr er auch nach Lob verlangt. Der Hund darf das Zusammensein mit Ihnen nicht als sein Recht betrachten oder es mit Belohnungen wie Streicheln oder Lob in Verbindung bringen.

Wenn Sie sich an diese Regeln halten, lernt der Hund, dass es eigentlich egal ist, ob Sie da sind oder nicht. Ihr nächstes Ziel sollte sein, den Hund etwa fünfmal täglich für jeweils 5-15 Minuten allein bleiben kann. Wenn das ohne Bellen klappt, können Sie den Hund allmählich immer länger allein lassen, bis Sie die gewünschte Zeit erreicht haben. Je länger Sie das Trainingsprogramm zeitlich ausdehnen, desto größer sind Ihre Chancen auf Erfolg. Als Alternative dazu können Sie dem Hund mit Hilfe von

Lassen Sie den Hund jedes Mal für 5 bis 15 Minuten allein.

Achtung!
Außer in Ausnahmesituationen sollten Hunde nie einen ganzen Tag lang allein gelassen werden.

Links: *Für den Erfolg dieses Trainingsprogramms ist es wichtig, dass Sie Ihre Aufmerksamkeiten gegenüber dem Hund reduzieren.*

Oben: *Der Schlüssel zur Umerziehung eines Dauerkläffers ist, ihn allmählich daran zu gewöhnen, dass er über den Tag verteilt für jeweils eine kurze Zeit allein bleibt.*

Oben: *Reagieren Sie nicht auf den Hund, wenn er bellt – belohnen Sie ihn für Ruhe, nicht für Fordern von Aufmerksamkeit.*

Futter beibringen, in Ihrer Abwesenheit Spaß zu haben.

Bellen bei Angst

Viele Hunde sind stark fixiert auf ihre Besitzer und scheinen zum Alleinsein unfähig zu sein. Wenden Sie bei solchen Hunden die folgenden Methoden an, um deren Auffassung vom Alleinsein zu ändern. Auch für Menschen ist es normal, ab und zu allein zu sein, obwohl unsere Art zu den »Herdentiere« zählt. Wölfe sind ebenfalls Rudeltiere, können aber trotzdem einige Zeit allein leben und tun es auch. Haushunde sind ebenso dazu in der Lage, sich an das Alleinsein zu gewöhnen. Es gibt verschiedene Methoden, um ihnen dabei zu helfen.

Futter als Anreiz

Hunde denken die meiste Zeit ans Fressen und falls nicht, können wir sie leicht dazu

Umgang mit wählerischen Fressern

▶ Die meisten Hunde werden durch das Verhalten ihrer Besitzer zu wählerischen Fressern gemacht, denn diese belohnen eine Futterverweigerung immer mit einem schmackhafteren Futter. Wählerische Hunde sollten einen ganzen Tag lang hungern, bevor Sie mit dem Training beginnen. Hunde sind nicht zur täglichen Nahrungsaufnahme geschaffen, nur die Menschen haben ihnen diese Gewohnheit auferlegt. Bei Kleinhund-Rassen ist die Erziehung wegen des geringeren Futterbedarfes oft schwieriger, aber das Prinzip bleibt das Gleiche. Bei alten oder unpässlichen Hunden darf die Nahrung nicht eingeschränkt werden.

Oben: *Das bereits erwähnte Spielzeug zum Ausstopfen (siehe S. 33) ist ein sehr wirksames Erziehungsmittel. Anstatt beim Alleinsein zu bellen, lernt der Hund, eine Futterbelohnung zu erwarten.*

anregen oder die Fütterungszeit für sie spannender machen. Verwenden Sie für diese Übungen natürliches Hundefutter, kein Trockenfutter oder Futter mit Zusatzstoffen, die das Verhalten beeinflussen könnten.

Außerdem benötigen Sie ein stabiles Gummispielzeug, das mit Futter gefüllt werden kann. Während der nächsten fünf Wochen bekommt Ihr Hund die gesamte Nahrung nur in diesem Spielzeug und in Ihrer Abwesenheit. Teilen Sie seine Tagesration in fünf Portionen auf und stopfen Sie das Spielzeug damit aus. Sollte er das Futter im Spielzeug ignorieren, bewahren Sie es bis zur nächsten Lektion im Kühlschrank auf.

Frisst Ihr Hund dagegen willig, lernt er schnell, Ihre Abwesenheit mit einer angenehmen, lang dauernden Beschäftigung mit Futter zu verbinden. Er wird dafür belohnt, von Ihnen getrennt zu sein. Ignorieren Sie Ihren Hund, falls er nach Aufmerksamkeit bellt oder kratzt. Betreten Sie den Raum nur, wenn der Hund ruhig ist, damit er sein Bellen nicht mit Ihrem Kommen assoziiert.

Ablenken

Manche Hundetrainer empfehlen, das Radio anzustellen, wenn Sie Ihren Hund allein lassen, damit er abgelenkt ist. Das funktioniert auch in manchen Fällen, noch effektiver ist aber eine mit Ihrer Stimme bespielte Kassette.

Bei manchen Hunden, die während des Alleinseins bellen, helfen Kauartikel oder Spielzeuge, sie in Ihrer Abwesenheit zu beschäftigen. Sie müssen aber alle Spielsachen und Kauknochen wegsperren, wenn Sie zu Hause sind, damit sie für den Hund zu einer besonderen Belohnung werden, die es nur in Ihrer Abwesenheit gibt.

Aufgeregtes Bellen um Aufmerksamkeit

Diese Art von Bellen kann zur Belästigung für alle werden, wenn sie zu extrem wird. Der beste Weg ist das Schaffen einer entgegengesetzten Beeinflussung. Wenn der Hund beispielsweise immer dann bellt, wenn er Sie essen sieht, füttern Sie ihn ab sofort nicht mehr aus der Hand und geben Sie ihm sein Fressen nur noch aus dem Napf. Belohnen Sie den Hund nicht mit Futter, wenn er sie anstarrt oder anbellt. Wenden Sie das Training für das Ignorieren (siehe Seite 28–29) an. Oder noch besser – verbannen Sie den Hund während der Mahlzeiten aus Ihrer Nähe.

Sollte Ihr Hund mit stürmischem Bellen darauf reagieren, wenn

Spielen ist ein großartiges Mittel gegen Langeweile für Hunde, die allein sind.

Oben: *Die Stimme seines Herrchens? Ein leise im Hintergrund laufendes Radio oder sogar Tonband mit Ihrer Stimme kann manchen Hunden helfen, das Alleinsein besser und ohne Bellen zu bewältigen.*

Sie den Autoschlüssel oder seine Leine vom Haken nehmen oder Ihre Jacke anziehen, bringen Sie einfach sein vorausschauendes Denken durcheinander. Ändern Sie ständig die Zeiten für Spaziergänge, nehmen Sie Schlüssel oder Leine ein Dutzendmal pro Tag vom Haken oder ziehen Sie Ihre Jacke an und gehen zur Haustür, nur um anschließend zum Sofa zurückzukehren. Der Hund wird so oft mit Fehlalarm konfrontiert, wobei das erwartete Ergebnis nicht eintritt, dass er die Botschaft bald begreift.

Unten: *Kauknochen können den Hund stundenlang beschäftigen, wenn der Halter außer Haus ist.*

Oben: *Spielzeuge erleichtern das Alleinsein, aber nicht jeder Hund kann Skateboard fahren!*

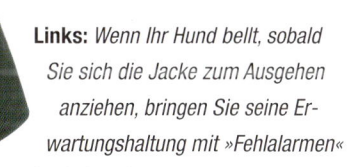

Links: *Wenn Ihr Hund bellt, sobald Sie sich die Jacke zum Ausgehen anziehen, bringen Sie seine Erwartungshaltung mit »Fehlalarmen« durcheinander.*

Oben: *Manche Hunde beginnen zu bellen, wenn sie ihre Halter essen sehen, weil sie ihren Anteil erwarten. Füttern Sie in solchen Fällen nur noch aus dem Napf und geben Sie keine Leckereien mehr aus der Hand.*

Schreien Sie einen bellenden Hund nie an, weil Sie damit aus Sicht des Hundes die Aufregung nur noch steigern: »Mein Herrchen nimmt die Leine, ich belle wild, er schreit mit mir zusammen, ich springe auf und ab, mein Herrchen wedelt mit den Armen – was für ein Spaß!«

Trainingsscheiben sind, wenn sie richtig eingesetzt werden, bei dominanten, stürmischen Hunden ein gutes Mittel, um dieses unerwünschte Verhalten zu beenden. Werfen Sie die Scheiben neben dem bellenden Hund auf den Boden, sodass er vor Schreck verstummt. Loben Sie den Hund nicht zu überschwänglich für dieses richtige Verhalten, weil Sie sonst die aufgeregte Stimmung wieder anheizen.

Bellen im Auto

Die meisten Hunde mögen Autos und die damit verbundenen aufregenden Ausflüge. Sie assoziieren das Auto mit Spaß – bei Ihnen sein, Jagen und Spielen im Park. Das Autofahren bietet ihnen alle visuellen Reize einer Jagd, weil Hunde und andere Tiere außen vorbeirasen. Hunde, die diese Spannung durch Dauerbellen im Auto ausdrücken, stellen ein großes Problem dar. Lang anhaltendes und lautes Bellen ist Nerv tötend und beim Fahren, wenn es direkt neben Ihrem Ohr geschieht, auch gefährlich. So mancher Unfall passierte schon deshalb, weil ein verärgerter Fahrer versuchte, seinen Hund zu beruhigen.

Mittel zur Abschreckung

Sensiblere Hunde und solche, die sich das Bellen gerade erst angewöhnen, reagieren oft gut auf abschreckendes Bespritzen. Nehmen Sie beim Autofahren eine Wasserpistole mit. Sobald Ihr Hund zu bellen beginnt, spritzen Sie ihm Wasser ins Gesicht und sagen Sie gleichzeitig entschieden »Nein!«. Heben Sie Ihre Stimme nicht an, sonst denkt der Hund, Sie wollen sich ihm anschließen und sieht es als Aufforderung zum Bellen an!

Sie können auch ein speziell für Hunde entwickeltes Abschreckspray benützen, das eine feine Wolke harmloser, aber sehr bitter schmeckender Flüssigkeit freisetzt. Mit einem üblen Geschmack auf der Zunge ist es für den Hund schwer, zu bellen. Übrigens würde das Zeug Ihnen auch nicht schmecken! Sie können auch ein ferngesteuertes Dufthalsband kaufen, das Zitronellöl versprüht, sobald der Hund bellt. Es sollte aber nur unter Anleitung eines Trainers eingesetzt werden, da manche Hunde sehr empfindlich

auf den Sprühstrahl oder dessen Geräusch reagieren. Auch Trainingsscheiben (siehe S. 34) leisten gute Dienste. Aus Sicherheitsgründen sollte während der ersten vier oder fünf Fahrten und auch später gelegentlich noch ein Beifahrer das Abschreckungsmittel anwenden und nicht Sie selbst.

Wenn Sie konsequent sind, finden die meisten Hunde diese Erfahrung unangenehm. Sobald Ihr Hund 30 Sekunden lang ruhig ist, loben Sie ihn mit ruhiger, leiser Stimme. Streicheln Sie ihn nicht und machen Sie nicht zuviel Aufhebens, damit er sich nicht wieder aufregt. Ihr Hund muss lernen, dass Ruhe angenehmes Lob und

Oben und links: *Ein mit Futter gefülltes Spielzeug (links) ist eine nützliche Ablenkung – er beschäftigt selbst ausdauernde Kläffer, die sonst ein Chaos im Auto verursachen würden. Wenn Ihr Hund beim Alleinsein im Auto zerstörerische Tendenzen zeigt, versuchen Sie es mit einem Hundegitter (oben) oder Transportkäfig.*

Bellen Schwierigkeiten zur Folge hat. Bei weniger schwierigen Fällen dient auch ein ins Auto gelegtes mit Futter gefülltes Spielzeug als angenehme Ablenkung.

Umgestaltung des Autoinnenraums

Manche Hunde leiden unter Trennungsangst, wenn sie im Auto allein gelassen werden. Sie können dann ihre Frustration an der Innenausstattung des Autos auslassen oder zu entkommen versuchen, indem

---

▶ Übungshilfen gegen das Bellen

- ▶ Trainingsscheiben – neben den Hund werfen
- ▶ Wasserpistole – auf den Hund zielen
- ▶ Abschreckspray – neben dem Hundekopf in die Luft des versprühen
- ▶ Ferngesteuertes Sprayhalsband mit Duft – nur unter Expertenaufsicht

Unten 1 und 2: *Wie die Bilder zeigen, können Sie diese Trainingsmethode nicht anwenden, wenn Sie selbst fahren. Bitten Sie einen Freund, mitzufahren und schnallen Sie den Hund mit einem Spezialgeschirr an. Sobald er bellt, wirft die Hilfsperson die Trainingsscheiben und sagt »Nein!«. Sobald der Hund ruhig ist, loben Sie ihn kurz.*

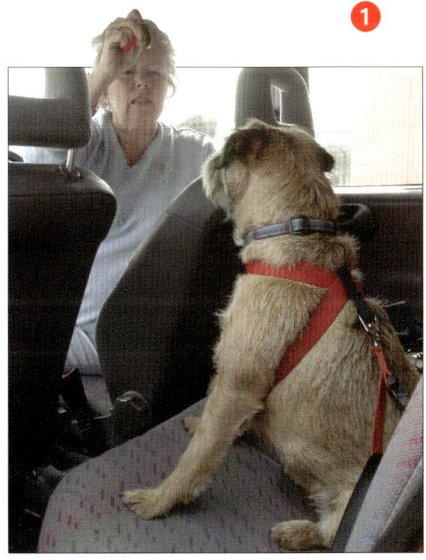

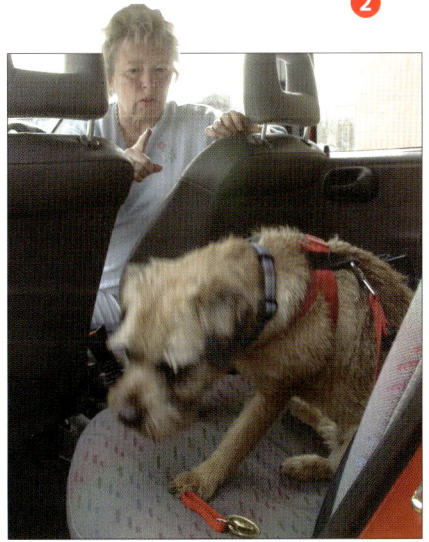

sie kratzen und dabei erheblichen Schaden anrichten. Wenn Sie einen solchen Hund besitzen, beherbergt eine im Auto angebrachte Transportbox oder -käfig nicht nur Ihren Hund sicher, sondern hält auch das Auto in Ordnung. Führen Sie die Übungen zum Abbau von Dominanz (S. 44–47) durch, bevor Sie diesen Rat befolgen.

Kopf- und Brustgeschirr

Als Alternative dazu können Sie auch ein Halfter oder Kopfgeschirr verwenden, das bei den meisten Hunden beruhigend und kontrollierend wirkt. Es gibt verschiedene Varianten und Größen, sodass für jede Rasse etwas dabei ist. Anfangs mögen viele Hunde das Halfter nicht, genau wie Halsband und Maulkorb. Gewöhnen Sie Ihren Hund allmählich daran, indem Sie es zunächst nur für wenige Minuten im Haus anlegen. Lassen Sie den Hund mit am Halfter

befestigter Leine sitzen, loben Sie ihn dann und geben Sie ihm eine Leckerei. Wiederholen Sie diese Übung eine Woche lang mehrmals täglich. Beginnen Sie in der zweiten Woche mit kleinen Spaziergängen an Halfter und Leine durchs Haus oder im Garten. Bewältigen Sie in der dritten Woche kurze Strecken, zum Beispiel zum Auto und zurück und geben Sie wieder Futterbelohnung.

Schließlich setzen Sie den Hund mit Halfter und Leine ins Auto. Die Leine sollte etwa 1,20 m lang sein und aus Nylon oder Leder bestehen. Befestigen Sie sie so im Autoinneren, dass der Hund gerade noch genug Freiraum hat, um sich hinzusetzen oder zu legen. Wenn er nicht mehr wild umherspringen kann, wird der Hund ruhiger und bellt nicht mehr so oft.

Auch ein speziell für Hunde hergestelltes Brustgeschirr fürs Auto hilft, um ungestüme Bewegungen zu zügeln.

Zusammenfassung

▷ Ersticken Sie das Dauerbellen schon im Keim und lassen es gar nicht erst zu einem größeren Problem werden.

▷ Belohnen Sie die Ruhe, nicht das Bellen.

▷ Nehmen Sie anfangs einen Beifahrer mit, der Ihnen helfen kann.

▷ Ein Wasserspritzer bei Zeiten lehrt den Hund Schweigen.

▷ Erwägen Sie den Gebrauch einer Transportbox oder eines Käfigs.

▷ Gewöhnen Sie Ihren Hund an ein Sicherheitsgeschirr oder ans Halfter.

▷ Schreien Sie nicht.

Bellen ist für Hunde etwas Natürliches, aber lassen Sie es nicht außer Kontrolle geraten.

►Übertriebenes Verlangen nach Aufmerksamkeit

Suche nach Aufmerksamkeit – was bedeutet das wirklich? Schließlich sind die meisten Hunde »Angeber«, die Aufmerksamkeit lieben. Sie wären auch keine Hunde, wenn das nicht so wäre. In der Tat sind Hunde, die um unsere Zuneigung betteln, auch die am leichtesten erziehbaren. Hundetrainer lassen sich die tollsten Methoden einfallen, um die Aufmerksamkeit des Hundes zu wecken und ihnen so leichter gutes Benehmen und Gehorsam beizubringen. Wenn das Werben um Aufmerksamkeit aber Sie an der Erledigung alltäglicher Dinge hindert und Ihren Tagesrhythmus durcheinander bringt, ist dieses Verhalten nicht zu akzeptieren.

Ursache des Problems ist oft zu nach-

Oben: *Mütter mit Kleinkindern haben einen vollgepackten Tagesablauf und wenig Zeit. Einen Hund, der ständig um Aufmerksamkeit bettelt und bei der Hausarbeit im Weg ist, können sie sicher nicht brauchen.*

Oben: *Nur zu leicht verfällt man dem Charme von Welpen oder kleinen Hunden und reagiert auf jedes Winseln. Das aber ist nicht immer richtig, weil der Hund es bald als sein Recht betrachten könnte, dass Sie sich um ihn kümmern.*

sichtiges Behandeln des Hundes im Welpenalter. Ein niedlicher Welpe zieht leicht viel Aufmerksamkeit auf sich und schon ist ganz schnell ein Hund entstanden, der es als sein Recht betrachtet, immer im Mittelpunkt zu stehen. Auch Hunde, die Tag und Nacht nicht von der Seite ihres Besitzers weichen, werden oft zu aufdringlich, noch häufiger allerdings entwickeln sie Trennungsangst – ein weit verbreitetes Verhaltensproblem.

Übertriebenes Verlangen nach Aufmerk-

samkeit ist typisch für dominante Hunde (siehe S. 38–53). In diesem Kapitel be-

►Symptome

- ► Auf den Schoß springen
- ► Drängeln
- ► Ständiges Anstupsen
- ► Bellen

trachten wir jedoch nur die möglichen Lösungen für das Problem selbst, nicht das komplette Umerziehungsprogramm für dominante Hunde, das für viele Hundehalter auch eine zu drastische Lösung wäre.

Der Hundeinstinkt

Ab dem Tag seiner Geburt hat ein Welpe nicht nur einen starken Instinkt zum Überleben, sondern auch den Trieb, irgendwann Rudelführer zu werden – und eines der Mittel dazu ist, dass man erst einmal wahrgenommen wird. Hunde, die Ihre Aufmerksamkeit »auf Befehl« an sich ziehen können, werden wahrgenommen. Und bringen Hunde, die wahrgenommen werden, es im Leben zu etwas.

Was also ist falsch daran, dass der Hund ein bisschen Aufmerksamkeit sucht? Das Hauptproblem ist, dass der Wunsch

Die versteckte Nachricht dieses Verhaltens lautet: »Warum kümmerst du dich nicht um mich?«

nach Aufmerksamkeit aufeinander von Ihnen ausgehen sollte und nicht vom Hund. Wenn man sie lässt, finden die meisten Hunde es ganz hervorragend, wenn sie unsere Aufmerksamkeit zu ihrem Nutzen auf sich ziehen und damit letztendlich Kontrolle über unsere Zeit und unseren Tagesablauf ausüben können. Eine Form der passiven Dominanz – der Hund hat uns unter Kontrolle!

Links: *Manche Hunde bellen, um die Aufmerksamkeit ihres Halters zu wecken. Diese Taktik kann sehr wirksam sein, weil anhaltendes Bellen irgendeine Reaktion von Seiten des Besitzers so gut wie garantiert.*

Unten: *Dominante Hunde beanspruchen gern die Aufmerksamkeit ihrer Besitzer. Berührungen und Streicheleinheiten sagen ihnen, dass sie ein hochrangiges Mitglied des Rudels sind und sich aggressiv gegenüber anderen Hunden im Haus benehmen dürfen, um ihre Position zu behaupten.*

Der zweite Hund sieht unglücklich aus, weil er nicht gestreichelt wird.

Heischen nach Aufmerksamkeit

Übermäßiges Verlangen nach Aufmerksamkeit bedeutet einfach, dass dieses Verhalten so übersteigert ist, dass es unerträglich wird. Sie können nicht mehr Ihrer täglichen Arbeit nachgehen, ohne über den Hund zu stolpern, der sich inzwischen wieder eine neue Methode ausgedacht hat, um Ihre Aufmerksamkeit zu erregen, wie zum Beispiel mit seinem ganzen Gewicht auf Ihrem Schoß zu sitzen. So ist ihm Beachtung sicher und natürlich zu seinem Vorteil.

Der Punkt, ab dem Sie dieses Verhalten nicht mehr als Spaß empfinden, ist natürlich sowohl von Ihrem Charakter als auch von dem Ihres Hundes abhängig. Manche Menschen mögen die Anhänglichkeit Ihres Hundes sehr und fördern sie sogar, weil sie sich dadurch geliebt und gebraucht fühlen. In diesem Fall trägt sie zu ihrem Wohlbefinden bei – und zu dem des Hundes. In anderen Fällen hat

Links: *Ein Schäferhund auf dem Schoß ist sicher nicht das, was Sie brauchen, wenn Sie sich zum Ausruhen hinsetzen möchten. Die beste Reaktion wäre hier, sofort aufzustehen, dem Hund nicht in die Augen zu sehen und der Versuchung zu Schimpfen zu widerstehen.*

Oben: *Wenn Sie sich nicht mehr hinsetzen können, ohne dass der Hund vor Ihnen hinaufspringt und so Beachtung verlangt, ist es höchste Zeit für Gegenmaßnahmen.*

die Aufdringlichkeit des Hundes aber auch negative Auswirkungen, indem sie das Leben des Hundebesitzer wirklich störend beeinflusst – hier steht die Beziehung Mensch-Hund auf dem Prüfstand.

Die meisten Hunde, die ich wegen übermäßigen Verlangens nach Aufmerksamkeit zu sehen bekomme, sind übrigens Kleinhund-Rassen wie Yorkshire-Terrier oder Pekinesen. Ihre Körpergröße führt Menschen zur Versuchung, sie ständig hochzunehmen und zu knuddeln. Das Ergebnis ist, dass sie sehr stark auf ihre Halter fixiert sind und es nie lernen, auf eigenen Füßen zu stehen. Ähnliche Probleme gibt es oft auch bei Hunden aus dem Tierheim. Bei ihnen ist man versucht, die schlechten Erfahrungen der Vergangenheit durch besonders viel

Zuneigung wieder gut zu machen, um dann herauszufinden, dass der Hund immer mehr verlangt, je mehr man gibt.

Die Lösung des Problems

Was also geht hier vor? Dominanz ist das Problem, besser gesagt passive Dominanz, – eine Hilflosigkeit, die Aufmerksamkeit vom Besitzer und Freunden verlangt.

Diese Hunde möchten gerne ganz oben auf der Beachtungsskala stehen. Die Regeln des Rudels sind einfach: Gebrauche Köpfchen, damit du bekommst, was und

wann du es willst. Die einzige Möglichkeit, das zu unterbinden ist ein noch schlaueres und konsequenteres Rudelmitglied, zum Beispiel Sie, das sich wie ein im Rang höher stehender und dominanterer Hund verhält. Wenn Sie Probleme mit dem Verhalten Ihres Hundes haben, müssen Sie sich die ganze Zeit über wie der Boss benehmen.

Am Ende verwandelt sich Ihr Hund in einen gut erzogenen Begleiter und darüber hinaus in einen Hund, der Sie sogar noch mehr liebt und respektiert, weil Sie ein hervorragender Rudelführer sind.

Es gibt Menschen, die keine Hunde mögen. Sie schenken dem Hund überhaupt keine Aufmerksamkeit, der sie in der Folge ebenfalls ignoriert. Als Hundefreund kann man von solchen Menschen lernen, was Hunde dazu bringt, sich abzuwenden.

Unten: *Der Hund kann mit Zeichen von Dominanz oder Unsicherheit Beachtung einfordern. Wenn Sie nachgeben, wird er erwarten, jedes Mal Erfolg zu haben, bis das Verhalten sich etabliert hat.*

Oben: *Besonders Kleinhund-Rassen können das Betteln um Aufmerksamkeit bis zu einem unerträglichen Grad steigern, weil sie oft von ihren Besitzern hochgenommen und verhätschelt werden.*

Hunde können auch gut manipulieren – sich auf den Rücken zu drehen ist auch ein guter Weg, um Beachtung zu finden.

Wann ist es zu viel?

Während kaum ein Zweifel daran besteht, dass dieses Verhaltensproblem erlernt ist, gehen die Meinungen stark auseinander, ab wann es wirklich zuviel ist. Was für den einen Hundehalter zuviel des Guten ist, kann für den anderen noch durchaus akzeptabel sein. Wenn solche Widersprüche innerhalb einer Familie vorkommen, verwirren die verschiedenen Reaktionen den Hund und erschweren eine Korrektur dieses Verhaltens.

Das Gleiche passiert, wenn manche Gäste die Annäherungen Ihres Hundes belohnen – durch Streicheln, Zureden oder Spielen –, während andere schon beim Anblick eines Hundehaares auf ihrer Kleidung aus der Fassung geraten. Weil der Hund aber hin und wieder belohnt wird, bettelt er um immer mehr Aufmerksamkeit, bis alle Gäste ihn ignorieren – und zwar so lange, bis das Verhalten kein Problem mehr ist. Das kann sogar bedeuten, dass Sie Ihren Hund bei Ankunft von Gästen anbinden müssen, bis er sich wieder beruhigt hat (siehe Anbindemethode, S. 48-49).

Natürlich versuchen die meisten Hunde, sich heimlich einzuschmeicheln – vor allem, wenn Sie allein sind. Viele Besitzer machen den Fehler, Ihren Hund immer automatisch zu streicheln, wenn er Aufmerksamkeit fordert. Wenn sie dann meinen, den Hund genügend beachtet zu haben, hören sie auf zu streicheln und erwarten von ihm das Verständnis, dass sie ihren Teil getan haben. Genau das versteht er aber nicht. Er weiß

Links: Wie bei so vielen in diesem Buch beschriebenen Problemen erschwert Inkonsequenz eine Korrektur. Wenn manche Besucher den bettelnden Hund streicheln, während andere ihn ignorieren, macht der Hund mit seinem Verhalten weiter, weil er weiß, dass er manchmal Erfolg hat und durch Streicheln in seinem hohen Rang bestätigt wird.

nur, dass er jederzeit mit einer reellen Aussicht auf Erfolg nach Ihrer Aufmerksamkeit verlangen kann. Streicheln Sie Ihren Hund also nur, wenn die Initiative dazu von Ihnen ausgeht; sonst ignorieren Sie ihn.

Viele schlaue Hunde bringen auch Spielzeug, das wir werfen sollen – und in der

Rechts: Wenn Sie wirkliche Probleme mit einem Hund haben, der Ihre Gäste belästigt, binden Sie ihn am besten im Nachbarraum mit der Leine an einem Wandhaken fest. Er darf den Besuch erst dann begrüßen, wenn er sich beruhigt hat.

Tat, wir sind geschmeichelt und beeindruckt von so viel Klugheit. Lassen Sie sich nicht täuschen. Es ist zwar wirklich schlau, aber nur ein weiterer Trick, mit dem der Hund gelernt hat, wie man Ihre Aufmerksamkeit erlangt. Reagieren Sie überhaupt nicht. Halten Sie die Hände still und den Mund geschlossen und warten Sie, bis es Ihrem Hund so langweilig wird, dass er weggeht. Später können Sie dann vielleicht das Spielzeug nehmen und werfen, den Hund apportieren lassen. Packen Sie es am Ende des Spiels wieder weg. Wieder sieht der Hund, dass Sie sich wie der Boss benehmen und respektiert Sie dafür. Er kann immer noch Spaß haben – aber auf Ihre und nicht auf seine Initiative.

Unten 1 und 2: *Eine weitere clevere Art, Ihre Aufmerksamkeit zu bekommen – der Hund bringt Ihnen ein Spielzeug und fordert Sie auf, es zu werfen. Es mag wie ein unschuldiges Spiel aussehen, aber der Hund versucht, die Zügel in die Hand zu nehmen. Ignorieren Sie seine Aufforderungen.*

❶

❷

Irgendwann wird es dem Hund langweilig und er gibt auf.

Unten rechts: *In Momenten wie diesen können Sie keinen aufdringlichen Hund gebrauchen. Die Mutter möchte sich gerne ungestört um ihr Baby kümmern können, ohne mit der anderen Hand den Hund beruhigen zu müssen.*

Besser wäre es, wenn die Mutter dem Hund zur Ablenkung ein mit Futter gefülltes Spielzeug geben würde, während sie sich um das Kind kümmert.

Links: *Lernen Sie, auch einmal hartherzig zu sein und den fordernden Hund zu ignorieren. So lernt er mit der Zeit, dass seine Bemühungen keinen Erfolg haben.*

So verhindern Sie aufdringliches Verhalten

Bringen Sie Ihrem Hund bei, dass es normal ist, auch mal allein zu bleiben (siehe Umgang mit der Trennungsangst S. 72–73). Steigern Sie das Alleinsein allmählich über mehrere Wochen hinweg von zweimal täglich fünf Minuten auf zweimal täglich eine Stunde. Ignorieren Sie Ihren Hund jedes Mal völlig, wenn er Sie anschubst oder mit flehenden Augen ansieht. Selbst wenn er sich auf Sie wirft, was eher unwahrscheinlich ist, dürfen Sie ihn nicht wegschieben, weil er allein Ihre Berührung als Belohnung empfinden könnte.

Denken Sie auch daran, dass Ihr stärkstes Erziehungsmittel das Ignorieren ist. Wenn ein Hund sich aber unmöglich benimmt und schwer zu ignorieren ist, können Sie auch einsspray an sich selbst oder Ihrem Sitzplatz einsetzen. Wenn Sie Ihre Hände mit

Dem Hund aber gefällt es, angefasst zu werden.

Die Frau ist mit Telefonieren beschäftigt und schubst den Hund weg.

All das Anstupsen und Pfötchen-Geben bedeutet: »Warum sprichst du nicht mit mir?«

Oben 1, 2 und 3: *Hunde wenden verschiedene Taktiken an, um Ihre Aufmerksamkeit auf sich zu ziehen, während Sie anderweitig beschäftigt sind. Wegschieben ist keine gute Lösung, weil der Hund die Berührung als Belohnung auffassen kann.*

Orangen- oder Zitronenschale abreiben, hören viele Hunde mit dem lästigen Anstupsen auf. Bei großen, starken Hunden, die sich buchstäblich auf Sie werfen, kann die Anwendung von Trainingsscheiben nötig sein (siehe S. 34–35), um ihre Aufdringlichkeit zu beenden. Setzen Sie die Scheiben aber nicht bei sensiblen oder jungen Hunden ein.

Daran sollten Sie denken

- Achten Sie darauf, dass alles an Aufmerksamkeit nur von Ihnen ausgeht: Sie entscheiden, wann es genug ist.
- Bitten Sie Ihre Familie und alle Gäste, diese Regeln ebenfalls zu befolgen.
- Denken Sie daran: Wenn Sie den Hund wegschieben, kann er das als Belohnung auffassen. Was von Ihnen abwehrend gemeint war, kann als Aufforderung zum Weitermachen verstanden werden!

> ## Zusammenfassung: Übernehmen Sie die Kontrolle
>
> ▷ Ignorieren Sie aufdringliche Annäherungsversuche – die Botschaft lautet »Ich lasse mir nicht vorschreiben, wann ich dich streichle«.
> ▷ Sprühen Sie etwas Abschreckspray auf Ihren Sitzplatz – »Bleib von meinem Platz fern«.
> ▷ Reiben Sie Ihre Hände mit Orangen- oder Zitronenschale – »Stoß mich nicht dauernd an«.
> ▷ Wenden Sie Trainingsscheiben oder Abschreckspray an, aber nur unter Anleitung eines Trainers.
> ▷ Familie und Freunde müssen den Hund genauso behandeln wie Sie.

- Wenn der Hund versucht, auf Ihren Schoß zu kommen, stehen Sie einfach auf, sodass er nach unten rutscht, bevor er es sich bequem machen kann. Vermeiden Sie Blickkontakt, kein Schimpfen. Benehmen Sie sich notfalls wie ein Stehaufmännchen, bis Sie Ihre Ruhe haben.
- Bringen Sie Ihrem Hund die Grundkommandos »Sitz!« und »Bleib!« bei und wenden Sie sie an, sobald er aufdringlich wird. Lehren Sie ihn, es als vergnügliches Spiel mit anschließender Belohnung zu empfinden, wenn Sie ihn auf seinen Liegeplatz schicken. Wenn der Hund das Positive der Botschaft verstanden hat – gewöhnlich nach etwa zehn oder mehr Übungen –, können Sie auch so für Ihre Ruhe sorgen.

Meiner Erfahrung nach reagieren die meisten Hunde gut auf die oben genannten Methoden. Wenn Sie sich erinnern, wie Ihr Hund damals gelernt hat, um Aufmerksamkeit zu betteln, wissen Sie schon, was Sie jetzt keinesfalls tun dürfen. Mit der Zeit können Sie Ihrem Hund auch wieder etwas mehr Zuneigung entgegenbringen und die meisten Maßnahmen wieder lockern. Einige Hunde sind aber so darauf konditioniert, dass ihr Besitzer ihnen ständig viel Beachtung schenkt, dass Lob und Zuneigung immer auf ein Minimum beschränkt werden müssen. Anderenfalls wird das aufdringliche Verhalten mit der Zeit unerträglich.

②

Ein freundliches Streicheln belohnt den Hund, wenn er sich so benimmt, wie Sie es sich wünschen.

③

Links 1, 2 und 3: *Eine Gehorsamserziehung ist sehr hilfreich bei Hunden, die um Aufmerksamkeit betteln. Sobald er es weiß, dass man ihn ab und zu auf seinen Platz schickt und dass dieses Verhalten mit einem Leckerbissen belohnt wird, können Sie ihn dorthin schicken und bleiben lassen, wenn Sie einmal alleine sein wollen. Mit anderen Worten: Der Hund bekommt dann die ersehnte Zuwendung, wenn er auf ein Kommando gehorcht.*

Zerstörerisches Verhalten

Warum sind Hunde zerstörerisch?

Wenn Sie beim Nachhausekommen den Hund beim Zerkauen Ihrer Lieblingsschuhe ertappen, ist das sicher nicht die Vorstellung von einer idealen Mensch-Hund-Beziehung. Aus der Sicht des Hundes ist nichts falsch daran, an schmackhaftem Leder zu kauen – für ihn ist

es nur natürlich, Gegenstände über Geruchs- und Geschmackssinn zu erkunden, und Spaß macht es außerdem. Das akzeptieren wir ja auch, aber wir regen uns auf, wenn der Hund dabei Gegenstände erwischt, die uns etwas bedeuten. Aber wir müssen daran denken, dass Hunde unsere Auffassung von Wertschätzung nicht teilen. Für Ihren Hund gibt es keinen Unterschied zwischen altem und neuem Schuh oder zwischen Hundespielzeug aus Seil und den Fransen Ihres Teppichs. Meistens hat die Zerstörungswut eine der drei folgenden Ursachen:

▶ **Normales Welpenverhalten.** Für einen Welpen ist es normal, die Welt über das Kauen zu entdecken.

▶ **Langeweile.** Ist ein Hund in der Wachstumsphase nicht genügend aktiv und geistig beschäftigt, sucht er sich in der Wohnung Gegenstände zum Spielen – nach seiner Auffassung – bzw. zum Kaputtmachen – nach unserer Auffassung – aus.

▶ **Trennungsangst.** Das ist der häufigste Grund für zerstörerisches Verhalten. Hat der Hund das Alleinsein nicht gelernt, steht er unter Stress, sobald er von seiner Familie getrennt wird, und verschafft sich mit wilder Aktivität Luft, die häufig schlimme Zerstörung zur Folge hat. Dieses Verhalten kann von Koten, Urinieren, Bellen und Winseln begleitet sein. Wenn Sie vermuten, dass hier das Problem Ihres Hundes liegt, lesen Sie das Kapitel zur Bekämpfung von Trennungsangst (S. 68–77).

Rechts: *Wenn Sie nach Hause kommen und ein solches Bild vorfinden, macht es keinen Sinn, den Hund nachträglich zu bestrafen. Er kann Ihren Ärger nicht mit seiner früheren Handlung – dem Zerbeißen des Kissens – in Verbindung bringen.*

Da Vorbeugen das beste Mittel ist, betrachten wir zunächst diesen Aspekt, wenn auch viele Menschen mit diesem Problem erwachsene Hunde haben, bei denen das Verhalten schon fest verankert ist.

Tipps zur Vorbeugung

(bei Welpen und neu erworbenen Hunden)
Einen Hund zu haben, den man unbeaufsichtigt allein lassen kann, ist sehr wichtig. Gewöhnen Sie Ihren Hund also schon früh daran und zwar allmählich, sodass er schließlich bis zu einer Stunde allein bleiben kann. Ermutigen Sie ihn nicht dazu, den ganzen Tag mit Ihnen zusammen zu verbringen, sondern überlassen Sie ihn auch einmal sich selbst, im Garten, Hof oder in seinem eigenen Bereich, während Sie woanders sind. Das stärkt das Selbstbewusstsein und verhindert, dass der Hund zu sehr von seinem Besitzer abhängig wird.

Ein neuer Hund oder Welpe sollte während der ersten paar Monate keinen beliebigen Zutritt zu allen Räumen des Hauses haben, bis Sie sein gesamtes Verhalten einschätzen können. Die meisten Kauaktivitäten finden in Ihrer Abwesenheit statt, deshalb beschränken Sie die Zerstörungsmöglichkeiten auf nur einen, leichter kontrollierbaren Ort, wenn Sie die Freiheit Ihres Hundes eingrenzen. Außerdem können Sie, zum Beispiel in der Küche, vorbeugende Maßnahmen ergreifen, um dem Hund zu zeigen,

Oben 1-3: *Diese Art von zerstörerischem Verhalten kann ein Zeichen für Trennungsangst sein.*

was er ankauen darf und was nicht. Mit der Zeit können Sie ihm auch Zutritt für das ganze Haus gewähren, wenn Sie wollen.

Bewegung und Futter

Wenn Sie Ihrem Hund Bewegung verschaffen, bevor Sie ihn allein lassen, wird er überschüssige Energie abbauen. Die Wahrscheinlichkeit, dass er sich schlafend zusammenrollt anstatt das Haus zu verwüsten, ist damit größer.

Überlegen Sie, ob Sie Ihren Hund nicht füttern, bevor Sie das Haus verlassen – er muss aber genug Zeit zum Auffressen haben, bevor Sie gehen. Satte Hunde werden schläfrig und faul und haben weniger Lust zum Kauen.

Käfigtraining

Welpen sollten ab dem ersten Tag an den Käfig gewöhnt werden. Achten Sie darauf, dass der Hund den Käfig als Zu-

fluchtsort betrachtet und nicht als Gefängnis. Kauknochen oder ein mit Futter gefülltes Spielzeug helfen, den Hund während Ihrer Abwesenheit zu beschäftigen. Sammeln Sie bei Ihrer Rückkehr restliche Kauknochen ein und heben Sie sie für nächstes Mal auf. Damit er den Käfig als angenehmen Ort empfindet, sollten Sie ihn ein- oder zweimal am Tag dort zu füttern.

Hunde, die nicht allmählich an das Alleinsein gewöhnt wurden, werden leicht ängstlich, wenn sie allein im Haus bleiben. Sie

folgen ihren Besitzern im Haus auf Schritt und Tritt und suchen ständig Blickkontakt. Sie müssen lernen, dass das Alleinsein nicht das Ende der Welt bedeutet.

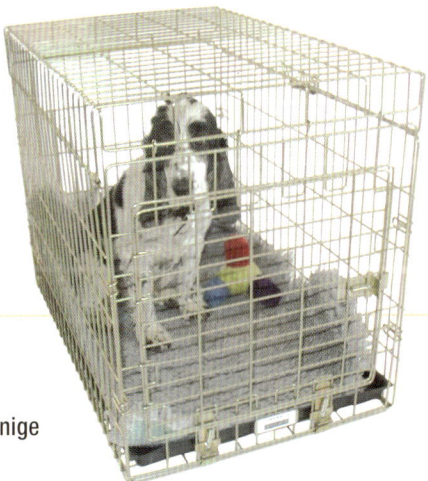

Zusammenfassung

▶ Gewöhnen Sie Ihren Hund daran, einige Zeit allein zu verbringen.

▶ Beschränken Sie den Zugang zu bestimmten Bereichen im, bis Ihr Hund richtiges Benehmen gelernt hat.

　▶ Lassen Sie ihn nicht vor Energie platzend allein – machen Sie ihn zuerst müde.

　　▶ Eine Fütterung vor dem Weggehen weckt in Ihrem Hund eher Lust auf ein Verdauungsschläfchen als auf wilde Aktivitäten.

　　▶ Erwägen Sie den Gebrauch eines Hundekäfigs, der aber für den Hund angenehm und groß genug sein muss.

Direktes Eingreifen

Die Bestrafung zerstörerischer Handlungen kann schwierig sein, weil sie oft in unserer Abwesenheit geschehen. Bestrafung nach der Tat ist sinnlos. Wenn Sie ein verwüstetes Zuhause vorfinden und das Raubtier friedlich zwischen den Trümmern schläft, ist Ihr Ärger verständlich. Für den Hund aber ist es nicht selbstverständlich, Ihren Ärger mit etwas zu verbinden, das er vorher getan hat. Alles was Sie mit Bestrafung erreichen ist Verwirrung. Das einzig Sinnvolle, das Sie in dieser Situation tun können, ist aufräumen und beschließen, sofort mit einem Erziehungstraining zu beginnen. Sollte der Hund aber in Ihrer Anwesenheit etwas zerstören oder sollten Sie ihn auf frischer Tat ertappen, gibt es mehrere Dinge, die Sie tun können.

Oben 1, 2 und 3: Solches Zerstörungsverhalten kommt oft vor, wenn Sie nicht im Haus sind – der Hund lässt seine Gefühle von Angst und Frustration über das Alleinsein an einem unschuldigen Spielzeug aus.

Halten Sie mehrere fertig gefüllte Wasserpistolen im Haus bereit. Erwischen Sie Ihren Hund beim Kauen, spritzen Sie ihm Wasser an den Kopf und sagen gleichzeitig »Nein!«; Sie können auch spritzen, ohne den Befehl zu geben. Sobald der Hund das Kauen mit dem unangenehmen Wasserstrahl in Verbindung bringt, wird er seinem Hobby weniger gern nachgehen. Diese Methode wirkt aber nur bei Welpen, die gerade mit der Kauphase beginnen und hilft nicht bei Hunden, die zerstörerisches Verhalten aus Trennungsangst zeigen.

Links: »Wer, ich?« Versuchen Sie, Ihrem Ärger nicht nachzugeben und den Hund nicht zu bestrafen, wenn Sie nach Hause kommen und eine Spur der Verwüstung sich durchs Haus zieht. Der Hund freut sich, Sie zu sehen und bringt Ihre Wut nicht mit seiner Handlung in Verbindung. Harte Worte würden ihn jetzt, da er auf Ihre Begrüßung wartet, nur verschrecken.

Ein direkterer Weg zum Training durch Verknüpfung ist das Werfen von Scheiben oder einer Halskette neben den Hund, wenn dieser gerade etwas ankaut – das Geräusch lenkt ihn ab und unterbricht die Handlung. Versuchen Sie nicht zu verbergen, dass Sie der Werfer sind, die meisten Hunde merken das ohnehin (siehe Einsatz von Trainingsscheiben, S. 34–35). Sowohl bei Wasserpistolen als auch bei Trainingsscheiben ist es wichtig, dass die Korrektur genau in dem Augenblick des unerwünschten Verhaltens erfolgt. Weni-

> ## Zusammenfassung: Maßnahmen zur Abschreckung
>
> ▶ Halten Sie eine Wasserpistole oder Trainingsscheiben bereit, falls Sie Ihren Hund auf frischer Tat ertappen. Alle Hunde sollten das Kommando »Nein!« kennen.
>
> ▶ Bestrafen Sie den Hund nicht durch Schläge oder Anschreien.
>
> ▶ Bestrafen Sie den Hund nicht nach einer Handlung.

Unten links: *Wenn Sie Ihren Hund auf frischer Tat ertappen, können Sie abschreckende Maßnahmen wie Wasserpistole oder Trainingsscheiben zusammen mit dem Kommando »Nein!« einsetzen.*

Erwarten Sie keine sofortigen Wunder – Sie brauchen Geduld.

ger wirkungsvoll ist es, den Hund zu schlagen, ihn zu packen oder anzuschreien. Manche Hunde werden dadurch sogar zum Anknabbern ermutigt, weil sie es als eine Belohnung auffassen – denn für manche schlauen Hunde ist negative Zuwendung immer noch besser als gar keine.

Oben: *Sprechen Sie mit fester Stimme zu einem Hund, der sich schlecht benommen hat, aber schreien Sie oder schlagen Sie nicht. Das wäre kontraproduktiv!*

Bittere Erfahrungen

Wenn Ihr Hund in erster Linie bestimmte Objekte ankaut, beispielsweise die Küchenmöbel oder einen besonderen Schuh, versuchen Sie es zuerst mit einem Abschreckspray. So lernt der Hund aus eigener Erfahrung, dass das Ankauen dieser Dinge eine unangenehme Erfahrung ist, die einen bitteren Geschmack auf der Zunge hinterlässt.

Wenn ich einen neuen Hund habe, sprühe ich alle Türknöpfe und Kanten an den Küchenmöbeln einmal, manchmal sogar zweimal täglich mit Abschreckspray ein. Jedesmal, wenn der Hund daran zu kauen versucht, hat er den bitteren Geschmack auf der Zunge. Bittere Erfahrungen, die der Hund einige Male macht, halten ihn von den Türknöpfen fern. Der Schwachpunkt bei dieser Methode ist meist der Hundebesitzer. Er vergisst zu sprühen oder denkt, dass ein gelegentliches Einsprühen reicht. Der Hund muss wissen, dass diese Gegenstände immer schlecht schmecken. Am klügsten ist es, zu sprühen, wenn der Hund sich nicht im Raum aufhält, und anschließend zehn Minuten zu lüften. So kann der Hund den Geruch wirklich den gewünschten Objekten zuordnen.

Lassen Sie dem Hund gleichzeitig ein interessantes Spielzeug da – ideal wäre ein mit Futter gefülltes Gummispielzeug, mit dem er sich lange beschäftigen kann. So hat der Hund eine angenehme Alternative zu den besprühten Gegenständen, die unangenehm riechen.

Oben: *Möbelstücke, Stromkabel, Schuhe, Körbe, sogar Topflappen können auf dem Speiseplan eines Hundes stehen, der seine Angst durch Kauen abreagieren möchte.*

Bei Welpen im typischen Kaualter behandle ich auch alle Elektrokabel, Steckdosen und Fußleisten mit Abschreckspray, damit sie gar nicht erst auf die Idee kommen, daran zu knabbern. Bei Welpen im Haus ist es noch besser, alle Kabel und Stecker außer Reichweite zu bringen.

Unten 1, 2 und 3: *Manchmal durchsuchen Hunde auch den Küchenmülleimer und verteilen dessen Inhalt über den Boden. In solchen Fällen hilft regelmäßiges Einsprühen des Behälters mit einem bitteren Abschreckspray, damit der Hund seine Nase nicht mehr in den Müll steckt.*

❶   ❷   ❸

▶ Nützliche Tipps

▶ Hunde sind intelligente Tiere – beschäftigen Sie ihren Geist mit etwas Spannendem.

▶ Schimpfen Sie den Hund nicht aus, nachdem Sie den Schaden entdeckt haben. Es zeigt keine Wirkung – außer dem Hund beizubringen, dass Sie unberechenbar sind,

▶ Wenn die Schäden unerträglich sind, verwenden Sie einen Hundekäfig in richtiger Größe – aber nur für kurze Zeiträume bis zu zwei Stunden.

▶ Schließen Sie alle Mülleimer und -tonnen sicher weg.

Links: *Sprühen Sie gefährdete Gegenstände wie Lederhandschuhe regelmäßig ein. Sie haben keinen Erfolg, wenn Sie nach ein oder zwei Tagen schon nachlässig werden und das Sprühen vergessen.*

Rechts: *In sehr schweren Fällen kann es nötig sein, den Hund zeitweise in einem Außenzwinger unterzubringen.*

Unten: *Eine nützliche Taktik beim Umgang mit einem zerstörerischen Hund ist, wenn Sie ihm ein mit Futter gefülltes Spielzeug oder einen Kauknochen zur Ablenkung geben; der Hund findet es spannender als das Kauen von Tischbeinen.*

Wenn in besonders schweren Fällen keine Abschreckung hilft, müssen Sie unter Umständen für einige Monate auf einen Außenzwinger zurückzugreifen, bis man vernünftig an einer Problemlösung arbeiten kann. In diesem Fall müssen Sie den Hund langsam in Fünf-Minuten-Schritten an den Aufenthalt dort gewöhnen. Denken Sie daran, ihm ein interessantes, mit Futter gefülltes Spielzeug dazulassen. So können Sie Ihren Hund in der Gewissheit zurücklassen, dass er und Ihr Haus gut aufgehoben sind.

▶ Beißen im Spiel

Die meisten Hundebesitzer haben schon einmal die spitzen Zähnchen an den Fingern zu spüren bekommen, als sie mit dem neuen Welpen spielen wollten. Weil der Neuankömmling doch so umwerfend niedlich und unschuldig aussieht, werden ihm das stürmische Spiel und das damit einhergehende Schnappen oft verziehen. Welpen scheinen dazu geschaffen zu sein, selbst die resoluteste Person zu erweichen – trotz der Schmerzen in den gebissenen Fingern.

Kräftiges Zubeißen beim Spielen kann Aggressionen erzeugen.

Welpen spielerisch miteinander kämpft, lernen alle ziemlich schnell, wie fest sie zubeißen können, ohne den anderen ernsthaft zu verärgern. War der Biss zu fest, wird das Opfer aggressiv oder beendet das Spiel. Da Welpen instinktiv gerne über ihre Wurfgeschwister dominieren möchten, ist das Beißen auch ein Teil ihrer Kampfmittel um

Links und unten: Spielerische Raufereien und Zerrspiele sind beides Methoden, mit denen ein Hund seine Dominanz über einen anderen zu behaupten versucht. Welpen machen das mit spielerischem Beißen aus.

Welpen entwickeln nadelspitze Zähnchen, die an so einem kleinen Wesen eher überdimensional erscheinen. Sie sind nicht nur zum Fressen da, sondern auch, um den Wurfgeschwistern die Beißhemmung beizubringen, indem man sich gegenseitig lehrt, ab wann es weh tut. Scharfe Welpenzähne tun weh, richten aber keinen ernsthaften Schaden an. Wenn also ein Wurf

Dominanz. Außerdem setzen sie Kraftspiele ein, um ihre Position im Rudel zu sichern. Wölfe, Welpen und Haushunde testen die Stärke ihres Gegenübers auch durch Anrempeln. Kinder lernen ähnliche Umgangsregeln: Kinder, die zu aggressiv sind, werden von den anderen gemieden – also fördert Mäßigung die Aufnahme in die Gruppe.

Warum beißen Hunde im Spiel?

Wenn Welpen den Wurf verlassen und in ihr neues Zu Hause kommen, nehmen sie die Erfahrung mit, wie sie mit ihren Zähnen umgehen können – im Spiel beißen, schnappen, knabbern und dabei knurren. Die erkundungsfreudige »orale Phase« ist bei Welpen aus verschiedenen Gründen schon sehr früh stark ausgeprägt. Wenn nun Menschen den Platz der Wurfge-

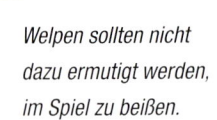

Welpen sollten nicht dazu ermutigt werden, im Spiel zu beißen.

schwister einnehmen, ist das für sie verwirrend. Ohne korrekte Erziehung kann das dauernde »Mündeln« schnell in gewohnheitsmäßiges spielerisches Beißen übergehen. Auch wenn wir hier von »spielerisch« sprechen, so geht es doch um Hunde, die beißen und Menschen, die gebissen werden – und das tut weh!

Eine typische Szene spielt sich ab, wenn ein Welpe gerne ein Spiel beginnen möchte. Er kneift den Besitzer, welcher daraufhin reagiert, entweder mit Wegschubsen, was der Welpe als Mitspielen verstehen könnte, oder mit wirklichem Mitspielen. Auf beide Arten lernt der Welpe, dass Beißen im Spiel etwas Akzeptables ist. Auch frühes Domi-

Links: *Weil Welpen so niedlich sind, verzeihen wir ihnen nur zu gern, wenn sie uns im Spiel beißen.*

Zusammenfassung

▷ Spielerisches Beißen bei Welpen kann sich beim erwachsenen Hund zu gewohnheitsmäßigem Schnappen entwickeln – und der hat größere Zähne!

▷ Spielerisches Beißen dient bei Welpen untereinander dazu, die Beißhemmung zu erlernen, das heißt wie fest man zubeißen kann, ohne Verletzungen zu verursachen.

▷ Welpen unter sich quittieren zu festes Zupacken mit Zurückbeißen oder sie wollen mit dem Beißer nicht mehr spielen – ein nützlicher Tipp für uns!

Hier drückt der Hund mit seiner Schnauze Zuneigung aus.

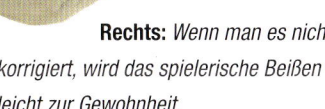

Rechts: *Wenn man es nicht korrigiert, wird das spielerische Beißen leicht zur Gewohnheit.*

nanzverhalten wie Knurren oder Schnappen kann ein Problem sein, obwohl dies bei Welpen weniger häufig vorkommt. Egal was geschieht, solchen Handlungen sollte immer sofort Einhalt geboten werden.

So wie Primaten ihre Hände einsetzen, benutzen Hunde ihren Fang zu vielerlei Zwecken, darunter zum Ausdrücken von Zuneigung, zum Berühren und zum Ausprobieren. Wenn wir Hunden beim Spielen zusehen, können wir viel Einsatz von Fang und Zähnen beobachten, insbesondere im Halsbereich, wenn das Spiel rauer wird. Wer Hunde im Umgang miteinander auf-

merksam beobachtet, wird schon öfter Zeuge eines plötzlichen Ausbruches von Aggressivität bei spielenden Hunden geworden sein, wenn einer den anderen zu fest gebissen hat. Der Gebissene hat keine Lust mehr zu spielen und ignoriert seinen Freund. Wenn das Spiel weitergehen soll, muss der Beißer lernen, seine Zähne vorsichtiger einzusetzen.

Oben: *Hunde brauchen ihren Fang zu mehr als nur zum Fressen und Bellen. Er ist Teil ihrer Wahrnehmungssinne, mit denen sie die Welt, einschließlich anderer Tiere und Menschen, erkunden.*

Hunde haben ihre eigenen natürlichen Reaktionsmechanismen im Spiel mit Artgenossen (Schnelligkeit, Timing, Druckempfinden), die uns fehlen. Aus diesem Grund ist es keine besonders gute Idee, Hundeverhalten nachzuahmen. Stattdessen sollten wir lieber unsere Kenntnisse von der Hundepsychologie einsetzen, um das Beißen im Spiel zu verhindern.

Auch spielerisches Beißen tut weh

Ich kenne viele Hunde, die beim Spielen ganz leicht beißen oder die Hand ihres Besitzers mit dem Fang packen. Ihre Halter sehen darin kein Problem und das Verhalten verschlimmert sich nicht. Ich persönlich bin aber der Meinung, dass solche Vertraulichkeiten keinem Hund gestattet sein sollten, der ein sicherer Begleiter sein soll – besonders wenn man Kinder hat. Für kleine Kinder kann schon ein zärtliches Beißen im Spiel erschreckend sein. Auch kann es zu weiterem, schlimmerem groben Verhalten und später sogar zur Aggression führen. Wenn man das spielerische Beißen von Anfang an unterbindet, wird es sich auch später nicht zum Problem entwickeln. Sie haben die Wahl.

Die meisten Menschen werden nicht gern gebissen – im Spiel oder auch sonst. Unsere Reaktionen sind aber oft nicht ausreichend, um dem Welpen klarzumachen, dass wir sein Verhalten nicht mögen und das Spiel zu Ende ist. Leider ist unsere natürliche Reaktion aufs Gebissenwerden ein Zurückziehen. Besonders Kinder reagieren auf diese defensive Weise, was den Welpen oder den Hund nur noch mehr ermutigt. Er lernt nicht weniger, sondern mehr zu beißen. Mit der Zeit kann der Junghund immer dominanter werden und findet sein Verhalten lohnenswert. Er beißt, Sie ziehen die Hand oder den Pulli weg und schon beginnt ein spannendes Zerrspiel. Ein typisches Szenario spielt sich so ab: Der Welpe packt das Hosenbein und knurrt. Der Besitzer findet das

niedlich, bewegt sein Bein und macht ein kleines Spiel daraus – der Welpe reagiert auf die beutetierähnlichen Bewegungen mit festerem Zupacken und hat nun richtig

Oben: *Kinder toben gerne mit Hunden, aber lassen Sie das Beißen nicht zum Teil des Spiels werden. Angst beim Kind, mehr Aggression beim Hund und rauere Spiele können die Folge sein.*

Rechts: *Es mag lustig wirken, wenn ein Welpe spielerisch an Ihrem Hosenbein zerrt, aber wenn Sie das Verhalten durchgehen lassen, kann es sich verschlimmern. Der Hund wird größer und das Verhalten schwieriger abzugewöhnen.*

Spaß am Spiel. Viele Wochen und Spiele später hat der Hund nun das Vierfache an Größe und Gewicht erreicht, das Spiel gerät außer Kontrolle und der Besitzer beginnt zu schimpfen und schlagen oder sperrt den Hund weg.

Der Hund hat gelernt, dass er dominant ist und das Spiel meistens gewinnt – und darum geht es dem Hund immer. Je gröber

Rechts: *Spielen Sie nur dann Zerrspiele mit Ihrem Hund, wenn dieser die Regeln einhält – Sie müssen immer gewinnen.*

Sobald der Hund aggressiv wird, ist das Spiel zu Ende.

Der Hund muss das Spielzeug auf Befehl loslassen.

der Hund wird, desto mehr schimpft und schreit der Mensch – aus Sicht des Hundes sehr spannend. In diesem Stadium sind natürlich Kinder nicht mehr in der Lage, mit dem Hund umzugehen und beginnen ihn zu meiden. Leider wurde der Hund nun aber schon auf das spielerische Beißen konditioniert. Wenn man ihn in einen anderen Raum sperrt, wird er nur frustriert, hyperaktiv und noch versessener auf seine Dominanzspiele. Im nächsten Stadium wird der Hund dann zur Korrektur in meine Schule gebracht..

Spielzeug oder Beute

Viele Hundespielzeuge sind zum Vergnügen von Mensch und Hund entwickelt, so zum Beispiel stabile, dicke Stoffseile für Zerrspiele. Sie sind so lange unbedenklich, wenn sie nur nach strengen Regeln benutzt werden – der Besitzer muss immer gewinnen und der Hund muss jederzeit bereit sein, auf dessen Kommando hin ohne Knurren und Zerren das Spielzeug abzugeben. Tausende von Hunden und ihre Besitzer haben Spaß an solchen Spielen. Kinder unter zwölf Jahren sollten jedoch solche Zerrspiele mit Hunden nicht spielen und wenn, dann nur unter Aufsicht und Einhaltung der oben genannten Regeln.

Wenn Sie merken, dass der Hund zu knurren beginnt und zu aggressiv wird, ist das Ihr Signal zur Beendigung des Spiels. Lesen Sie auch das Kapitel zum Umgang mit einem dominanten Hund (S. 38–53). Viele Terrier- und Wachhund-Rassen neigen dazu, dominantes Verhalten zu entwickeln und müssen diesbezüglich gut beobachtet werden. Terrier schütteln Spielzeuge gern, wie sie es auch mit Ratten tun würden, und das Zerrspiel mit einem Seil ist eine gute Simulation von Beutefang. Es ist ja auch harmlos – solange Ihr Finger nicht ins Spiel gerät.

In meiner Zeit als Polizeihundeausbilder brachten wir Hunden bei, Verbrecher zu attackieren und zu beißen. Das Grundtraining dazu bestand aus Apportieren, kombiniert mit Zerrspielen und Seilspielzeugen. Wenn das die beste Methode ist, um Polizeihunde zum Beißen zu bringen, dann ist wohl ziemlich klar, welche Spiele wir mit unseren Hunden spielen sollten und welche besser nicht und nach welchen Regeln.

Oben: *Wie dieser Terrier das Spielzeug schüttelt erinnert uns daran, dass Hunde Jäger sind – so töten sie zum Beispiel Ratten.*

Der böse Blick

Dieser Rat bezieht sich eher auf Welpen, aber es lohnt sich auch, ihn bei einem neu erworbenen älteren Hund auszuprobieren. Vermeiden Sie ab dem ersten Tag Spiele, in denen Hundezähnen mit Ihrer Haut in Berührung kommen. Wenn Ihr Welpe mit spielerischem Zwicken um Ihre Aufmerksamkeit ersucht, ignorieren Sie ihn. Stehen Sie einfach auf und gehen Sie weg. Auch können Sie den Welpen am Nackenfell packen und fest »Nein!« sagen, wobei Sie ihm etwa zwei Sekunden lang direkt in die Augen sehen. Das »Nein!« muss scharf und bestimmt klingen. Lassen Sie den Hund dann los und ignorieren ihn. Normalerweise reicht das aus, um spielerisches Beißen schon im Anfangsstadium (etwa im Alter zwischen 6 und 18 Wochen) zu unterbinden; außerdem lernt der Hund den wichtigen Befehl »Nein!«.

Wenn der Welpe oder erwachsene Hund bereits gewohnheitsmäßig im Spiel beißt und einfache Gegenmaßnahmen nichts mehr nutzen, kann das Packen am Nacken-

Rechts: *Beißen im Spiel kann bei Hunden aller Größen zum Problem werden.*

Unten: *Wenn Ihr Hund um Aufmerksamkeit bettelt und spielerisch beißt, sagen Sie streng »Nein!« und ignorieren ihn dann. Stehen Sie auf und gehen Sie weg, wenn er weitermacht.*

Links: *Vorsicht bei Spielzeugen, die das Beißen geradezu herausfordern – besonders bei Kleinkindern im Haus.*

fell vom Hund als ein raues Spiel oder eine dominante Geste verstanden werden, deshalb ist es besser einfach nur »Nein!« zu sagen und ihn zu ignorieren.

Eine andere gute Methode, einem eingefleischten Spielbeißer Einhalt zu gebieten ist, ihn die Leine hinter sich ziehen zu lassen, aber nur in Ihrer Anwesenheit. Durch das Ergreifen der Leine bekommen Sie automatisch die Kontrolle – Sie können die Handschlaufe an einen Haken oder Heizungsknopf hängen und der Hund wird augen-

1

2

3

Wenn Sie keinen Wandhaken an der Scheuerleiste haben, tut es bei kleinen Hunden auch das Heizungsventil.

Links und oben 1, 2 und 3: *Wenn Sie es mit einem erwachsenen Hund zu tun haben, der ständig im Spiel beißt, können Sie ihn anleinen, wenn Sie im Haus sind. So können Sie ihn fassen und anbinden, sobald er zu beißen beginnt.*

blicklich am Beißen gehindert, wenn Sie sich aus seiner Reichweite entfernen. Bei großen Hunden (nicht bei Welpen!) können Sie auch vier- bis fünfmal innerhalb einiger Sekunden an der Leine rucken. Das Ziel ist nicht, dem Hund Schmerzen am Hals zuzufügen, sondern die unerwünschte Handlung zu unterbrechen. Ein solches schnelles Rucken ist für den Hund unbequem, das spielerische Beißen macht keinen Spaß mehr. Wenn der Hund erneut mit Beißen beginnt, rucke ich wieder, stets begleitet von dem Kommando »Nein!«. Anschließend lasse ich die Leine fallen und mache damit weiter, womit ich gerade aufgehört hatte.

Bei diesem Gebrauch von Halsband und Leine vermeiden Sie ein direktes Berühren des Hundekörpers, das der Hund als Aufforderung zum rauen Spiel oder als Be-

> ## Die Situation verstehen
>
> ▷ Für Hunde ist es ganz normal, ihre Zähne zum Erkunden ihrer Umwelt einzusetzen. Wir müssen lernen, wie wir diesem Verhalten Einhalt gebieten oder es umlenken, wenn es nicht in unser Zusammenleben mit dem Hund passt.

Rechts: *Bei einem weichen Spielzeug ist es unwahrscheinlicher, dass der Hund zubeißt.*

lohnung missverstehen könnte. Schlagen Sie nie mit der Hand und schreien Sie den Hund nicht an. Da Hunde einfach schneller sind als wir, macht ihnen das Spiel »Ich beiße, du schlägst, ich weiche aus und beiße wieder« großen Spaß – im Gegensatz zu uns.

Abgewöhnen

Der traditionelle – und immer noch beste – Weg, um das spielerische Beißen zu unterbinden, ist die Erziehung zu Gehorsam. Welpen sollten ab einem Alter von sechs Wochen die ersten Lektionen lernen. Sie können sich Lehrvideos anschauen an oder sich von einem Hundetrainer in der Erziehung von Welpen unterrichten lassen. Konzentrieren Sie sich auf die Lektion »Platz, Bleib!«. Sobald Ihr Hund sie beherrscht, können Sie ihm diesen Befehl geben, sobald er zu beißen versucht. Sicher ist es leichter gesagt als getan, aber es kostet nun einmal Zeit, einen Hund zu besitzen. Sobald Sie mit dem Hund arbeiten, werden Sie das Zusammensein mit ihm noch mehr genießen – und der Hund wird Sie noch mehr lieben, weil Sie sich wie ein Leittier verhalten.

Das Spiel umlenken

Ein andere von mir angewandte Ablenkungsmethode ist das Werfen von Spielzeugen oder Bällen, vor allem im Freien, aber auch im Haus. Quietschspielzeuge sind dafür ideal. Die Konzentration des Hundes auf das Spielzeug anstatt auf Ihre Hand zu lenken, ist eine sehr sichere und wirksame Methode, dem Hund zu zeigen, wo er seine Zähne einsetzen darf. Manche Hunde packen auch beim Spazierengehen nach der Hand des Besitzers. Wenn Ihr Hund nach Ihrer Hand greift, während Sie die Leine halten, rucken Sie einmal scharf daran, ignorieren Sie den Hund und gehen Sie weiter, als sei nichts geschehen. Wenn Sie konsequent so reagieren, wird Ihr Hund bald keinen Spaß mehr daran finden, nach Ihrer Hand zu fassen. Sie können es auch mit einem Abwehrspray versuchen – sprühen Sie Hand und Leine vor dem Spaziergang damit ein.

Unten 1: *Eine der besten Methoden gegen das Beißen im Spiel ist Gehorsamserziehung ab einem frühen Alter.*

Unten 2: *Dieser Hund lernt gerade »Platz, Bleib!«. Sobald der Hund korrekt auf die Kommandos reagiert, haben Sie ein wirksames Mittel zur Verfügung, um unerwünschtes Verhalten zu unterbrechen und Kontrolle über das Tier zu bekommen.*

Links: *Hunde beißen nicht gern in etwas, das mit bitter schmeckendem Spray behandelt wurde. Wenn Ihr Hund beim Spaziergang mit den Zähnen nach Ihrer Hand greift, sprühen Sie Hand und Leine vor dem Losgehen ein.*

Im Haus greifen manche Hunde nach den Sesselbeinen oder Ihrer beim Sitzen herabhängenden Hand. Auch hier hilft die konsequente Anwendung eines Abwehrsprays.

Unten 3: *Hat der Hund korrekt auf das Kommando reagiert, bekommt er einen Leckerbissen zur Belohnung.*

❸

Zusammenfassung: Ablenkung

▷ Belohnen Sie spielerisches Zupacken nicht durch Reaktionen, sondern ignorieren Sie es.

▷ Lenken Sie den Hund mit einem spannenden Spielzeug ab.

▷ Verwenden Sie ein bitter schmeckendes Abwehrspray.

Oben: *Schön, wenn Familie und Hund ein enges Verhältnis zueinander entwickeln, aber die Regeln müssen stimmen: Der Hund muss die Menschen respektieren und auch spielerisches Beißen darf nicht durchgehen.*

Nützliche Tipps

▷ Bitter schmeckendes Abwehrspray auf Kleidung oder Kinderarmen macht das Zufassen für den Hund zu einer unangenehmen Erfahrung. Es muss aber auf jeden Fall für Kinder und Hunde unschädlich sein.

▷ Bei Hunden, die bereits damit vertraut sind, ist auch der Gebrauch von Trainingsscheiben eine gute Alternative (siehe S. 34–35).

▷ Ignorieren Sie alle unerwünschten Annäherungsversuche des Hundes, reagieren Sie nicht darauf.

Anspringen

Hunde sind scheinbar ganz versessen auf Gesichtskontakt und möchten unbedingt mit Nase und Zunge unseren Mund erreichen. Unter Hunden ist das ist eine wichtige soziale Geste, die zur Begrüßung dient, einen älteren Hund zum Hervorwürgen von Futter veranlassen soll oder sogar Unterlegenheit ausdrückt. Beim Menschen muss der Hund wegen der Körpergröße hochspringen, wenn er das Gesicht erreichen möchte. Da wir nun mal keine Hunde sind, mögen wir das Lecken des Gesichts in der Regel nicht besonders und das damit verbundene Anspringen ist sogar eher eine Belästigung. Wenn große Hunde auf kleine Kinder oder schwächere ältere Menschen springen, kann es sogar gefährlich werden.

Wie die meisten anderen Gewohnheiten beginnt auch diese in der Welpenzeit. Weil Welpen so klein sind, beugen wir uns automatisch zu ihnen herunter oder heben sie hoch – und bieten ihnen so die ideale Gelegenheit, unser Gesicht abzulecken. Irgendwann wird der Hund dann größer, behält aber seine Gewohnheit bei.

Tipps zur Vorbeugung

Bei der Umsetzung dieses Ratschlags ist es wichtig ist, dass jeder Angesprungene sich an den korrigierenden Maßnahmen beteiligt. Alle müssen identische Kommandos geben und gleiche Reaktionen zeigen, damit der Hund nicht verwirrt und sogar noch ungehorsamer wird. Bitte keine halben Sachen machen! Kleine Kinder sollten immer in Anwesenheit kompetenter Erwachsener lernen.

Pfoten auf den Boden!

Erlauben Sie Ihrem Welpen nicht, Ihnen das Gesicht zu lecken, vor allem wenn es sich um Kinder handelt. Hygiene ist ein Grund dafür, aber es kann auch gefährlich sein, da ein großer Hund mit Leichtigkeit jemanden umwerfen kann. Wenn Sie Ihren Hund begrüßen, befehlen Sie ihm zuerst »Sitz!« und loben Sie ihn erst dann, wenn er alle vier Pfoten auf dem Boden hat. Sobald er hochspringt, stehen Sie absolut still und sagen Sie nichts. Das ist für den Hund langweilig und er lernt schnell, dass Hochspringen zu nichts führt. Damit das Verhalten dauerhaft unterbunden werden kann, müssen alle Familienmitglieder

Oben: *Welpen und Junghunde lieben es, uns durchs Gesicht zu schlecken und mit der Nase an unseren Mund zu stupsen. Das ist ein Erbe des Wolfsverhaltens, denn so betteln Welpen bei den erwachsenen Wölfen um das Herauswürgen von Futter.*

Scharfe Hundekrallen können schmerzhafte Kratzer verursachen, wenn der Hund so hochspringt.

Links: *Weil wir uns nicht auf Ihrer Augenhöhe befinden, versuchen viele Hunde, den Höhenunterschied durch Stehen auf den Hinterbeinen auszugleichen. Bei großen, starken Hunden kann das zum Problem werden – nur zu leicht verliert man das Gleichgewicht.*

und Besucher sich konsequent an diese Regeln halten.

Sollte Ihr Hund auf der Straße oder im Park Leute durch Anspringen belästigen, ist dieses Verhalten oft schwieriger zu bekämpfen, weil man Hundefreunde kaum davon abhalten kann, den Hund zu streicheln. Aber nur so können Sie dieses Verhalten verhindern, dass andere Menschen ihm ungewollt genau das beibringen, was Sie ihm abgewöhnen wollen, nämlich das Anspringen.

Zusammenfassung: Tipps zur Vorbeugung

▷ Reagieren Sie auf das Anspringen nicht mit Schimpfen, Schlagen oder Wegschieben des Hundes. Treten Sie einfach zurück, wenden Sie sich ab und ignorieren Sie ihn.

▷ Ignorieren Sie den Welpen, wenn er hochspringt und loben Sie ihn erst dann, wenn er mit allen vier Pfoten auf dem Boden steht.

▷ Legen Sie beim Spaziergang im Park die Abrollleine an, um Anspringen zu verhindern.

Die Umerziehung Ihres Hundes erfordert Geduld und ein ruhiges Verhalten.

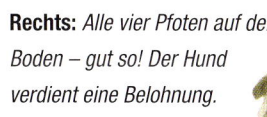

Rechts: *Alle vier Pfoten auf dem Boden – gut so! Der Hund verdient eine Belohnung.*

Hundehalter versuchen oft, Ihren Hund durch Wegschieben oder Schlagen abzuschrecken. Leider bedeutet jede Berührung für die meisten Hunde eine Belohnung und sie deuten das, was als Korrekturmaßnahme gemeint war, gerne als ein raues Spiel. Mit der Zeit wird der Widerstand des Hundes gegen die Maßnahmen seines Besitzers immer größer – der Hund stumpft ab, der Besitzer ist genervt.

Links und unten 1 und 2: *Um einem Hund das Hochspringen abzugewöhnen, müssen alle Familienmitglieder die gleichen Kommandos benutzen. Erwachsene müssen die Kinder anleiten.*

❶

❷

Auslöser für das Anspringen

Wenn wir sitzen und ein süßer Welpe an uns hochspringt, indem er seine Vorderpfoten auf unsere Knie legt, ist es eine natürliche Reaktion, sich nach vorne zu beugen (Auslöser 1), das Tier zu streicheln (Auslöser 2) oder, noch schlimmer, es zum Knuddeln auf den Schoß zu heben (Auslöser 3). So haben drei bestärkende Handlungen stattgefunden und der Grundstein, dass der Hund in Zukunft immer hochspringt, wurde gelegt. Selbst wenn Sie den Welpen anschließend wieder auf den Boden setzen, hat er eine wichtige Assoziation gelernt: Hochspringen bringt Belohnung. Es wäre unfair, einen Welpen auf den Schoß zu heben und später vom erwachsenen Hund das Verständnis dafür zu erwarten, dass Sie ihn nun nicht mehr auf den Knien haben wollen. Noch verwirrender für ihn ist es, wenn er Sie anspringen darf, Ihre Freunde aber nicht. Hunde brauchen klare Regeln und kein komplexes »Manchmal darf man, manchmal nicht«. Bringen Sie Ihrem Hund bei, was Sie langfristig von ihm erwarten.

Wahrscheinlich ist es klüger, das Spielen mit dem Welpen auf den Fußboden zu verlegen. Es ist wesentlich interaktiver und der Hund hat keinen Anlass oder nicht mehr den Wunsch zum Hochspringen. Vermutlich haben viele meiner Leser Hunde, die schon Meister im Anspringen sind. Lassen Sie uns ein paar Methoden zur Abwehr betrachten – ganz gleich, ob die Motivation für das Verhalten Dominanz oder Verlangen nach Aufmerksamkeit ist.

Ignorieren statt Begrüßen

Versuchen Sie alles zu eliminieren, was den Hund zum Hochspringen reizt. Zum Beispiel springt er Sie an, wenn Sie nach Hause kommen, begrüßen Sie ihn in Zukunft einfach nicht mehr. Ignorieren Sie ihn bei jedem Nachhausekommen in der ersten Viertelstunde. Halten Sie Ihre Hände ruhig und sagen Sie nichts. Achten Sie darauf, dass alle Familienmitglieder das Gleiche tun. Zu Beginn wird es nicht leicht sein. Da Ihr Hund eine ausgiebige Begrüßung gewohnt ist, wird er zunächst einmal verwirrt sein. Wird er aber nicht länger mit Streicheln, Lob oder Wegschieben belohnt, hat er bald keinen Grund mehr zum Anspringen. Nach Ablauf der Viertelstunde können

Unten 1, 2 und 3: *Springt Ihr Hund hoch, während Sie sitzen, berühren Sie ihn nicht, sondern stehen einfach auf, sodass er zurück auf alle Viere fällt. Ignorieren Sie ihn, bis er dieses Verhalten einstellt.*

rens kombinieren. Je mehr Zeit und Mühe Sie in die Erziehung investieren, desto eher werden Sie einen Hund haben, der Ihre Kommandos befolgt.

Oben: *Für Kinder ist es normal, sich zum Spielen mit dem Welpen auf den Boden zu setzen. Wir können davon lernen, denn so sieht der Welpe keine Notwendigkeit, zu Ihnen hochzuspringen.*

Oben 1 und 2: *Loben Sie den Hund, wenn er brav auf Ihr Kommando »Sitz!« hört. Belohnen Sie nur korrektes Verhalten.*

Sie ihn zu sich rufen, ihn sich sitzen lassen und ihm eine Belohnung geben, die keine übertriebenen Begeisterungsstürme hervorruft. Sie haben einfach Zeit und Art der Begrüßung an Ihre Wünsche angepasst. Und Hunde passen sich an ohne Ihnen zu grollen.

Die Übung »Ignorieren« ist auch nützlich, wenn Ihr Hund Sie im Haus unerwartet anspringt. Drehen Sie sich dann einfach um – ohne Blickkontakt und Worte. Sobald der Hund versteht, befehlen Sie ihm »Sitz!«, loben Sie ihn und geben Sie ihm ein kleines Leckerbissen. Ignorieren Sie ihn wieder, sobald er zu stürmisch wird. Er wird lernen, dass diese Handlung nicht die gewünschte Reaktion hervorruft, aber das Ruhigbleiben mit der ersehnten Zuwendung belohnt wird.

Hundeerziehung

Die größten Erfolgschancen haben Sie, wenn Sie eine Gehorsamserziehung mit der oben beschriebenen Methode des Ignorie-

Links: *Es sieht aus, als ob Sie dem Hund die kalte Schulter zeigen, aber das Ignorieren des Hundes zahlt sich aus, wenn er bei Ihrer Ankunft wild an Ihnen hochspringt. Er wird lernen, dass Hochspringen nicht zum gewünschten Ziel führt.*

Ablenkungsmanöver

Wenn Ihr Hund gerne Spielzeuge oder Bälle apportiert, nehmen Sie beim nächsten Spaziergang welche mit. Für die ersten fünf Lektionen ist es wichtig, dass der Hund zu Hause keinen Zugang zu diesen Spielsachen hat. Sobald Sie bemerken, dass Ihr Hund sich für einen Passanten zu interessieren beginnt, rufen Sie ihn und werfen sein Spielzeug. Bei Hunden, die gerne apportieren, funktioniert dieses Ablenkungsmanöver gut. Wichtig ist das richtige Timing: Sie müssen handeln, bevor der Hund jemanden anspringt, nicht hinterher. Dabei kann eine Pfeife hilfreich sein, mit der Sie die Aufmerksamkeit des Hundes wecken, bevor Sie das Spielzeug werfen.

Ist Ihr Hund schwer zu kontrollieren, lassen Sie ihn sitzen, wenn er das Spielzeug gebracht hat, leinen Sie ihn sofort an und gehen Sie flott von der Person weg, auf die er es abgesehen hatte. Zeigen Sie ihm beim Gehen den Ball, um ihn ein wenig anzustacheln. Leinen Sie ihn nach etwa 50 Metern ab und werfen Sie wieder den Ball. So lernt der Hund auch, dass Anleinen nicht automatisch das Ende des Spazierganges bedeutet.

Wasser und Geräusche zur Abschreckung

(nur für dominante Hunde)

Diese Methode ist am besten für Hunde geeignet, bei denen das Problem des Anspringens schon lange besteht und fest verwurzelt ist, sowie bei großen Hunden, die Menschen durch Anspringen verletzen könnten und bei Hunden, die schnell umerzogen werden müssen, weil Kinder oder alte Menschen betroffen sind. Sie brauchen eine Wasserpistole oder einen Dog-Stop-Alarm, der über ein Geräusch-

Oben: *Ein hochspringender Hund kann auch mit Hilfe eines Sprayhalsbandes abgewehrt werden.*

Rechts 2: *Loben Sie den Hund, wenn er das Spielzeug zu Ihnen bringt. So lenken Sie seine Aufmerksamkeit vom Passanten auf das Spiel mit Ihnen.*

Rechts 1: *Wenn Sie das Problem haben, dass Ihr Hund beim Spaziergang fremde Leute anspringt, nehmen Sie sein Lieblingsspielzeug mit. Sobald er ans Hochspringen denkt, werfen Sie das Spielzeug und ermutigen Ihren Hund dazu hinterherzujagen.*

①　　　　**②**

Rechts: *Eine Wasserpistole oder Spritzflasche überrascht auch große, stürmische Hunde. Wenn der Hund Sie zum Opfer seiner unerwünschten Zuneigung macht, bringen ihn ein gezielter Wasserstrahl und ein gleichzeitiges »Nein!« schnell wieder auf den Boden.*

sicht. Wiederholen Sie das so oft es nötig ist. Irgendwann wird der Hund begreifen, dass nach dem Anspringen immer ein unangenehmer Wasserstrahl folgt und es unterlassen. Auch ist es wichtig, dass alle Familienmitglieder mitmachen, wenn Ihr Hund lernen soll. Auf manche Hunde wirkt der akustische Alarm abschreckender als die Wasserpistole.

Geschmack und Geruch zur Abschreckung

(nur für dominante Hunde)

Harmlose Duftmittel, die für Hunde unangenehm riechen, können ganz nützlich sein, um das Anspringen zu unterbinden. Besonders hilfreich finde ich diese Methode bei Kindern oder älteren Menschen. Natürlich müssen auch Kinder lernen, dem Hund das Anspringen nicht beizubringen oder es zu unterstützen. Für Kinder ist es oft schwer zu verstehen, warum manche Handlungen des Hundes unerwünscht sind und dass man Geduld haben muss.

Wenn der Hund ein Kind anspringt und Sie in der Nähe sind, versprühen Sie den Duft in seiner Nähe; das Kind kann es das auch selbst tun, wenn es alt genug ist. Der Hund stellt fest, dass er sich nicht der ersehnten Belohnung – gestreichelt oder geschubst werden –, sondern einem stinkenden Objekt nähert. Sein erlerntes Verhaltensmuster wird so unterbrochen. Die meisten Hunde begreifen schnell, dass Hochspringen keinen Spaß mehr macht, so lange die Menschen nur konsequent bleiben. Wie bei so vielen in diesem Buch beschriebenen Methoden ist konsequente Wiederholung nötig, um Erfolgschancen zu haben.

signal funktioniert. Zur Unterstützung dieser Maßnahmen muss man die Ursache des Problemverhaltens bekämpfen, indem man die Übungen zur Dominanzkontrolle (siehe S. 38–53) oder gegen extreme Forderung nach Aufmerksamkeit (siehe S. 86–93) anwendet.

Sie müssen die Hilfsmittel jederzeit zur Hand haben. Wenn der Hund Sie beispielsweise bei Ihrer Rückkehr anspringt, deponieren Sie die Wasserpistole neben der Türe. Wenn der Hund Sie beim Betreten des Hauses anspringen will, sagen Sie laut »Nein!« und spritzen ihm Wasser ins Ge-

Rechts: *Wenn Sie die Ablenkungsmethode mit Spielzeug versuchen wollen, macht es Sinn, zu Hause alle Spielsachen wegzuschließen. So ist der Hund um so begeisterter, wenn Sie zum Spazierengehen eines hervorholen.*

Die Apportierspielzeuge werden nur zum Spaziergang herausgenommen.

Halsband, Leine und Haken

Hundehalter denken bei Halsband und Leine eher an den Einsatz im Freien, weniger an eine Anwendung im Haus. Die meisten Hunde sind stark auf Halsband und Leine konditioniert und verknüpfen sie mit angenehmen Erfahrungen. Normalerweise lassen sich Hunde willig anleinen und folgen ihrem Besitzer. Diese starke Anpassung können Sie dazu nutzen, um das Anspringen von Besuchern in Ihrem Haus zu kontrollieren. Achten Sie darauf, dass der Hund vorher sein Halsband trägt. Hängen Sie die Leine an einem leicht zugänglichen Ort oder neben der Haustür auf. Kommt nun Besuch und der Hund springt aufgeregt umher, leinen Sie ihn an und entscheiden Sie sich, je nachdem wie gut Sie Ihren Hund unter Kontrolle haben, für einen der folgenden Schritte aus.

1 Befehlen Sie dem Hund weit weg der Tür »Sitz!«. Springt er den Besucher an, rucken Sie an der Leine und sagen Sie »Nein!«. Lassen Sie ihn bei Fuß gehen, während Sie Ihren Gast ins Haus geleiten. Sobald Ihr Hund sich beruhigt hat, können Sie die Leine auf den Boden fallen lassen. Sie muss aber am Halsband befestigt bleiben, damit Sie nötigenfalls wieder eingreifen können. Wenn nach etwa einer Viertelstunde alles in Ordnung

Oben: *Mit Halsband und Leine kann man den Hund auch im Haus besser kontrollieren.*

Rechts 1: *Auch Trainingsscheiben können eine wertvolle Hilfe sein, um dem Hund das Hochspringen abzugewöhnen.*

Unten 2 und 3: *Sobald der Hund sich auf die Hinterpfoten erhebt, werfen Sie die Scheiben mit Kraft neben sich auf den Boden und sagen gleichzeitig »Nein!«. Das Klappern erschreckt den Hund und bringt ihn auf alle Viere zurück.*

Arme verschränkt, kein Blickkontakt – klassische Haltung beim Ignorieren.

2

3

Seien Sie konsequent – Inkonsequenz führt zu Unsicherheit beim Hund.

> ### Zusammenfassung: Anspringen abgewöhnen

Methoden, um dem Hund das Anspringen von Gästen abzugewöhnen

Abschrecken:

▸ Wasserpistole

▸ Dog-Stop-Alarm

▸ Abschreckspray

▸ Trainingsscheiben

Vorbeugen:

▸ Leine am Haken festbinden

▸ Nach der Leine greifen und gleichzeitig »Nein!« rufen

Links 1, 2 und 3: *Das Ignorieren ist eine sehr wirksame Waffe, um diese Art von Verhalten abzugewöhnen. Der Hund bekommt keine Belohnung in Form von Worten oder Berührungen, wenn er Sie anspringt. Verhalten, das nicht belohnt wird, verliert mit der Zeit seinen Reiz für den Hund und wird eingestellt.*

ständnisses für seine natürlichen Bedürfnisse ist. Eine konsequent durchgeführte, solide Grunderziehung ist die Lösung für die meisten Verhaltensprobleme. Ein Hund, der nach Kommando sitzt oder liegt, kann nicht gleichzeitig hochspringen.

Da die Methoden bei jedem Hund unterschiedliche Wirkung zeigen, müssen Sie ein wenig experimentieren. Setzen Sie beispielsweise Halsband und Leine ein – meine Lieblingsmethode – und kombinieren Sie diese bei Bedarf mit den Trainingsscheiben. Hilfreich ist auch immer, wenn man jemanden um Hilfe bitten kann.

ist, können Sie die Leine entfernen. Achten Sie darauf, dass der Besuch nicht zu viel Aufhebens um den Hund macht und ihn damit wieder aufregt.

2 Ist der Hund unkontrollierbar, binden Sie die Leine an dem dafür vorgesehenen Wandhaken fest und lassen Sie ihn dort etwa 15 Minuten angebunden. Lassen Sie ihn nur frei, wenn er sich beruhigt hat und bitten Sie den Gast, den Hund erst einmal zu ignorieren.

Andere Methoden

Wenn ein Hund auf die Trainingsscheiben (siehe S. 34–35) konditioniert wurde, können diese ebenfalls eingesetzt werden, um das Anspringen abzugewöhnen. Auch die Anbindemethode am Haken (siehe S. 48–49) ist gut geeignet, wenn Hunde über die Bewohner und Gäste dominieren.

Zum Schluss

Welche Methode Sie auch anwenden, denken Sie immer daran, dass Ihr Hund das Produkt seiner »Kindheit« und Ihres Ver-

> ### Nützliche Tipps

▸ Wenn Sie den Hund für das Sitzenbleiben belohnen möchten, tun Sie das mit leiser Stimme und nicht in einem Ton, der wieder zur Aufregung führt. Oder Sie sagen einfach nichts und gehen weiter Ihren Angelegenheiten nachgehen.

▸ Wenn Sie dem Hund beim Anspringen einen Klaps oder Hieb geben und erwarten, dass er mit dem Springen aufhört, schaffen Sie große Verwirrung.

▸ Seien Sie konsequent – alle Menschen, denen der Hund begegnet und die er anspringen möchte, müssen gleich reagieren und den Hund ignorieren.

▶Aggression gegen Menschen

Dominanz- und Angstaggression

Menschen gegenüber gezeigte Dominanz- oder Angstaggression ist eines der häufigsten Probleme, mit dem Menschen zu mir kommen. Hunde sind von Natur aus Beutegreifer und können, wenn sie nicht gegenüber Menschen und anderen Tieren sozialisiert wurden, verschiedene Arten von Aggression zeigen, um Persönlichkeit, Stimmungslage oder Status auszudrücken. Die von mir empfohlenen Erziehungsprogramme lassen sich in der Regel – mit einigen kleinen Anpassungen – auf beide Aggressionsarten anwenden.

Die Lebensumstände einzelner Menschen können stark variieren, aber die Methoden, die ich vorschlage, sind allgemein anwendbar. Daher sollten Sie alles aufmerksam Lesen und selbst entscheiden, welches der Programme für Sie geeignet ist.

Dieses Kapitel ist in Abschnitte aufgeteilt, und zwar jeweils nach den Situationen, in denen Aggression allgemein vorkommt, darunter: Aggression gegen Menschen, Dominanz über Familienmitglieder, Aggression gegen andere Hunde, territoriale Aggression, Besitzerneid, sexuelle Aggression, Futterneid oder Aggression bei der Fellpflege.

Das am häufigsten an mich herangetragene Problem ist Dominanzaggression gegenüber Menschen und die Hundebesitzer nehmen es zu Recht sehr ernst. Das zweithäufigste Problem ist Angstaggression gegenüber fremden Menschen. Da ein Hund anderen Hunden gegenüber Angstaggression und Mitgliedern seiner Familie gegenüber Dominanzaggression zeigen kann, ist es manchmal etwas verwirrend und schwierig, das Problem zu erkennen. Was also sind die Hauptprobleme, die bei Hunden im Zusammenhang mit Aggression auftreten können?

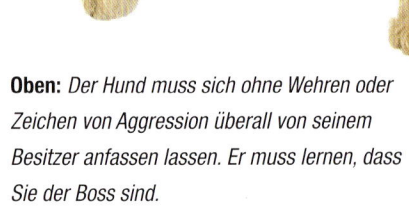

Oben: *Der Hund muss sich ohne Wehren oder Zeichen von Aggression überall von seinem Besitzer anfassen lassen. Er muss lernen, dass Sie der Boss sind.*

Unten 1 und 2: *Es macht zwar Spaß, mit einem energiegeladenen Hund Tauziehen zu spielen, aber bei unterschwellig aggressiv veranlagten Hunden besteht die Gefahr, dass sie solche Spiele als Herausforderung verstehen und gewinnen wollen.*

Tipps zur Vorbeugung – Dominanzkontrolle von Anfang an

Wenn Sie von Anfang an verhindern möchten, dass Ihr Hund innerhalb der Familie zu dominant wird, gewöhnen Sie Ihren Welpen oder neuen älteren Hund an die Tatsache, dass Sie der Chef sind. Befolgen Sie dazu die Ratschläge, die im Kapitel zum Umgang mit der Dominanz (S. 44–47) beschrieben wurden. Die meisten Hunde lehnen sich nicht gegen Ihre Autorität als Rudelführer auf.

Spielen Sie keine wilden Spiele mit Welpen, die dominant zu sein scheinen, da hieraus eine Vertraulichkeit entstehen kann, die sich später vielleicht schwer rückgängig machen lässt. Denken Sie daran, was ein wild lebender Hund sich wünscht – die Führerrolle und eine hohe, sichere Position. Hochrangige Hunde (oder Wölfe) überleben in Gefahren- und Hungersituationen eher als Rudelmitglieder, die im Rang niedriger sind. Bringen Sie Ihrem Hund gehorsam bei. Das ist die beste bekannte Methode, um einen Hund unter Kontrolle zu halten und ihm Ihre Rolle als Rudelführer klarzumachen.

Verbieten Sie jegliche Art von Beißen und Zerren an den Kleidern. Lassen Sie Ihren Hund mit Spielsachen spielen, aber bestehen Sie darauf, dass er sie ohne Kampf wieder an Sie zurückgibt. Schließen Sie die Sachen nach Spielende weg, damit der Hund sieht, dass sie Ihnen gehören und nicht ihm. Ihr Hund darf nicht als Sieger hervorgehen. Jedes Spiel, jede Übungsstunde und jede Fütterung muss klare Regeln haben. Dazu gehört auch die Fellpflege, damit Ihr Hund lernt, sich jederzeit widerstandslos anfassen zu lassen.

Seilspielzeugen sind zwar sehr beliebt, aber solche Spiele zum Kräftemessen sollten nicht mit offensichtlich dominant veranlagten Hunden gespielt werden, besonders wenn Kinder in der Nähe sind. Je mehr solcher Tauziehen der Hund gewinnt, desto größer wird sein Selbstvertrauen, den mitspielenden Mensch herauszufordern. Hunde können dieses Selbstbewusstsein dann auf andere Situationen übertragen – Aggression kann das Endergebnis sein.

Unten links und rechts 3 und 4:
Dieser Hund akzeptiert, dass der Mensch Rudelführer ist und am Ende das Spielzeug bekommt. Ein dominant-aggressiver Hund könnte in dieser Situation die Herausforderung suchen.

Achtung!
Jeder Hund, der Aggression zeigt, sollte am besten zu einem Verhaltenstherapeuten für Hunde gebracht werden, besonders, wenn Kinder im Haus sind.

Der entscheidende Punkt: Die Umstände

Wie auch immer Sie die Aggression Ihres Hundes betrachten, die Umstände, unter denen sie auftritt, sind das entscheidendste Element zur Feststellung, wie ernst das Verhaltensproblem ist. Ein Hund, der seinen Besitzer und gelegentliche Besucher anknurrt, aber niemals beißt und generell freundlich ist, ist sicher ein Problemhund, dem geholfen werden muss. Aber nehmen Sie den gleichen Hund und stecken ihn in eine Familie mit kleinen Kindern, die sich forsch benehmen und leicht in Reichweite der Hundezähne kommen und schon verzehnfacht sich das Problem. Es ist immer noch der gleiche Hund, aber die Auslöser für aggressives Verhalten haben sich ebenfalls verzehnfacht.

Nehmen Sie nun wieder den gleichen Hund und geben Sie ihn einer alleinstehenden Person, die auf dem Land lebt und sel-

Unten: *Niemand wünscht sich einen Hund, der Familienmitglieder anknurrt und die Zähne zeigt. Meistens kann man das Problem lösen.*

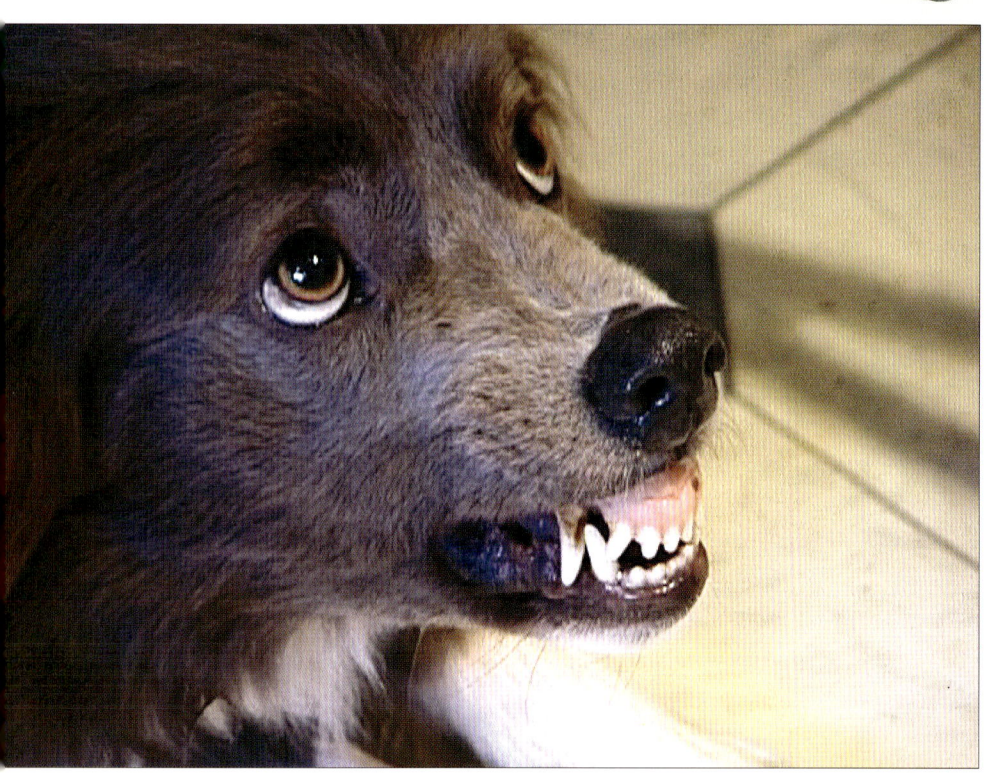

Oben 1 und 2: *Kinder sind durch aggressive Hunde besonders gefährdet. Welpen stellen selten eine Bedrohung dar, außer sie sind extrem verängstigt.*

ten Besuch bekommt. Es ist immer noch der gleiche Hund auf der gleichen Aggressionsebene, aber das Problem ist nun weniger ernst.

Die Umstände, unter denen Aggression auftritt, sind also der Schlüssel zur Schwere des Problems. Auch Größe und Rasse des Hundes spielen eine Rolle: Ein Yorkshire-Terrier ist kaum in der Lage bei einem Erwachsenen Schaden anzurichten, während ein Bernhardiner selbst den stärksten Mann ernsthaft verletzen kann.

▶ Angst- oder Dominanzaggression?

Wie kann man feststellen, welchen Typ von Aggression ein Hund zeigt? Oft ist die Körpersprache dabei hilfreich. Ein dominant-aggressiver Hund erscheint selbstbewusst: Rute erhoben, Ohren aufgestellt, insgesamt so groß wie möglich gemacht, herausfordernde Vorwärtsbewegungen, Suchen von Blickkontakt. Ein aus Furcht aggressiver Hund wirkt ängstlich und feige: gesenkter Kopf, geduckte Haltung, Ohren angelegt, Rute eingeklemmt, oft wechselnder Blickkontakt und Lecken der Lefzen als Zeichen von Unsicherheit. Manche Hunde zeigen auch beide Aggressionsformen und sind zum Beispiel aus Angst aggressiv gegenüber Fremden und dominant-aggressiv gegen den Besitzer.

Dominant-aggressive Hunde erscheinen selbstsicher bei aufgerichteter Körperhaltung und dem Ausdruck »Komm nur her!«

Dieser Hund sieht so aus, als ob er fortlaufen möchte, aber seine Angst kann in Aggression umschlagen.

Der tief gehaltene Kopf und die unsichere Haltung sind typisch für einen Hund mit Angstaggression.

Formen der Aggression gegen Menschen

Ererbte Aggression

Alle Hunde werden als Opportunisten geboren und wollen oben auf der Rangleiter stehen. Erbfaktoren bestimmen mit, wie viel Dominanz Ihr Hund innerhalb der Familie zeigen wird. Bei sehr dominanten Hunde ist die Erbanlage für das Streben nach der Führungsposition bereits vorhanden. Aber Aufzucht, Umgang, Umwelt und Rasse sowie die Intensität der Mensch-Hund-Beziehung beeinflussen ebenfalls die Persönlichkeit des Hundes. Rassehunde zeigen oft klarer definierte Wesenszüge. Border Collies zum Beispiel neigen zu aggressiven Verfolgungsjagden, während typische Wachhunderassen eher territoriale Aggression zeigen, also keinen Fremden ihr Grundstück betreten lassen.

Welpen zeigen selten wirkliche Aggression gegenüber Menschen oder anderen Hunden, es sei denn, sie sind extrem verängstigt. Ihr angeborenen Unterwürfigkeitsgesten scheinen sie bis zum Erreichen der Geschlechtsreife zu schützen.

Dominanzaggression gegen Menschen

Warum zeigen manche Hunde Dominanzaggression gegen die Hand, die sie füttert? Hunde werden mit Instinkten geboren, die sie für das Leben in einem Wolfsrudel vorbereiten. Auch innerhalb einer menschlichen Familie gehen sie von ihrer Rolle als Rudelmitglied aus und versuchen, durch eine Wechselbeziehung mit den übrigen Mitgliedern – Ihnen und Ihrer Familie – ihre Position zu finden. Rüden neigen eher zu dominantem Verhalten als Hündinnen, allerdings gibt es auch hier zahlreiche Ausnahmen.

Hunde erben außerdem die Anlage für Dominanz von ihren Eltern. Oft werden dominante Hunde als stürmisch beschrieben, sie ziehen an der Leine oder drängeln sich vor dem Menschen durch Türen. Weil das Rudel für einen Hund sehr wichtig ist, richtet er die meiste Dominanzaggression gegen die anderen Rudelmitglieder. Wie dominant Ihr Hund ist und wie er Sie sieht, hängt von Ihrem Umgang mit ihm ab.

Spezifische Auslöser

Manche Menschen wundern sich über die Dominanzaggression Ihres Hundes, weil er meistens der liebste und freundlichste Hund der Welt ist, aber nur solange er nicht frisst, ruht oder Ähnliches. Sie beschreiben einen Hund, der gelernt hat, in manchen, aber nicht allen Situationen dominant zu sein. Anders ausgedrückt: Der Hund akzeptiert Ihre Führerrolle in manchen, aber nicht allen Bereichen Ihrer Beziehung. Ein Beispiel dafür ist der Hund, der nur dann knurrt, wenn man sich ihm beim Fressen oder Ruhen nähert. Sonst zeigt er keinerlei Aggression. Er hat dieses Verhalten gelernt und sich gemerkt, dass es Erfolg hat, also behält er es ein Leben lang bei. Er meint es nicht persönlich, er benimmt sich nur wie ein Hund. Dennoch ist es Aggression, was in einer harmonischen und vertrauensvollen Beziehung inakzeptabel ist.

Dominanzaggression in der Öffentlichkeit

Dominant-aggressive Hunde reagieren in der Öffentlichkeit meist erst dann auf andere Menschen, wenn diese ihnen zu nahe kommen. Auch Jogger können den Hund manchmal aktivieren. Wer dem Besitzer zu nahe kommt, kann von einem dominant-aggressiven Hund als Bedrohung für die eigene Position im Rudel empfunden werden – in solchen Situationen beschließt er zu handeln.

Wenn ich mit Hunden die Übungen zur Dominanzkontrolle durchführe, ist es meiner Erfahrung nach am besten, sich auf die wirklich verlässliche Befolgung von Erziehungskommandos zu konzentrieren und dem Hund jedweil Auswahlmöglichkeit zu nehmen. Er darf auf keinen Fall selbst entscheiden können, wie und wann er aggressiv wird.

Oben: *Gegen Menschen gerichtete Aggression ist eines der schwerwiegendsten Probleme, mit denen es ein Hundehalter zu tun haben kann. Wenn es nicht korrigiert wird, kann solches Verhalten zur direkten Gefahr werden.*

Unten 2: *Durch das Befolgen des im Text beschrieben Trainingsprogramms ist es möglich, ängstliche Hunde an die Nähe fremder Menschen zu gewöhnen. Wenn Sie die gewünschte Reaktion mit Lecker- bissen belohnen, lässt der Hund nach und nach Fremde ohne Zeichen von Aggression seine Individualdistanz unterschreiten.*

②

Oben 1: *Die Körpersprache dieses Hundes sagt alles – Kopf und Kör- per geduckt, Ohren angelegt und Rute einge- klemmt. Ein klassische Beispiel für ein ängstliches Wesen.*

Angstaggression gegen Menschen

Diese Form der Aggression kann zwar ererbt sein, ist aber in der Regel das Ergebnis ei- ner schlechten Sozialisation oder eines Traumas in der Welpenzeit. Die meisten ängstlichen Hunde wer- den mit dem Heranreifen aggressiv.

▶ Mögliche Ursachen für Angstaggression

▷ Fehlende Sozialisation in der sensitiven Phase zwischen der fünften und zwölften Lebenswoche.

▷ Der Hund hat möglicherweise in der Welpenzeit ein Trauma erlebt, vielleicht durch einen Fremden. Das kann so etwas Banales sein wie jemand, der versehentlich über den Welpen gestolpert ist und ihm dabei wehgetan hat. Ein einziger solcher Vorfall kann ängstliche erwachsene Hunde hervorrufen.

▷ In bestimmten Züchtungen kann eine Erbanlage zur Ängstlich- keit bzw. Nervosität vorliegen. Manche Rassen wie Schäferhunde oder Kleinhunde haben eine stärkere Neigung, ein ängstliches Wesen zu entwickeln als andere.

Angstaggression in der Öffentlichkeit

Nach meiner Ansicht sind Hunde, deren Aggressivität auf Furcht beruht, wegen ihres unvorhersehbaren Wesens besonders gefährlich. Es gibt zahlreiche mögliche Auslöser: humpelnde Fußgänger, lebhafte Kinder oder wohlmeinende Tierfreunde, die Ihren Hund gerne streicheln möchten. Letztere glauben meist, den Hund durch Streicheln beruhigen zu können, aber in der Regel ist genau das Gegenteil der Fall. Da Kinder natürlich besonders oft von hübschen Hunden angezogen werden, müssen Sie ihnen bestimmt, aber höflich erklären, dass sie Ihren Hund nicht anfassen dürfen.

An dieser Stelle muss auch der Maulkorb erwähnt werden. Seine Verwendung ist ratsam, wenn Sie zu Beginn der Übungen den Eindruck haben, dass Ihr Hund noch beißen könnte, oder wenn Sie noch nicht die Oberhand gewonnen haben. Am besten sind feste Gittermaulkörbe, weil der Hund damit noch hecheln oder kleine Futterbelohnungen nehmen kann. Es ist unbedingt erforderlich, dass Ihr Hund zu Hause mindestens eine Woche lang an den Maulkorb gewöhnt wurde, bevor Sie sich in die Öffentlichkeit wagen. Hinweise zur Gewöhnung an den Maulkorb finden Sie auf den Seiten 32 und 33.

Sicherheitsabstand halten

Beim Umgang mit einem ängstlichen Hund werden Sie schnell feststellen, dass die Angst vor einem Gegenstand oder einer Person erst bei Unterschreiten einer bestimmten Distanz ausgelöst wird. Wenn Ihr Hund in drei Meter Entfernung noch vernünftig bleibt, sollten Sie diese Distanz bei den Übungen des folgenden Programms einhalten.

Wenn sich Ihr Hund in größeren Räumen wohler fühlt, sollten Sie versuchen, die Ankunft von Gästen in Ihrem Haus so zu arrangieren, dass Sie und Ihr Hund sich gerade im Garten aufhalten. Halten Sie den Hund stets mit Halsband und Leine oder der Abrollleine im Zaum. Mehr Bewegungsfreiheit gibt dem Hund die Sicherheit, dass er flüchten könnte, wenn er wollte. Alle Menschen rundherum sollten sich normal benehmen und den Hund ignorieren, denn die Angstreaktion wird durch direkten Blickkontakt oder körperliche Annäherung ausgelöst. Bleibt Ihr Hund ruhig, kann der Gast vorsichtig eine Leckerei in seine Nähe werfen. Der Abstand zwischen Hund und Gast kann allmählich verringert werden, bis der Hund ihm das Leckerbissen aus der Hand nimmt.

Links: *Mit einem stabilen Gittermaulkorb kann der Hund noch hecheln und Leckereien zugesteckt bekommen. Das ist sehr hilfreich, wenn Sie Ihren Hund für richtiges Verhalten belohnen möchten.*

▶ Impfungen im Welpenalter

▶ Ein weiterer Faktor, der bei Hunden zur Entwicklung eines ängstlichen Wesens beitragen kann, ist der empfohlene Zeitraum für Schutzimpfungen beim Welpen. Er liegt ausgerechnet in der für die Sozialisierung des Welpen entscheidenden Phase zwischen der fünften und zwölften Lebenswoche. Im Alter von sechs Wochen nehme ich alle meine Welpen mit zu kurzen Autoausflügen. Ich parke das Auto dann an einer belebten Stelle und nehme den Welpen bei geöffneter Autotür in einem Käfig auf meine Knie. So kann der Kleine sich an Gerüche, Geräusche und Anblicke gewöhnen, ohne dass fremde Hunde ihm zu nahe kommen.

Dabei besteht zwar ein gewisses Gesundheitsrisiko, aber meiner Meinung nach ist es der einzige Weg, eine gesunde Wesensentwicklung sicher zu stellen. Sie haben die Wahl. Beraten Sie sich mit Ihrem Tierarzt, ob und welche Infektionskrankheiten in Ihrer Umgebung vorkommen.

Außerdem lade ich Gäste, vor allem Kinder, und Hunde zu mir nach Hause ein, von denen ich weiß, dass sie keine Krankheiten einschleppen. Auch hier bleibt ein kleines Gesundheitsrisiko – meiner Meinung nach wiegt es aber nicht so schwer wie das Risiko, dass der Hund später aggressives Verhalten entwickeln könnte.

Oben 1, 2 und 3: *Es ist eine gute Idee, wenn Sie Kinder zu sich nach Hause einladen, um mit Ihrem neuen Welpen zu spielen. Sozialisation in dieser frühen Lebensphase trägt dazu bei, dass sich der Kleine zu einem ausgeglichenen Hund entwickelt.*

Aber meist bedarf es mehrerer Sitzungen und vieler Monate der Gewöhnung.

Aggressive Hunde nicht bedrängen

Eine der wichtigsten Regeln im Umgang mit dominant-aggressiven oder angstaggressiven Hunden ist, sich langsam zu bewegen und den Hund nicht in die Ecke zu drängen. Oft ist es der beste Weg, den Hund völlig zu ignorieren und ruhig zu handeln. Besucher sind oft verunsichert, wenn sie einem aggressiven Hund begegnen. Handelt es sich dabei um Hundefreunde, versuchen sie meist, die Sympathie des Hundes zu gewinnen. Genau das aber verschlimmert die Situation.

Wenn ich Hausbesuche bei Menschen mit aggressiven Hunden mache – egal ob dominant oder ängstlich –, erwarten die Halter von mir oft, dass ich mit sozusagen magischen Fähigkeiten sofort eine Beziehung zu ihrem Hund aufbaue. Sie stellen aber schnell fest, dass ich von ihrem Hund kaum Notiz zu nehmen scheine – und genau das ist der Grund, weshalb ich nicht gebissen werde.

Die Atmosphäre entspannt sich und ich kann beobachten, was zwischen Hund und Besitzer in ihrer Umgebung vorgeht. Viele Menschen sagen mir, dass ihr Hund in meiner Umgebung entspannter sei und sich besser benehme. Das liegt daran, dass ich mich Hunden gegenüber als Mensch besser benehm und sie nicht bedränge.

Rechts: *Da Welpen in der von Tierärzten empfohlenen Impfperiode definitiv von der Außenwelt isoliert sind, können sie wertvolle Erfahrungen wie neue Bekanntschaften zu schließen und die Umwelt zu entdecken, verpassen.*

Wege zur Problemlösung

Jetzt, da wir besser verstehen, warum und wie Hunde aggressiv auf Menschen reagieren können, müssen wir ein Lernprogramm anwenden, um den Hund psychologisch zurückzustufen und gleichzeitig praktische Erziehungsregeln einzuführen. So lernt der Hund schnell, dass er sein Verhalten ändern muss, damit wir ihm Zeit und Aufmerksamkeit schenken. Ab jetzt übernehmen Sie die Führung.

Die Hauptziele sind

1 das Abgewöhnen endloser Wiederholungen von »Hör auf!« oder »Nein!« sowie einer aufgeregten Stimmlage

2 Bewusster Einsatz von Stille, um die Bedeutung klar übermittelter Kommandos hervorzuheben

3 Beseitigung der Wut- oder Panikreaktion der Besitzer auf die Aggression des Hundes

4 Alle Situationen unter Kontrolle behalten

5 Den Hund dazu erziehen, Sie jederzeit als Boss anzuerkennen.

Wenn Sie das unten angeführte Trainingsprogramm durchführen, dürfen Sie nicht nachlässig werden, sobald Sie die ersten Anzeichen einer Verbesserungen erkennen. Diesen Fehler quittiert der Hund damit, seine hohe Rangposition schnell wiederherzustellen.

Mit folgenden Maßnahmen – einzeln oder kombiniert angewandt – können Sie das Verhalten Ihres Hundes positiv verändern.

Unten: *Der Hund muss im Familienrudel den niedrigsten Rang einnehmen, wenn Sie weiter das Sagen haben wollen. Aggressive Hunde müssen psychologisch zurückgestuft werden.*

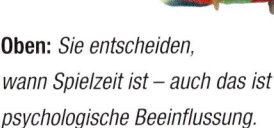

Oben: *Sie entscheiden, wann Spielzeit ist – auch das ist psychologische Beeinflussung.*

Die Führungsrolle neu definieren

Der Schlüssel zu allen Verhaltensänderungen ist eine psychologische Rückstufung des Hundes. Dieses Programm sollte sowohl bei furcht- als auch bei dominant-aggressiven Hunden eine Woche lang durchgeführt werden, bevor Sie sich mit der spezifischen Art der Aggression befassen.

Verständigen Sie sich mit der gesamten Familie auf ein einheitliches Vorgehen. Alle Erwachsenen und größeren Kinder müssen die »ranghohen Rudelpositionen« besetzen. Teile des Übungsprogramms, gegen die der Hund sich besonders stark wehrt, sollten von derjenigen Person durchgeführt werden, die er am meisten respektiert.

Zu Beginn der Maßnahmen kann sich das unerwünschte Verhalten mancher Hunde zeitweise noch verstärken, was normal ist. Aber nach etwa einer Woche sollte Ihr Hund erste gewünschte Reaktionen zeigen. Andere Hunde wiederum machen – nach Aussage ihrer Besitzer – einen traurigen oder leidenden Eindruck. Diese sichtbaren Anzeichen dürfen Sie nicht missverstehen. Der Hund übt sich nur in vorsichtiger Zurückhaltung, während die Rangordnung

Achtung!
Wenn kleine Kinder im Haus sind,
sollten Sie immer die professionelle
Hilfe eines Verhaltenstherapeuten
oder Hundetrainers holen.

neu festgelegt wird. Beginnen wir also nun mit unserem Trainingsprogramm.

1.–7. Tag: Schenken Sie Ihrem Hund weniger Aufmerksamkeit. Nehmen Sie ihm jedes Vergnügen, das er für selbstverständlich hielt, oder das Sie ihm unbewusst verschafft haben. Das bedeutet, keine Streicheleinheiten und Leckereien mehr ohne Grund. Ab jetzt bekommt Ihr Hund beides nur noch als Belohnung.

Psychologische Rückstufung

Diese Methoden sind keine Bestrafung, sondern Wege zu einer Neuordnung der Verhältnisse, in der Sie führen und Ihr Hund geführt wird, sodass er lernen kann, wie er sich zu verhalten hat. Ich stelle immer wieder fest, dass auch sehr nervöse Hunde gehorsamer und weniger aggressiv werden, wenn das Programm kompromisslos verfolgt wird.

Beginnen Sie mit einem Kurs zur Gehorsamserziehung in einer guten Hundeschule oder bei einem Einzeltrainer. Das wird einen enormen Einfluss auf das Verständnis des Hundes von der Führerrolle und auf Ihre künftige Beziehung haben. Alle Familienmitglieder müssen mitmachen. Anschließend führen Sie das Programm zur psychologischen Rückstufung, das in dem Kapitel über dominante Hunde (S. 38–53) beschrieben wird, durch (siehe auch Kasten rechts).

Ignorieren Sie den Hund, wenn er Sie wie hier belästigt.

Oben 1 und 2: *Zeigen Sie ihm, dass Sie der Boss sind. Reagieren Sie nicht mehr auf die Forderungen des Hundes. Zuwendung und Belohnung gibt es nur nach Ihrem Willen.*

Zusammenfassung: Psychologische Rückstufung

▷ Verbannen Sie den Hund aus Ihrem Schlafzimmer.

▷ Im und am Haus muss der Hund Ihnen aus dem Weg gehen und nicht umgekehrt.

▷ Geben Sie keine unverdienten Futterbelohnungen.

▷ Entfernen Sie alle Spielsachen und Bälle. Sie entscheiden, wann der Hund sie haben darf.

▷ Keine Streicheleinheiten ohne Grund. Jetzt muss der Hund sie sich verdienen.

▷ Verbannen Sie den Hund aus allen Räumen bzw. Bereichen des Hauses, die er als sein eigenes Territorium betrachtet.

▷ Erlauben Sie nicht, dass der Hund sich vor Ihnen durch die Tür drängelt.

▷ Der Hund muss lernen, dass er sein Futter erst dann bekommt, wenn Sie fertig sind.

▷ Ignorieren Sie alle Belästigungen des Hundes, während Sie lesen oder fernsehen. Rudelführer ignorieren rangniedrige Rudelmitglieder.

▷ Lassen Sie den Hund nur nach besonderer Aufforderung ins Wohnzimmer und achten Sie darauf, dass er es jederzeit auf Befehl wieder verlässt.

So übernehmen Sie das Ruder

Wie bereits erwähnt, ist Grunderziehung die erste Maßnahme. Ihr Hund muss in allen Situationen die Befehle »Sitz!«, »Platz!«, »Hier!« und »Bleib!« beherrschen. Das Lernen von »Platz!« kann dominanten Hunden Schwierigkeiten bereiten, weil es eine sehr unterlegene Position darstellt. Gehen Sie nicht zu schnell vor. Wenn Sie die Richtlinien, die in dem Kapitel über die psychologische Rückstufung (siehe S. 44–47) beschrieben wurden, befolgen, wird Ihr Hund sich wahrscheinlich schon bald auf jedes Lob freuen. Nutzen Sie diese Tatsache beim Training aus und Sie werden sehen, dass Ihr Hund sich gerne erziehen lässt.

Gehorsamserziehung im Haus

Nur wenige Hundebesitzer wissen, dass Gehorsamserziehung im Haus mit Halsband und Leine durchgeführt werden sollte. Das Haus ist der Ort, an dem viele der Probleme mit dominanten Hunden auftauchen. Doch die Hundebesitzer gehen einmal in der Woche in eine Hundeschule oder üben sogar im Park, aber die wenigsten lehren ihren Hunden Gehorsam im Haus. Trainieren Sie täglich dreimal, immer mit Halsband und Leine. Der Hund kann jetzt sehen, dass Sie Ihre Autorität an dem Ort zeigen, an dem er sich oft dominanter fühlt.

Wenn Sie Ihrem Hund die Grundregeln des Gehorsams beigebracht haben, können Sie diese Kontrolle erweitern, um auch sein unerwünschtes Verhalten zu beeinflussen. Will er beispielsweise die Couch nicht verlassen oder er knurrt, wenn Sie seinen Futternapf entfernen wollen, können Sie ihm befehlen »Komm!«, dann »Sitz!« und schließlich »Bleib!«. Ihr Hund wird gehorchen und Sie als Rudelführer akzeptieren. Das braucht Zeit, aber es funktioniert, wenn Sie konsequent und geduldig bleiben.

Der nächste Schritt dient zur Ergänzung strukturierter Trainingsmaßnahmen, die die

Rechts 1 und 2: Gehorsamsübungen an Halsband und Leine sind nicht nur ein Sport für den Hundeclub, sondern etwas, das man auch zu Hause tun sollte.

Fähigkeit Ihres Hundes, sich schlecht zu benehmen, verändert – mit anderen Worten, Wiederholung verhindert.

Kontrolle im Haus

Als Erstes müssen Sie den Hund davon abbringen, das gesamte Haus als sein Territorium zu betrachten, das er jederzeit und vollständig durchstreifen kann. Ab sofort werden Sie entscheiden, was wann geschieht. Genau wie ein Kind muss der Hund lernen und Ihre Regeln beachten. Aber auch Sie müssen

Oben: *Wenn Sie das Angebundensein am Haken mit einem Spielzeug, das mit Futter gefüllt ist, kombinieren, wird der Hund diese wirksame Methode der Kontrolle immer mehr akzeptieren.*

Der Hund achtet aufmerksam auf seinen Halter.

Das Kommando »Platz!« wird richtig befolgt.

❶

❷

lernen, wie man diese Regeln vermittelt. Während der ersten fünf Tage ist Geduld angesagt – kein sich Ärgern, kein Schimpfen, kein hartes Anfassen des Hundes.

Die benötigte Ausrüstung ist die gleiche wie schon in dem Kapitel über den dominanten Hund (S. 48–49) beschrieben wurde.

Machen Sie Ihren Hund dreimal täglich für je eine Viertelstunde mit Halsband und Leine an einem Haken fest, während Sie im Haus zu tun haben. Machen Sie ihn nur dann los, wenn er ruhig und entspannt ist. Gehen Sie nach Ablauf der Viertelstunde zu ihm hin; wird er dann sehr aufgeregt, bellt oder springt hoch, entfernen Sie sich sofort. Sagen Sie nichts, auch wenn der Hund bellt oder winselt. Ignorieren Sie alle Protestäußerungen. Wenn Sie das etwa eine Woche lang gemacht haben, begreift Ihr Hund, dass er nur loskommt, wenn er ruhig ist.

Zum Teil ist der Hund nun schon auf ein neues Regelwerk konditioniert, das Ihnen das Leben insgesamt erleichtert.

Belohnung aus dem Spielzeug

Es ist sehr schwierig, den Hund an einem Haken festzubinden und gleichzeitig eine Belohnung anzubieten, die er mit dieser Einschränkung in Verbindung bringt. Wenn Sie seine tägliche Futterrationen in ein Gummispielzeug füllen, haben Sie eine Möglichkeit, ihm diese sehr wirkungsvolle Belohnung zu geben. Das Ergebnis ist ein Hund, der das Angebundensein mit einer angenehmen Belohnung verbindet.

Sie müssen den Fütterungsvorgang ändern. Ihr Hund bekommt sein Fressen ab sofort nur noch aus dem Spielzeug. In den nächsten Monaten gibt es kein Futter mehr aus dem Napf! Sie können den Futternapf, aber nicht den Wassernapf, getrost in den Schrank stellen.

Ich teile die gesamte Tagesrationen in so viele Portionen auf, wie ich den Hund anbinden möchte. Verwenden Sie immer natürliches Hundefutter, denn Nahrung mit chemischen Zusatzstoffen kann das Verhalten Ihres Hundes verändern. Nehmen Sie kein Trockenfutter; Sie brauchen echtes Fleisch, das im Innern des Spielzeugs haften bleibt.

Am Haken

Jedes Mal, wenn Sie den Hund am Haken festmachen, sollten Sie das mit Futter gefüllte Spielzeug auf den Boden legen. Je fester die Füllung gestopft wird, desto länger braucht der Hund, um sie herauszuholen. So verbraucht er Energie, ist beschäftigt und bleibt ruhig. Mit der Zeit lernt er, die Einschränkung durch das Anbinden mit der Belohnung zu assoziieren. Auch wird er darauf konditioniert, das Anleinen am Haken als eine Regel zu empfinden – genauso wie er als Welpe gelernt hat, Halsband und Leine als Regel zu akzeptieren. Nach ein paar Wochen haben die meisten Hunde die Lektion gelernt und Sie haben nun eine gute Möglichkeit, Ihren Hund zu kontrollieren.

Da manche Hunde sich anfangs in der Leine verwickeln, sollten Sie eine stärkere Ausführung verwenden, die auf der Haut des Hundes nicht scheuert. Bellt der Hund, um Ihre Aufmerksamkeit zu erregen, ignorieren Sie ihn gänzlich und schauen Sie ihn nicht an.

Binden Sie den Hund nur an, wenn Sie selbst zu Hause sind und lassen Sie ihn nicht unbeaufsichtigt. Sobald der Hund das Anleinen akzeptiert, können wir nun fortfahren und über Hunde sprechen, die Aggression gegen Besucher zeigen.

Unten 3 und 4: *Wenn Ihr Hund brav die Grundbefehle »Sitz!«, »Platz!« und »Bleib!« befolgt, haben Sie ein sehr wirksames Mittel zur Hand, wenn sie in irgendeiner Situation Ihre Autorität beweisen müssen.*

Das Handzeichen verdeutlicht: »Bleib!«

Das Training hat sich gelohnt

3

4

Aggressionen gegen Besucher

Hunde, die sich Besuchern gegenüber aggressiv verhalten, sehen diese als Bedrohung ihrer Sicherheit an – sie betrachten den Gast als Eindringling in ihr Territorium. Dominante Hunde stürmen oft vor, um den Gast zu untersuchen oder zu beißen. Angstgesteuerte Hunde können nach außen hin ganz wild reagieren, während sie innerlich zittern. Manche Hunde verdrücken sich einfach oder verstecken sich hinter ihrem Besitzer und wirken wie erstarrt.

Besonders bei aggressiven Hunden kann es schwierig sein, sie im Haus unter Kontrolle zu behalten. Denken Sie immer daran, dass der Hund sich nicht absichtlich schlecht benimmt, um Sie zu ärgern. Er meint es nicht persönlich. Es ist nur die Art und Weise, die er gelernt hat, auf Sie sowie auf die Umwelt und die Geschehnisse zu reagieren. Eine typische Situation, in der ein dominanter Hund auf das Anklopfen eines Besuchers aggressiv reagiert und daraufhin sowohl vom Besitzer als auch vom Gast mit Aufmerksamkeit belohnt wird, wurde in dem Kapitel über dominante Hunde (siehe S. 38-53) beschrieben und analysiert. Die Methode zur Korrektur haben wir ebenfalls dort besprochen. Hier finden Sie noch einmal eine Zusammenfassung:

1 Zeigt Ihr Hund an der Haustür Aggression, binden Sie ihn zehn Minuten vor Eintreffen des Gastes am Haken an.
2 Öffnen Sie die Tür und bitten Sie Ihren Gast, den Hund nicht zu beachten.
3 Ignorieren Sie Ihren Hund, falls er zu bellen beginnt. Verhalten Sie sich, als sei alles ganz normal.
4 Setzen Sie das mit Futter gefüllte Spielzeug ein. Bitten Sie Ihren Gast, es in die Richtung des Hund zu rol-

Oben: *Hunde sind sehr territorial und schnüffeln viel nach Duftspuren. Sie halten das Haus für ihr Revier und können aggressiv reagieren, wenn Besucher hier »eindringen«.*

Rechts: *Ein Hund, der sich beim Eintreffen von Besuch so hinter seinem Besitzer versteckt, kann aus Angst aggressiv reagieren, wenn man sich ihm zu sehr nähert.*

len. Ist Ihr Hund nicht daran interessiert, hat er keinen Hunger. Geben Sie ihm kein Futter, nachdem der Gast gegangen ist.
5 Ihre Gäste sollten nicht auf den Hund zugehen oder sich in seiner Nähe bücken, sondern auf ihren Stühlen sitzen bleiben und alle plötzlichen Bewegungen vermeiden (das gilt auch für Kinder). Üben Sie diese Lektion mit möglichst vielen Freunden, um eine Assoziation von Ruhe, Sicherheit und Belohnung aufzubauen.

6 Wenn Ihr Hund den Gast anbellt oder -knurrt, wedeln Sie nicht mit den Armen, um den Hund zurückzuscheuchen. Streicheln Sie ihn nicht und sprechen Sie nicht in einer lobenden Stimmlage; sagen Sie auch nicht ständig »guter Hund«, denn dadurch wird die Bedeutung eines echten Lobes gemindert und Ihren Hund wird nur noch aggressiver. Sieht Ihr Hund, dass Sie ruhig bleiben, wird schließlich auch sein Verhalten davon beeinflusst.

Endlich Ruhe! Der Hund konzentriert sich auf sein Spielzeug.

Hier ist Futter drin.

Oben: *Das mit Fleisch gefüllte Spielzeug bietet die perfekte Ablenkung. Ihr Gast kann es über den Boden zum Hund rollen und sobald dieser sich damit beschäftigt, können Sie sich ungestört mit ihm unterhalten.*

Oben: *Mit der Zeit kann der Hund angeleint an die Annäherung von Besuchern gewöhnt werden und lernt, auch Berührungen zu akzeptieren. Futterbelohnung zur Bestärkung ruhigen Verhaltens ist eine gute Idee.*

Häufige Missverständnisse

▷ Folgende Ratschläge Dritter sollten Sie ignorieren

▷ Das ist nur eine Phase, die er durchmacht.

▷ Hunde haben das Recht, ihre Spielsachen zu verteidigen.

▷ Er will Sie nur beschützen.

▷ Er ist nur etwas launisch.

▷ Die Rasse ist nun mal so veranlagt.

Trainingsscheiben

Wie bereits erwähnt (siehe S. 34–35) werden Trainingsscheiben mit folgenden Zielen eingesetzt:

- Der Hund lernt ein Geräusch kennen und verbindet es mit etwas, das er nicht tun soll.
- Er assoziiert das Geräusch mit dem Befehl »Nein!«.
- Schließlich reagiert der Hund nur noch auf das Kommando »Nein!« ohne den Einsatz der Scheiben.

Was das Werfen der Scheiben und das zugehörige Lautzeichen betrifft, ist das richtige Timing entscheidend. Nach einiger Zeit können Sie auf die Scheiben verzichten und nur mit dem Lautzeichen fortfah-

Oben: *Das laute Klappern der auf den Boden geworfenen Trainingsscheiben mit einem gleichzeitigen »Nein!« hilft, das Kommando im Kopf des Hundes zu verankern.*

ren, weil das »Nein!« jetzt deren Bedeutung übernommen hat.

In manchen Büchern können Sie lesen, dass man einen Hund nie verwarnen soll, wenn er versucht, Fremde anzugreifen, anzuknurren oder zu beißen, weil der Hund dieses Vorgehen sonst mit dem Fremden assoziieren könnte. Das ist Unsinn. Wenn Ihr Hund darauf konditioniert wurde, auf die

Scheiben und das Lautzeichen »Nein!« zu achten, ist diese Assoziation bereits fest in ihm verankert.

Die Trainingsscheiben und das »Nein!« wirken am besten, wenn der Hund gerade beginnt, sein aggressives Verhalten zu zeigen.

Sobald der Hund wieder ruhig ist, sollten Sie nach Möglichkeit den Fremden oder einen Helfer bitten, ein Leckerbissen auf den Boden nahe dem Hund zu werfen. Der Hunde ist ein intelligentes Lebewesen und kann problemlos erkennen, wenn Sie als Rudelführer mit seinen aggressiven Handlungen nicht zufrieden sind. Er lernt auch, dass die Begegnung mit Fremden eine angenehme Erfahrung sein kann, die mit Futter belohnt wird.

Sobald Sie ein Stadium erreicht haben, in dem Ihr Hund sich auf Besucher im Haus freut oder bei den täglichen Begegnungen auf Spaziergängen unproblematisch ist, können Sie das Anbinden am Haken etwas

Rechts: *Bei Hunden, die früher einmal Besucher gebissen haben oder bei denen die Gefahr dazu besteht, ist das Anlegen eines Maulkorbes nach Losmachen vom Haken sinnvoll. Vorsicht ist besser als Nachsicht!*

Oben: *Trainingsscheiben helfen, bestimmte Handlungen zu verhindern. Auf der anderen Seite dienen Leckerbissen als Belohnung zur Bestärkung des richtigen Verhaltens und die Wahrscheinlichkeit, dass der Hund dieses Verhalten wiederholt, wird dadurch größer. Durch wiederholten Einsatz von Lob und Rüge kann unerwünschtes Verhalten korrigiert werden.*

auflockern. Die Gäste sollen dem Hund weiterhin das mit Futter gefüllte und/oder ein anderes Spielzeug geben.

Wenn Sie noch verunsichert sind oder nicht genügend Vertrauen in Ihren Hund haben und Ihr Hund bereits an das Tragen eines Maulkorbs gewöhnt ist, dann legen Sie ihm den Maulkorb an, solange er noch angebunden ist und lassen ihn anschließend damit im Zimmer frei herumlaufen. Der Gast kann weiterhin Fleischstückchen durch den Maulkorb füttern, um die angenehme Assoziation mit Futterbelohnung weiter zu verstärken. Vielleicht finden Sie auch bei Spaziergängen im Park Passanten, die Ihnen beim Training »Maulkorb und Belohnung« behilflich sind.

Verwenden Sie einen Gittermaulkorb immer dann, wenn Sie das Gefühl haben, Ihr Hund könnte beißen, und solange Sie noch daran arbeiten, Kontrolle über ihn zu bekommen. Im Gegensatz zur Meinung mancher falsch informierter Autoren machen Maulkörbe Hunde nicht aggressiv. Sie lassen einen Hund nach außen hin allerdings aggressiv aussehen.

Verhaltensänderung

Am Ende des Verhaltenstrainings hat Ihr Hund Folgendes gelernt:

- Sie sind der Boss, und zwar sowohl im Haus als auch außerhalb.
- Er folgt Ihnen, dem Boss, nun auch in Situationen, in denen er früher unabhängig gehandelt hätte.
- Er hat eine neue Trainingssprache mit angemessenen Belohnungen und/oder Strafen, falls nötig, gelernt.
- Vor fremden Menschen muss man sich nicht fürchten und sie erst recht nicht angreifen. Manche von ihnen haben sogar Leckereien dabei.

Wenn sich Ihr Hund mit der Zeit positiv

▶ Euthanasie

Das Einschläfern eines Hundes ist ein Tabuthema für viele Hundehalter. Aber manche Hunde sind psychisch so stark geschädigt, dass eine echte Rehabilitation nicht mehr möglich ist. Wie gewöhnlich ist nicht der Hund daran schuld. Ich glaube nicht, dass es von Natur aus bösartige Hunde gibt. Sie können nur starke innere Triebe besitzen, die nicht den Wünschen des Besitzers entsprechen, aber sie benehmen sich immer noch wie normale Hunde. Wir beschließen, einen Hund zu besitzen und geben ihm keine Möglichkeit zu mitzubestimmen, wie und wo er aufwächst. Also haben wir die Verantwortung.

Die meisten Menschen versuchen die Tötung Ihres Hundes möglichst zu verhindern. Hoch kommende Gefühle erschweren, der Realität ins Auge zu sehen. Für Viele ist es so, als würden sie ein Familienmitglied töten. Oft tun Menschen alles, um sich nicht selbst entscheiden zu müssen und überlassen die Verantwortung anderen – zum Beispiel bringen Sie den Hund in ein Tierheim, wo er sein Leben in einem Zwinger verbringen muss. Keine sehr schönes Leben.

Wenn ein Hund von mindestens zwei Verhaltenstherapeuten eingehend untersucht wurde und beide bestätigen, dass das Verhalten nicht kontrollierbar, nicht mehr zu korrigieren und gefährlich ist, dann kann man Euthanasie verantworten. Der Tierarzt erklärt Ihnen den Vorgang. Lassen Sie sich die Empfehlung zur Tötung vom Verhaltenstherapeuten oder Tierarzt immer schriftlich geben.

verändert, fassen auch Sie stärkeres Vertrauen, denn der Hund erkennt, dass Sie sich wie ein Leittier benehmen. Ihre neue, präzise Trainingssprache ist klar und konsequent; die Beziehung zwischen Hund und Besitzer blüht auf, wenn beide Seiten die neue Rangordnung respektieren. Sobald Schimpfen, Aufregung und Ziehen an der Leine von klarem Lob und von Belohnungen abgelöst werden, kann sich der Hund entspannen und beruhigen – ich nenne das »den Nebel aus einer Beziehung verscheuchen«. Das Ergebnis ist ein gut erzogener oder zumindest ein gut geführter Hund.

Aggression gegen andere Hunde

Hunde, die sich allen Artgenossen gegenüber – unabhängig von Geschlecht, Größe oder Rasse – aggressiv verhalten, werden gewöhnlich durch Angst motiviert. Aggression gegen Hunde des anderen Geschlechtes zeigt eher der dominante Typ und wird angeregt durch Konkurrenz, gepaart mit dem starken Trieb, die Führung zu übernehmen. Bei beiden Typen kann die fehlende frühe Sozialisation mit anderen Hunden die Ursache sein. Angstaggression wird häufig auch durch traumatische Erlebnisse in der Jugend ausgelöst. Sie kann sogar vererbt sein – manche Rassen neigen viel eher zu sensiblem Charakter als andere und benötigen deshalb mehr Sozialisation als Welpe. Die Ängstlichkeit kann bei Hunden auch sehr variabel sein: Manche haben nur Angst nur vor ganz bestimmten Hunden, andere vor bestimmten Orten und wieder andere fürchten eine Kombination von beidem. Manche Hunde sind aggressiver, wenn sie sich nicht frei bewegen können, zum Beispiel an der Leine oder im Auto.

Oben 1, 2 und 3: *Aggressionen unter Hunden können durch Angst oder Bestreben nach Dominanz bedingt sein. Nicht immer ist es leicht, zwischen beiden Antrieben zu unterscheiden.*

Angstaggression

Knurrt oder greift Ihr Hund einen anderen Hund, den er als Bedrohung empfindet, an und der Bedrohte weicht zurück, interpretiert Ihr Hund das als Erfolg und das aggressive Verhalten wird bestärkt. Die meisten Hunde, die aus Angst aggressiv sind, werden an der Leine noch aggressiver, vor allem wenn diese kurz und straff ist. Der Grund dafür ist, dass der Hund weiß, dass er nicht fliehen kann und sich folglich stärker bedroht fühlt. Umgekehrt sind manche Hunde an der Leine aggressiver, weil sie wissen, dass sie den anderen Hund nicht erreichen können.

Wenn ich einen ängstlich-aggressiven Hund plötzlich von der Leine lasse, stelle ich oft fest, dass er mich überrascht ansieht und die Aggression aufhört. Dieses Beispiel ist aber nicht zur Nachahmung empfohlen, weil es für den durchschnittlichen Halter sehr schwer zu beurteilen ist, warum sein Hund aggressiv ist. Da die Sicherheit immer Vorrang hat, benutzen Sie einen Maulkorb, wenn Ihr Hund aggressiv ist. Bevor Sie mit dem Training fortfahren, ist es sinnvoll, den Rat des Experten einzuholen, damit der eigentliche Grund des aggressiven Verhaltens genau bestimmt werden kann.

Manche ängstlichen Hunde lernen, sich nach außen hin wie dominante Hunde zu benehmen, sodass es schwieriger ist zu beurteilen, ob die Aggression eines Hundes durch Angst ausgelöst wird oder nicht. Solche Hunde haben aus Erfahrung gelernt, dass man der Bedrohung begegnen kann, indem man zuerst angreift. Sie erscheinen dominant, aber ihr Antrieb ist Angst.

Der dominant-aggressive Hund

Viele Hunde, die durch Dominanz bedingte Aggression zeigen, wuchsen in einer ausgeglichenen Umgebung auf und wurden gut sozialisiert, aber sie entwickeln trotzdem dieses unerwünschte Verhalten. Möglicherweise wurde ihnen als Welpe erlaubt, sehr grob mit anderen Junghunden umzugehen oder der Besitzer hatte noch einen erwachsenen Hund, der dem dominanten Welpen zu viele wilde Spiele erlaubte, ohne

▶ Wann müssen Sie etwas unternehmen?

Manche Menschen wissen instinktiv, was sie tun müssen, zögern aber – anders als ihr Hund – zu handeln, ob aus Mangel an Selbstvertrauen, Wissen oder Entschlossenheit. Oft sind sie vom Verhalten ihres Hundes genervt oder geben einfach auf. Aufgeben kann auch bedeuten, den Hund mitsamt seinen Problemen einfach in andere Hände zu geben. Oft hilft schon ein Gespräch mit einem Verhaltenstherapeuten, damit der Besitzer Mut fasst und effektiv an die Problemlösung geht.

Der schwierigste Schritt bei der Bewältigung eines Aggressionsproblems ist einzugestehen, dass ein Problem existiert und um Hilfe zu bitten. Ich habe echten Respekt vor solchen Hundehaltern. Man braucht Mut, um das Problem zu akzeptieren und die Verantwortung auf sich zu nehmen, an dessen Korrektur zu arbeiten, indem man Ratschläge befolgt, die kurzfristig durchaus emotionalen Stress für alle Beteiligten bedeuten.

Wenn Sie diese Ratschläge nicht befolgen, kann das einem dominanten oder heranwachsenden Hund signalisieren, dass Sie nicht die Kontrolle haben. Das wiederum ermutigt ihn, seine Dominanz weiterhin zu behaupten uns schließlich seine Stellung im Rudel höher die Ihre zu betrachten. Das Ergebnis könnte sein, dass Sie und Ihre Familie mit aggressiven Reaktionen Ihres Hundes fertig werden müssen.

schriebene Programm zur Unterdrückung der Dominanz (siehe S. 38–53) durch und bringen Sie Ihrem Hund die Grundbefehle zum Gehorsam bei.

Lassen Sie uns im Folgenden die vielen Faktoren näher betrachten, die zur Entstehung oder Verschlimmerung aggressiven Verhaltens bei Hunden führen können.

Achten Sie immer zuerst auf Ihre eigene Sicherheit, wenn Sie unterwegs auf einen aggressiven Hund treffen.

ihm Grenzen zu setzen – mit anderen Worten ein Mangel an Hundedisziplin! Viele dominante Hunde gefallen sich in dieser machohaften Angeberrolle, indem sie beim Parkspaziergang ihre Stärke demonstrieren. Zum Glück tritt dieses Problem nicht so häufig auf wie die Angstaggression.

Um mit diesem Problem fertig zu werden, müssen Sie Ihre Alphastellung behaupten. Dazu führen Sie das bereits be-

Oben: *An kurzer Leine festgehalten neigen viele ängstliche Hunde zur Aggression. Der Fluchtmöglichkeit beraubt, reagieren sie panisch. Angriff als Verteidigung!*

Mangelnde Sozialisation

Diese Ursache für Aggression ist häufig und entsteht durch mangelnde Sozialisation im Alter von sechs bis zwölf Wochen und danach. In dieser Zeit müssen alle Welpen lernen, wie man mit anderen Hunden und Menschen umgeht. Wenn die Kontaktmöglichkeiten begrenzt sind, wird der Welpe zum Ausgestoßenen unter Artgenossen – er lernt die Kommunikationsregeln der Hunde nicht, die er braucht, um mit seinen Artgenossen auszukommen. Genau wie kleine Kinder lernen auch Welpen alles, was sie tun und nicht tun können im Spiel und durch soziale Kontakte. Bleiben diese Erfahrungen in der entscheidenden Phase aus, kann der Hund ängstlich werden und anschließend Aggressionen entwickeln, was dem Hundehalters das Leben schwer macht. Obwohl Hunde ihr ganzes Leben lang lernen, ist es oft sehr schwierig, den Mangel an früher Sozialisation auszugleichen.

Unten: *Hunde müssen schon früh lernen, sich mit Menschen und anderen Hunden zu sozialisieren. Spielen ist eine sehr wirksame Lernhilfe.*

Traumatische Erfahrungen

Der Angriff eines aggressiven Hundes kann sowohl beim Welpen als auch beim erwachsenen Hund einen starken Eindruck hinterlassen. Wenn die sonstigen Erfahrungen mit anderen Hunden angenehmer Art waren, verarbeiten die meisten Welpen ein solches Erlebnis gut; andere jedoch behalten die negative Assoziation ihr ganzes Leben lang. Ein sehr heftiger Angriff kann sogar bei charakterlich stabilsten Hunden lang anhaltende Nachwirkungen haben.

Manchmal können Hunde auch durch Dinge traumatisiert werden, die uns als eher unbedeutend erscheinen. Es ist aber der Hund, der auf ein Ereignis reagiert und nicht der Besitzer. Wenn ein Hund denkt, ein anderer Hund sei aggressiv und man müsse sich vor ihm fürchten, kann das der Beginn einer ängstlichen Haltung gegenüber allen Artgenossen sein. Dazu kommt, dass viele dieser »vorgeschädigten« Individuen ihre eigene Aggression erst sehr viel später zeigen, manchmal erst im zweiten oder dritten Lebensjahr. Aber wenn es geschieht, können sie mit jeder folgenden Attacke immer aggressiver, weil sie gelernt haben, dass Angriff eine erfolgreiche Verteidigungsstrategie ist.

Aggression als Teufelskreis

Der wahrscheinlich häufigste Grund, weshalb Hunde aggressiv werden, ist der Angriff eines anderen Hundes. Es ärgert mich, wenn Hundehalter mit einer Vogel-Strauß-Mentalität ihre aggressiven Hunden an Orten spazieren führen, wo sie andere angreifen können. Die meisten Hunde, die mir als Pro-

blemfälle vorgestellt werden, sind irgendwann einmal von aggressiven Hunden angegriffen oder bedrängt worden. Oft sehe
ich die gleichen Menschen Monate später,
nachdem ihre Hunde andere, friedliche Artgenossen angefallen haben, immer noch
im gleichen Park spazieren gehen. Aber sie
kümmern sich nicht um dieses ernste Problem. Wenn Ihr Hund aggressiv ist, liegt es
in Ihrer Verantwortung, ihm zuerst einen
Maulkorb anzulegen und dann sofort professionelle Hilfe zu suchen.

> ## Zusammenfassung: Mögliche Ursachen für Aggression
>
> ▶ Mangelnde Sozialisation im Welpenalter
>
> ▶ Traumatische Erfahrungen
>
> ▶ Eine ererbte Anlage

*Dieser Hund ist be-
reit zu handeln.*

Rechts 1, 2 und 3: *Hier zeigt ein dominanter Hund Aggression gegenüber einem
Artgenossen. Solche Attacken können junge
Hunde traumatisieren, wenn sie in den prägenden
ersten Lebensmonaten stattfinden. Manche speichern ihre
Angst und geben sie später selbst in Form von Aggression an
andere zurück.*

Der Rehabilitationsplan

Wie soll man an das Problem herangehen? In meiner Hundeschule befolgen wir die unten beschrieben Vorgehensweise, um die Sozialisationsfähigkeit von Hunden zu testen und einzustufen, die aus irgendeinem Grund aggressiv sind. Ein guter Anfang ist, wenn Sie einen erfahrenen Hundetrainer oder Verhaltenstherapeuten haben, der Ihnen zeigen kann, wie es geht. Oft funktioniert es sofort und Sie erwerben gleichzeitig die nötigen Fähigkeiten. Ich arbeite auf einem großen, hoch umzäunten Gartengrundstück mit zahlreichen Sträuchern, hinter denen sich ein unsicherer, frei laufender Hund verstecken kann.

Meistens ist außer mir noch ein Hundetrainer anwesend. Der Besitzer bringt seinen Hund an der Leine auf das Grundstück und entspannt sich, während wir etwa zehn Minuten lang über die Vorgehensweise plaudern. Manch-

Oben 1: *Dieser Hund zeigt Angst, die bei näherer Begegnung mit einem anderen Hund in Aggression umschlagen kann.*

mal setzen wir auch nur auf den Gartenstühlen nah beieinander, um eine ruhige Atmosphäre zu schaffen. Als Nächstes suchen wir sorgfältig einen Hund mit stabilem Wesen aus, der den aggressiven Hund völlig ignorieren wird. Wir lassen ihn frei und beobachten die Reaktion des Problemhundes. Fällt sie schwach aus, legen wir vielleicht einen Maulkorb an und führen ihn in angemessener Distanz, bis sich beide Hunde entspannt haben. Manchmal bitten wir den Besitzer auch, seinen Hund Gehorsamsübungen ausführen zu lassen, um dessen Konzentration von dem fremden Hund abzulenken.

Wenn die Problemhunde sehr groß und aggressiv sind und gefährlich werden können, legen wir während der ersten zehn Lektionen immer Maulkorb und Leine an und arbeiten uns langsam zu dem Sozialisationsprogramm vor, das im vorherigen Ab-

Oben 2 und 3: *Wenn man den Problemhund an die Gesellschaft eines ruhigeren Gefährten gewöhnt, kann er mit der Zeit lernen, seine Aggressionen zu abzubauen.*

schnitt beschrieben wurde. Wenn mit der Zeit Fortschritte zu verzeichnen sind, gehen wir auch über Land spazieren und lassen die Hunde dabei frei laufen. Manchmal sitzen wir auch einfach nur mit beiden Hunden an der Leine in einem Raum und unterhalten uns über das Training. Dem zu behandelnden Hund wird es irgendwann langweilig und er beginnt sich zu entspannen.

Jetzt ist eine Grundlage erreicht, auf der man mit der Zeit weiter aufbauen kann. Das Wichtigste ist, dass der ängstliche Hund die angenehme Seite des Zusammenseins mit anderen Hunden erkennt. Der dominante Hund realisiert, dass er jetzt nicht mehr entscheiden kann, wie und wann er sich anderen Hunden nähert und dass er folgen muss.

Das Wichtigste bei diesem Training ist Zeit und Übung. Denken Sie daran, dass Hunde ihr eigenes Tempo haben.

Wenn Sie meine Ratschläge befolgen

3 Ihr Hund wird keine anderen Hunde mehr angreifen, solange er angeleint ist und Sie verhindern, dass die Spaziergänge zum Alptraum werden. Aber Sie werden es nicht schaffen, seine Angriffslust völlig zu beseitigen oder ihn zusammen mit anderen Hunden frei laufen zu lassen.

4 Bei sehr hartnäckigen Fällen und besonders, wenn es in Ihrer Gegend sehr viele Hunde gibt, ist es unter Umständen angebracht, ein neues Zuhause für den Hund zu suchen, wo er mehr Lebensqualität genießen und für andere Hunde weniger gefährlich werden kann.

So sieht die Wirklichkeit für die meisten Besitzer von aggressiven Hunden aus. Das Problem bei dem Versuch, einen aggressiven Hund zu resozialisieren ist, dass immer die Gefahr besteht, in Kämpfe verwickelt zu werden.

Unten: Mit Geduld und sensiblem Umgang bessert sich das Verhalten eines Problemhundes – aber das braucht Zeit.

Oben: Verlassen Sie den Park sofort, falls Ihr Hund angegriffen wird – eine schlechte Erfahrung kann alle Arbeit zunichte machen.

und hart arbeiten, sollten Sie schon bald Erfolge sehen. Ich mache keine Versprechen, sondern sage es, wie es ist. Wir haben es hier mit einem Problem zu tun, für das es keine einfachen Lösungen gibt.

1 Sie werden das Problem beseitigen und Ihr Hund wird sich an andere gewöhnen.

2 Sie werden das Verhalten Ihres Hundes so weit korrigieren, dass Sie wieder ein ganzes Maß an Normalität genießen können.

▶ Allgemeine Tipps

▷ Gehen Sie mit einem ängstlichen Hund, den Sie sozialisieren möchten, nicht an Orte, an denen es eine Ansammlung von Hunden gibt. Seine Angst wird dadurch verstärkt und nicht verringert.

▷ Strafen Sie einen ängstlichen Hund nie körperlich. Er wird eher verängstigt sein, als dass er etwas lernt. In manchen Fällen kann ein Ablenkungsmanöver mit Wasserpistole oder Trainingsscheiben von Nutzen sein, um den Kreislauf der Aggression zu durchbrechen.

▷ Wenn Ihr Hund aggressiv wird oder zu zittern beginnt, legen Sie nicht Ihren Arm um ihn, weil er sich dann noch mehr fürchtet. Eine souverän und unabhängig erscheinende Haltung ist besser.

▷ Finden Sie Orte, an denen Ihr Hund keine Angst hat und machen Sie es sich zu Nutze, wenn Ihr Hund vor bestimmten, ihm bekannten Hunden keine Angst hat. Zu Beginn Ihres Trainingsprogramms können diese Mittel hilfreich. Sobald Ihr Hund mehr Selbstvertrauen besitzt, können Sie ihn allmählich, über viele Wochen und Monate, auch an andere Plätze und Hunde heranführen.

▷ Verlassen Sie den Park sofort, falls allzu stürmische Hunde Ihren Hund belästigen und deren Besitzer sie nicht zurückrufen können oder wollen. Ein einziger zu forscher oder aggressiver Hund kann Ihre Arbeit um Monate zurückwerfen.

Bekanntschaft mit fremden Hunden

Jetzt setze ich voraus, dass wir mit einem Hund arbeiten, dessen Streitsucht auf Angst beruht. Was wir tun müssen ist, seine Ansicht über andere Hunde zu ändern. Das allerdings wird nicht leicht. In dem folgenden Programm müssen Sie methodisch vorgehen und viel Geduld haben.

Als Erstes brauchen Sie einige unterwürfige, möglichst kleine Hunde, am besten des jeweils anderen Geschlechts. Ich weiß, dass das nicht einfach ist, aber es kann die einzige Möglichkeit sein. Beginnen Sie mit einem Begleithund und verabreden Sie sich mit dessen Halter so, dass Sie sich im Park oder auf freiem Gelände treffen – beide Hunde an lockerer Leine oder Abrollleine. Beobachten Sie, welchen Abstand Ihr Hund zu dem anderen Hund zulässt, ohne aggressiv zu werden. Gehen Sie dann gemeinsam durch den Park und halten Sie dabei diese Distanz bei. Wiederholen Sie das immer wieder. Wenn

Oben: *Endlich Freunde! Auch Hunde, die aus Angst aggressiv sind, können lernen, die Gesellschaft anderer zu akzeptieren.*

Ihr Hund nicht bellt oder knurrt, verringern Sie jedes Mal den Abstand etwas. Geben Sie in diesem Stadium nie der Versuchung nach, Ihren Hund von der Leine zu lassen, weil er einen so entspannten Eindruck macht. Wiederholen Sie die Übung täglich, bis Ihr Hund an der Leine neben einem anderen Hund hergeht, ohne irgendwelche Aggressionen zu zeigen.

Als Nächstes verabreden Sie sich an verschiedenen Orten oder auf dem Grundstück Ihres Freundes, sofern dort genügend Platz ist, damit Ihr Hund sich nicht in die Enge gedrängt fühlt. Es kann mehrere Wochen dauern, aber letztendlich sollten beide Hunde in der Lage sein, ohne ein

Links: *Aus Angst aggressive Hunde gewöhnen sich leichter an Artgenossen, wenn man sie zusammen spazieren führt und die Distanz zwischen beiden allmählich immer mehr verringert.*

Theater aufzuführen ruhig an der Leine nebeneinander herzugehen.

Im nächsten Stadium werden die Hunde von der Leine gelassen. Wenn Sie sich nicht sicher sind, wie Ihr Hund reagieren wird, legen Sie ihm einen Maulkorb an. So können Sie selbst entspannt sein, was wiederum Ihrem Hund hilft, sich zu entspannen. Führen Sie die Hunde zuerst etwa 200 m weit an der Leine, bevor Sie sie loslassen und ihnen die Möglichkeit geben, sich gegenseitig zu begrüßen.

Jetzt kann Ihr Hund lernen, wie man spielt und wie man die Körpersprache anderer Hunde richtig interpretiert, wodurch sein Selbstvertrauen wächst. Den ersten Schritt haben Sie geschafft. Als Nächstes sollten Sie möglichst viele andere Hunde mit ihren Haltern treffen. Am Ende kann Ihr Hund fröhlich und unbeschwert mit anderen Artgenossen spielen oder zumindest langsam erkennen, dass die Begegnung mit fremden Hunden keine Bedrohung, sondern etwas Angenehmes darstellt. Zeigt Ihr Hund zu irgendeinem Zeitpunkt des Trainings Aggressionen, bedeutet das einfach, dass er noch nicht zum Weitermachen bereit ist.

Vielleicht fragen Sie sich, was Sie tun sollen, wenn im Park fremde Hunde ungebeten zu Ihnen kommen. Im Idealfall führen Sie Ihren Hund zu Zeiten spazieren, wenn kaum andere Hunde unterwegs sind. Legen Sie Ihrem Hund außerdem ein Kopfgeschirr an. Versuchen Sie auch, andere Spaziergänger im Park zu bitten, dass sie ihre Hunde von Ihrem fernhalten.

Befehle lernen

Üben Sie mit Ihrem Hund die Grundbefehle »Sitz!«, »Platz!«, »Hier!«, »Bleib!« und »Bei Fuß!« an den verschiedensten Orten. So bekommen Sie nicht nur die Kontrolle über ihn, sondern steigern auch das Vertrauen

① **②** **③**

Hunde zu Besuch

Ängstliche Hunde können sehr territorial sein, wodurch es oft zu schwierigen Situationen kommt, wenn fremde Hunde zu Ihnen nach Hause kommen. Ich rate Ihnen davon ab, bis Sie das Verhalten Ihres Hundes in freier Umgebung korrigiert haben. Danach können Sie mit Hilfe von Gehorsamsübungen und Futterbelohnung langsam freundliche, ungefährliche Hunde zu sich nach Hause holen. Gehen Sie ähnlich vor, wie es bereits oben beim Bekanntmachen mit anderen Hunden beschrieben wurde.

Wenn Sie den beschriebenen Trainingsmethoden und Ratschläge folgen, werden Sie feststellen, dass alle Hunde irgendwann einen Punkt erreichen, ab dem keine Besserung mehr eintritt. Zweifelsfall bleibt ein Maulkorb oder ein Kopfgeschirr immer eine sinnvolle Vorsichtsmaßnahme.

zwischen Ihnen beiden. Mit diesen Grundübungen können Sie den ersten aggressiven Äußerungen Ihres Hundes vorbeugen, indem Sie seine Aufmerksamkeit vom fremden Hund ablenken. Geht Ihr Hund bei Fuß oder führt gerade den Befehl »Platz!« aus, kann er sich nicht so leicht auf Aggression vorbereiten. Sie entschärfen die Situation, indem Sie das gewohnte Verhal-

Oben 1, 2 und 3: *Wenn Ihr Hund zuverlässig auf die Grundbefehle gehorcht, können Sie brenzlige Situationen leichter entschärfen, indem Sie Ihre Führungsposition geltend machen.*

ten des Hundes einfach umlenken. Sie können anschließend mit Ihrem Hund bei Fuß weggehen oder ihm eine Futterbelohnung geben, wenn er sich entspannt hat.

Futter belohnt gutes Verhalten.

▶ Futterbelohnung

Das Verabreichen von bevorzugten Leckerbissen ist eine gute Methode, um Hunde für gutes, nicht aggressives Verhalten zu belohnen. Diese Methode funktioniert aber nur bei etwas verfressenen Hunden gut. Auch können Sie Ihren Hund einen Tag lang hungern lassen und dann eine Tüte mit Schinken- oder Hühnchenstücken für den Spaziergang mitnehmen. Auf diese Weise lernt Ihr Hund zwar nicht, sich vor anderen Hunden nicht zu fürchten oder sie zu mögen, aber er lernt, für ihn früher bedrohliche Orte mit einer Belohnung zu assoziieren, was sehr hilfreich sein kann.

Sie können Futter als Belohnung auch dann einsetzen, während Sie Ihrem Hund, wie oben beschrieben, das Spazierengehen mit anderen Hunden beibringen. Geben Sie immer dann eine Belohnung, wenn er bei der Begegnung mit einem fremden Hund ruhig geblieben ist und weder gebellt noch geknurrt hat. Denken Sie daran, dass Übungen über einen langen Zeitraum wiederholt werden müssen und gelegentliche Lektionen nicht ausreichen.

Wenn Ihr Hund angegriffen wird

Jeder Parkbesucher – ob Mensch oder Hund – hat ein Recht darauf, spazieren gehen zu können, ohne von unbeaufsichtigten Hunden belästigt zu werden. Ein Hund, der wie wild auf Sie zustürmt, hat möglicherweise nichts anderes im Sinn, als Sie zu begrüßen – trotzdem können sein Gewicht und die Geschwindigkeit einschüchternd wirken. Sie könnten es allerdings auch mit einem Hund zu tun haben, der eindeutig die Absicht hat, Sie und Ihren Hund zu terrorisieren. Ich kenne Menschen, die so große Angst vor Hunden haben, dass der Gedanke an einen Spaziergang im Park ihnen schon Unbehagen verursacht. Auch wenn es sich hier extreme Beispiele handelt, zeigen sie doch, welche Ängste unkontrollierte Hunde hervorrufen können. Hunde, die sich schlecht benehmen, schädigen den Ruf ihrer sämtlichen Artgenossen. Sollten Sie sich davor fürchten, von einem aggressiven Hund angegriffen zu werden, lesen Sie weiter.

①

Wenn Hunde andere Tiere angreifen, läuft diese Handlung normalerweise in drei Phasen ab:

Erste Phase: Beuteaggression, Identifizieren der Beute; mögliche Opfer werden gesichtet und eines ausgesondert.

Zweite Phase: Beuteaggression, Verfolgung; plötzliches Losrennen in Richtung Opfer (Hund).

Dritte Phase: Beuteaggression, Töten; die letzte Phase ist der tatsächliche Angriff, das Wolfserbe im Hund tritt zutage.

Techniken zur Angriffsvermeidung

Falls Sie oder Ihr Hund angegriffen werden, hier ein paar Vorschläge, wie man mit der Situation umgehen und sie entschärfen kann.

Bevor Sie eine der beschriebenen Verteidigungsstrategien anwenden, müssen Sie sich vergewissern, dass der sich nähernde Hund wirklich aggressive Absichten hegt. Anderenfalls könnten Sie einen Kampf auslösen, der sonst wahrscheinlich gar nicht stattgefunden hätte, weil Ihr Hund einfach das korrekte Beschwichtigungsverhalten gezeigt hätte. Ein Beispiel hierfür ist, wenn Ihr Hund bei Annäherung eines sehr dominanten Hundes ängstlich erscheint und Sie das Bedürfnis verspüren, ihn zu beschützen.

②

Oben 1 und 2: *Wenn zwei Hunde sich treffen, folgen sie meist dem gleichen Ritual – sie gehen langsam umeinander herum und beschnüffeln sich gegenseitig. So stellen sie den gegenseitigen Status klar, ohne auf Aggression zurückgreifen zu müssen.*

Durch falsches Lesen der Körpersprache des Hundes und Einmischung können Sie einen Kampf erst hervorrufen, denn plötzliche Bewegungen oder laute Worte können möglicherweise den Kampf-oder-Flucht-Mechanismus der Hunde aktivieren. Wenn Hunde sich begegnen, benützen sie eine große Vielfalt an Körpersignalen, die in der Regel die Spannung auf-

Links: *Gehen Sie nicht davon aus, dass große, grimmig aussehende Hunde auch immer böse Absichten hegen. Oft haben große Hunde ein sehr ruhiges Gemüt.*

das Umgehen des Hundehalters erfordert mehr Mut als gewöhnlich. Diese Methode funktioniert aber nicht, wenn Ihr Hund ebenfalls aggressiv bellt. Der Angreifer hofft, durch Bellen den fremden Hund in die Flucht schlagen und eine spannende Verfolgung starten zu können.

Objektverteidigung

Wenn der Hund sehr aggressiv ist und zu beißen versucht oder seine Körpersprache darauf hindeutet, dass er beißen wird, dann halten Sie einen festen Gegenstand wie einen Stock oder eine Tasche mit ausgestrecktem Arm vor Ihren Körper. Fuchteln oder drohen Sie nicht damit. Im Normalfall reicht die Geste, um einen aggressiven Hund abzuschrecken. Beißt er doch, dann normalerweise in den Gegenstand.

Wenn Sie selbst in Gefahr kommen, kann es nötig sein, den eigenen Hund loszulassen. Letzten Endes kann ich Ihnen nur Ratschläge geben. Sie müssen selbst entscheiden, was zu tun ist.

Kinder müssen immer die Hilfe Erwachsener suchen. Sie sollten eine Art Alarmhupe bei sich tragen, mit der sie Aufmerksamkeit erregen können.

lösen und dazu dienen Status, Geschlecht und Alter des Gegenüber zu bestimmen.

Passive Verteidigung

Wenn Sie oder Ihr Hund im Park angegriffen werden, kann das eine sehr Furcht einflößende Erfahrung sein, besonders wenn Ihr Hund klein und schüchtern und der Angreifer sehr groß ist. Wenn die Aggression hauptsächlich stimmlicher Natur ist, können Sie in den meisten Fällen Schlimmeres verhindern, indem Sie Ihrem Hund »Sitz!« befehlen und sich zwischen beide Hunde stellen. Es ist erstaunlich, wie der aggressive Hund die Nähe des Menschen meidet, um zu seinem »Opfer« zu gelangen, denn

Unten: *Wenn Ihr kleiner Hund draußen von einem anderen bedroht wird, fühlen Sie sich gezwungen, ihn zu beschützen. Bleiben Sie ruhig und halten Sie Ihren Hund unter Kontrolle. Wenn Sie an seiner Seite sind, wird der Angreifer vermutlich kaum etwas anderes tun als bellen.*

Der rettende Regenschirm

Die erfolgreichste von mir entdeckte Methode zur Abschreckung angreifender Hunde ist die Verwendung eines automatischen Taschenregenschirmes. Sie wird heute standardmäßig in meinem Verhaltenszentrum gelehrt. Die Grundidee dabei ist, dass aggressive Hunde nie so selbstsicher sind, wie sie scheinen. Wenn Sie einen Taschenschirm bei sich tragen, haben Sie immer schnell eine ganz hervorragende Waffe zur Hand.

Wenn ein Hund Sie oder Ihren Hund anzugreifen droht, klappen Sie den Schirm einfach per Knopfdruck in Richtung des auf Sie zustürmenden Hundes auf. Das plötzliche Aufspringen des Schirmes wird den Hund sehr überraschen. Halten Sie Ihren Hund unterdessen dicht an Ihrem Körper. In insgesamt über 300 Tests mit aggressiven Hunden sind bis auf zwei Ausnahmen alle Angreifer geflohen oder haben nur so lange bellend vor dem Schirm gestanden, bis ihr Besitzer sie aufgreifen konnte. Die zwei anderen Hunde schnappten nach dem Schirm, setzten ihren Angriff aber darüber hinaus nicht weiter fort.

Wenn der aggressive Hund zu bellen beginnt, bleiben Sie ruhig stehen und halten Sie ihm den aufgespannten Schirm so entgegen, dass dessen äußerer Rand den Boden berührt. Drehen Sie den Schirm dann je nach Richtung, wie der fremde Hund Sie umkreisen möchte, im Uhrzeiger- oder Gegenuhrzeigersinn. Der Aggressor wird es sehr schwierig finden, den Schutzschild zu umgehen.

Oben 1: *Bei der Begegnung mit einem offensichtlich aggressiven Hund kann der Taschenschirm eine überraschend wirksame Verteidigungshilfe sein. Wenn Sie ihn öffnen und als Schutzschild benutzen, ändern Sie die Dynamik der Situation.*

Das Verhaltensmuster, das wir uns hier zu Nutze machen, basiert auf dem im Tierreich häufig vorkommenden Täuschungsprinzip. Sicher haben Sie schon einmal gesehen, wie eine von einem Raubtier bedrohte Eidechse plötzlich einen Halskragen aufstellt, um größer zu wirken als sie ist. Dieser Trick funktioniert genauso wie ein einfacher alter Regenschirm.

Links: *Ein Hund, der Sie und Ihren Hund anzugreifen droht, ist ein wahrlich furchteinflößender Anblick.*

Kastration

In etwa der Hälfte der Fälle mit Dominanzaggression – nicht Angstaggression – kann Rüden durch Kastration geholfen werden. Fragen Sie Ihren Tierarzt, wenn Sie glauben, dass dieser Eingriff eine Lösungsalternative für Ihr Problem sein könnte. Die durch die Kastration bedingte Wesensänderung sollte zusammen mit einem strikten Erziehungs- und Sozialisationsprogramm zur besseren Kontrolle über den Hund führen.

Oben 2: *Die meisten Hunde halten inne und bellen den Schirm an – nur sehr wenige versuchen, um den Schirm herum zu laufen und den Angriff fortzusetzen.*

Oben 3: *Springt der Hund im Versuch, hinter den Schirm zu kommen, von rechts nach links, rollen Sie den Schirm einfach in die entsprechende Richtung über den Boden.*

Unten 1 bis 4: *Ein automatischer Taschenschirm bietet die perfekte Verteidigung. Mit einem Knopfdruck springt der Schirm auf und rastet mit einem Geräusch ein. Das plötzliche Aufspringen und die Größe des Schutzschildes schrecken den aggressiven Angreifer ab.*

Was sagt das Gesetz dazu?

Derzeit (2004) gibt es noch keine bundesweit einheitliche Gesetzesgrundlage im Hinblick auf gefährlich aggressive Hunde, weil in manchen Bundesländern verschiedene Hunderassen a priori als gefährlich eingestuft werden, andere nicht – ein sehr fragwürdiger Ansatz, da schließlich nicht Rasse, sondern Sozialisation und Erziehung bestimmend sind. Unabhängig davon definieren jedoch alle Verordnungen Hunde als gefährlich, die »sich als bissig erwiesen haben«, »wiederholt in Gefahr drohender Weise Menschen anspringen« oder »wiederholt unkontrolliert Wild, Katzen oder Hunde hetzen oder reißen«. Für solche Hunde gelten besondere Auflagen wie Leinen- und Maulkorbzwang, bei Verstoß kann die Haltung untersagt und der Hund beschlagnahmt werden.

▶Aggression gegen andere Hunde in der Familie

Viele Menschen besitzen mehr als einen Hund und sobald es zwei sind, entsteht ein Rudel, in dem es auch zu Kämpfen um die Rangordnung kommt. Ein Rudel ist keine Demokratie, sondern eine Hierarchie mit klaren Demarkationslinien. Die meisten Halter von zwei oder mehr Hunden haben aber relativ wenig Probleme, weil Hunde von Natur aus zum Leben in einem Rudel vorgesehen sind. Sie machen sich nicht ständig Gedanken um die Rangordnung, sondern genießen das gemeinsame Spiel und die Gesellschaft des anderen.

Trotzdem berichten mir Halter von zwei oder mehr Hunden oft, dass einer den anderen »aus heiterem Himmel« angegriffen hat. Diese Situation kann sehr ernst werden und schwere Verletzungen nach sich ziehen. Warum also werden Hunde gegeneinander aggressiv?

Versteckte Konkurrenz

Die Situation entsteht nur selten aus heiterem Himmel, meistens gibt es im Rudel schon länger einen unterschwelligen Konflikt. Leider bemerken die meisten Menschen die frühen Anzeichen dafür aber nicht, bis es zur merklichen Steigerung von Drohen und Knurren kommt, besonders wenn die Hunde sich um Sie herum versammeln. In den meisten Fällen hat die Aggression mit Ihnen, dem Rudelführer, zu tun und mit den Privilegien, die ein bestimmter Hund nach Ansicht des anderen bei Ihnen genießt. Eifersucht ist zwar ein guter Begriff zur allgemeinen Beschreibung der Situation, aber nicht ganz passend. Würde es sich um Kinder handeln, könnte man einfach darauf achten, Zuwendung und Belohnung gleichmäßig zu verteilen und der Hausfriede wäre wieder hergestellt.

Bei Hunden aber ist gerade eine solche Gleichbehandlung normalerweise der eigentliche Grund für Streit. Zugunsten der Harmonie ist es besser, wenn der ranghöhere Hund mehr Aufmerksamkeit bekommt und der rangniedere das auch merkt. Hunde haben nicht den gleichen Begriff von Gerechtigkeit wie Menschen, sondern ihr Rudelinstinkt sagt ihnen, dass jeder seine feste Position hat. Selbst da, wo mehrere Hunde scheinbar harmonisch zusammenleben, gibt es subtile Rangunterschiede, die den Hunden deutlich bewusst sind. So kann vielleicht ein Hund ruhig aufstehen und weggehen, wenn der andere Hund in den Raum kommt, um ihm den Platz freizumachen, der dem Ranghöheren zusteht.

Ein neuer Hund im Haus

Einer der häufigsten Gründe für Kämpfe ist, dass ein bereits im Haus lebender Hund plötzlich mit einem Neuankömmling konfrontiert wird. Wenn sich einander fremde Hunde zum ersten Mal im Haus begegnen, ist ein Kampf fast der Normalfall – sehr zum Leidwesen des Besitzers. Es ist deshalb keine gute Idee, Hunde so miteinan-

Unten: *Der Besitz von Spielzeug ist oft ein Indikator für die Rangordnung in einem Rudel. Kämpfe um die Besitzrechte können ausbrechen.*

Dieses Spiel entwickelt sich zu einem Kräftemessen.

Oben 1, 2 und 3: *Menschliche Auffassungen von Gleichbehandlung müssen beiseite gelegt werden. Wichtig ist, dass der ranghöhere Hund zuerst mit Aufmerksamkeit bedacht wird.*

der bekannt zu machen, selbst wenn eine Hündin einem bereits im Haus lebenden Rüden vorgestellt wird. Sollen Hunde zusammen innerhalb einer Familie leben, müssen sie eine Hackordnung ausmachen. Das ist ganz normal. In den meisten Fällen wird die Rangordnung durch Dominanzspiele, Kraftmessen und ritualisiertem Drohverhalten (Knurren und Schnappen) geklärt. Unter Hunden werden unglaublich subtile Signale über Körpersprache und Lautäußerungen ausgetauscht, die uns entgehen. Es

kommt auch vor, dass sich zwei Hunde gegen einen verbünden, gewöhnlich gibt es aber wenig Reibungspunkte.

Mit dem Heranwachsen und Stärkerwerden können sowohl Rüden als auch Hündinnen auf

die Idee kommen, einen älteren Hund in der Gruppe herauszufordern. Meist geschieht das im Alter zwischen einem und drei Jahren. Widersetzt sich der Herausgeforderte dem aufstrebenden Junghund, kann es zu aggressiven Kämpfen kommen.

Zusammenfassung: Gründe für Aggression im Rudel

▷ Hochrangigere Hunde können eifersüchtig werden, wenn sie sehen, dass ihr Besitzer, der Rudelführer, einem niederrangigen Rudelmitglied Privilegien zugesteht.

▷ Ein neu hinzukommender Hund kann Rivalitäten hervorrufen und Druck auf die bestehende Rangordnung im Rudel ausüben.

▷ Heranwachsende Hunde können versuchen, die bestehende Rangordnung in Frage zu stellen.

Unten 1 und 2: *Ein neuer Hund im Haus löst oft Aggressionsverhalten aus.*

Irgendwann unterwirft sich einer der beiden Hunde.

Wölfe in freier Wildbahn

Es lohnt sich, einen Blick darauf zu werfen, wie Wölfe mit der Hierarchie im Rudel umgehen. Ein Rudel wird von einer Wölfin und einem Wolfsrüden gegründet, die zusammen Nachwuchs aufziehen. Die Jungwölfe bleiben auch im nächsten Jahr da und helfen bei der Aufzucht der neuen Welpengeneration. Mit der Zeit wird das Rudel größer und zählt im Durchschnitt sechs bis acht, manchmal auch bis zu 40 Mitglieder. Die jüngeren Wölfe versuchen gelegentlich, die hochrangigeren Rüden sowie ihre Geschwister herauszufordern und mit der Zeit entsteht eine stabile Rangordnung. Meistens herrscht Frieden und die ranghohen Tiere sorgen dafür, dass er erhalten bleibt, indem sie die rangniederen Mitglieder von Zeit zu Zeit an ihre Position erinnern. Die meisten Veränderungen innerhalb eines Wolfsrudels finden um die Paarungszeit statt.

Wölfe handeln nach diesen komplexen Mustern ohne das Eingreifen des Menschen. Ihr Hund dagegen lebt unter domestizierten Umständen, die der friedlichen Koexistenz und der Rudelordnung bei den Wölfen fremd sind. Ich wundere mich immer wieder, dass Hunde untereinander sich so gut verstehen, besonders wenn – wie so oft – wenig über ihr natürliches Verhalten nachgedacht wird. Der Besitzer bringt einen weiteren Welpen oder

zer als einen möglichen Ausweg, weil sie mit ihren Hunden wie in einer großen glücklichen Familie zusammenleben wollen. Das ist ein menschlicher Wunsch und hat nichts mit dem zu tun, was Hunde empfinden. Sie können Hunde nun einmal nicht dazu zwingen, einander zu mögen. Das heißt aber nicht, dass wir nicht trotzdem Umstände schaffen können, unter denen die Spannung abnimmt und die Hunde zurechtkommen.

Die meiste Aggression entsteht in der Anwesenheit des Halters, zum Beispiel wenn er die Hunde für den Spaziergang anleint oder sie streichelt. Die Hunde konkur-

Oben: *Wenn Sie sich einen zweiten Hund anschaffen wollen, sollte sich dieser in Größe und Rasse von dem ersten Hund möglichst unterscheiden. So können Sie Rangordnungskämpfen zwischen zwei gleich veranlagten Tieren vorbeugen.*

Links: *Viele Halter verstehen nicht, warum ihre beiden Hunde friedlich zusammenleben können, solange sie selbst nicht dabei sind, aber in ihrer Anwesenheit aggressiv werden. Sie wetteifern um die Gunst des Rudelführers!*

älteren Hund ins Haus und erwartet, dass sie sich gut verstehen und gute Freunde werden. Manche sehr häusliche Hunde, besonders Hündinnen, nehmen sofort einen Neulings an, was aber eher selten ist.

In der Natur werden manche Wölfe von den anderen Rudelmitgliedern so stark gequält, dass sie abwandern oder ausgestoßen werden, damit wieder Frieden herrscht. Diese Lösung sehen aber nur wenige Besit-

▶ Ein neuer Hund kommt ins Haus

Achten Sie darauf, dass Ihr Welpe oder erwachsener Hund ausreichend sozialisiert wird. Spielgruppen für Welpen bieten dazu eine gute Gelegenheit. So kann man verhindern, dass später Probleme entstehen. Wenn Sie sich einen zweiten Hund anschaffen wollen, achten Sie darauf, dass er von Typ und Größe her Ihrem jetzigen Hund nicht ähnelt. Je größer der Unterschied in Größe und Gewicht ist, desto geringer wird das Risiko sein, dass die Hunde sich bekämpfen. Aber Ausnahmen bestätigen die Regel, denn so manch kleiner Terrier herrscht über seinen viel größeren Kameraden.

Rechts: *Berührungen und Streicheleinheiten von Seiten des Rudelführers sind Privilegien, die ein dominanter Hund als erster für sich in Anspruch nehmen möchte. Oft sind uns die unterschwelligen Spannungen und Aggression, die das Verhältnis zwischen zwei Hunden beeinflussen können, gar nicht bewusst.*

nigt den Veränderungsprozess und minimiert einen möglichen Misserfolg. Identifizieren Sie den dominanten Hund – das ist manchmal schwierig, besonders wenn die Rangordnung sich zu ändern beginnt, zum Beispiel der Herausforderer gerade die Oberhand gewinnt. Meistens verteidigt der ältere Hund seine Position, wenn auch der jüngere vielleicht gerade versucht, sie ihm zu entreißen, was bedeutet, dass Sie ihn bevorzugt behandeln müssen. Wahrscheinlich haben Sie mit solchen Veränderungen mehr Schwierigkeiten als die Hunde, die die Hierarchiekämpfe im Rudel problemlos akzeptieren. Soll der Friede gewahrt werden, sind Änderungen in der Rangordnung manchmal unumgänglich.

Der eine Hund genießt die Zuneigung, der andere sieht eifersüchtig aus.

Dieser Ausdruck sagt alles – »Ich bin der Größte!«

rieren um die Aufmerksamkeit des Besitzers. Bedenken Sie, dass der Alphahund, der Ihnen in der Rangordnung am nächsten steht, zu verhindern versucht, dass ein anderes Rudelmitglied ihm seine Position streitig macht. In der Regel hören solche Rivalitäten genau in dem Moment auf, in dem Sie die Hunde alleine lassen. Viele Halter sind darüber erstaunt: Genau das aber verdeutlicht die Ursache des Problems – es ist immer der Mensch und dessen Verhalten.

Ruhe und Ordnung schaffen

Wie kann man diese durch Domestikation bedingte Aggression unter Hunden lösen? Zuerst einigen Sie und Ihre Familie sich auf ein einheitliches Vorgehen. Das beschleu-

Rechts: *Hunde sind sich ihrer Position im Familienrudel wohl bewusst. Sobald zwei oder mehr Hunde im Haus leben, wird einer von ihnen eine ranghohe Position einnehmen.*

Reibungspunkte beseitigen

Sobald Sie festgestellt haben, welcher Hund dominant und ranghöher ist, müssen Sie ihn auch als solchen behandeln. Widmen Sie dem dominanten Hund als erstem Aufmerksamkeit. Nach menschlichen Maßstäben mag dies unfair erscheinen, aber da Hunde kein Gleichheitsempfinden haben, verursachen unsere menschlichen Regeln nur Reibung. Das Gleiche gilt für das Verteilen von Futterbelohnungen. Bei allem was Sie tun müssen Sie sicherstellen, dass der ranghohe Hund sich nie in seiner Position bedroht fühlt.

Befolgen Sie diese Ratschläge:

1 Wenn beide Hunde zu Ihnen kommen, streicheln Sie immer den ranghohen zuerst.

2 Leinen Sie vor einem Spaziergang den dominanten Hund zuerst an und loben Sie ihn.

3 Wenn der rangniedere Hund versucht, sich dazwischen zu drängeln, ignorieren Sie ihn und setzen Sie Ihre Tätigkeit fort.

4 Füttern Sie den dominanten Hund zuerst – dazu zählen auch die Leckerbissen.

5 Vermeiden Sie Aufregung in engen Räumen, zum Beispiel in der Diele oder im Auto.

6 Die Hunde können mit Spielsachen spielen, solange sie sich nicht über deren Besitz streiten. In diesem Fall räumen Sie alle Bälle, Spielsachen und Kauknochen weg.

7 Erklären Sie kleinen Kindern, dass sie die Hunde nicht zu sehr aufregen dürfen. Kommt es zu einem Kampf, geraten Kinder in ernste Gefahr.

8 Wenn der dominante Hund den rangniederen Hund, der sich ihm nähert, erst einmal anknurrt, dürfen Sie ihn deswegen nicht beschimpfen oder gar schlagen. Damit würden Sie dem rangniederen Herausforderer eine Unterstützung signalisieren und es könnte zu einem Kampf kommen.

Vorsicht, wenn kräftige Hunde im Spiel sind.

Junge Hunde fordern oft den älteren Partner heraus.

Oben: *Wenn ein Kampf um die Rangordnung ausbricht, ist es meist das Beste, ihn die Hunde allein ausfechten zu lassen, solange keine ernsten Verletzungen drohen. Wenn Sie eingreifen, verhindern Sie vielleicht die endgültige Klärung der Angelegenheit.*

Unten: *Der ranghöhere Hund muss zuerst gefüttert werden und Leckereien vor dem rangniedrigen Hund bekommen. Mischen Sie sich nicht in die bestehende Rangordnung ein.*

Was tun, wenn es zu einem Kampf kommt

Kommt es zu einem Kampf, wäre es theoretisch am besten, die Hunde den Konflikt selbst ausfechten zu lassen, so lange die Aggression auf relativ niedrigem Niveau bleibt. Mir ist bewusst, dass Verletzungen und Kosten für den Tierarzt die Folge sein könne. Die Hunde regeln ihre Angelegenheit schließlich untereinander und mit einer Einmischung verhindern wir möglicherweise, dass eine stabile Hackordnung aufgebaut werden kann. Dann wäre ein weiterer Kampf nötig, um den Konflikt zu lösen. Nur sehr wenige Hunde kämpfen um des Kämpfens willen. Wenn es zu ständigen sich wiederholenden Kämpfen kommt, liegt das normalerweise daran, dass die beiden Hunde in Größe, Dominanz und Zielstrebigkeit gleich stark sind. In diesem Fall muss für einen Hund ein neues Zu Hause gefunden werden. Damit tun Sie Ihren Hunden einen Gefallen. Beide nur deshalb zu behalten, weil die Trennung Sie schmerzt, wäre ein sehr selbstsüchtig und kein Verhalten für jemandem, der Hunde liebt.

Wenn Sie nicht zulassen können, dass die Hunde den Kampf ausfechten, zum Beispiel weil Kinder in der Nähe sind, können Sie ihn beenden, indem Sie aus einer

Rechts: *Wenn Ihnen beide Hunde entgegenkommen, müssen Sie den ranghöheren zuerst begrüßen und streicheln, bevor Sie sich auch um den rangniedrigen kümmern.*

sauberen Spülmittelflasche Wasser in die Hundegesichter spritzen oder mit einem Dog-Stop-Alarm einen schrillen Ton an ihren Ohren erzeugen. So können Sie die Handlung kurz unterbrechen und die Kontrolle übernehmen, falls Sie schnell genug sind. Natürlich sind das nur kurzfristige Maßnahmen und sie helfen nicht die Ursache zu beseitigen.

Links: *Auch bei den Vorbereitungen für den Spaziergang muss der dominante Hund bevorzugt behandelt werden. Diese kleinen Gesten geben den Hunden zu verstehen, dass Sie sich der Rangordnung bewusst sind.*

Scheidung unter Hunden

Denken Sie daran, dass in einem wild lebenden Rudel, jedes Individuum, das von anderen angegriffen wird, sich einfach vom Konfliktherd entfernen kann, bis die Bedrohung nicht mehr vorhanden ist oder die Spannung nach einer gewissen Zeit abnimmt. Haushunde haben diese Möglichkeit nicht, sodass der dominante Hund sich ständig herausgefordert fühlt, ganz gleich, wie oft er seinen Konkurrenten in die Schranken weist.

Ein ständig gequälter wild lebender Hund beschließt irgendwann, dass es jetzt genug ist und verlässt die Sicherheit des Rudels, um selbst sein Glück zu suchen. Dass Haushunde nicht so handeln können, erklärt, warum die Kämpfe unter ihnen oft so intensiv sind.

Je nach Grad der Aggression Ihres Hun-

Denken Sie daran – der ranghöhere Hund zuerst!

ranghohe Hund immer wieder in seiner Position bestärkt wird und Sie die Gründe für Aggression im Rudel verstanden haben, kann der Friede in den meisten Fällen innerhalb weniger Monate wieder hergestellt werden.

Oben: *Wenn Sie die Anweisungen dieses Kapitels befolgen, helfen Sie den Hunden, gut miteinander auszukommen.*

Ein Kampf, an dem ein Hund dieser Größe beteiligt ist, wird schnell zur ernsten Sache.

Oben: *Ständige Herausforderungen zu Hause können selbst den größten und stärksten Hund irgendwann ermüden.*

des müssen Sie überlegen, ob es Ihren anderen Hunden oder anderen Hundehaltern gegenüber fair wäre, ihn zu behalten. Ihm ständig einen Maulkorb anzulegen ist jedenfalls keine Lösung. Wenn die Ratschläge aus diesem Kapitel befolgt werden, der

▶ Aggressionen im Rudel reduzieren

▸ Finden Sie heraus, welcher Ihrer Hunde der ranghöhere ist und behandeln Sie ihn dann entsprechend.

▸ Kommt es zu einem Kampf, lassen Sie ihn die Tiere möglichst untereinander und ohne Ihre Einmischung ausfechten.

▸ Wenn Sie einschreiten müssen, um schwere Verletzungen zu verhindern, verwenden Sie eine Wasserpistole oder einen Dog-Stop-Alarm, um die Kampfhandlung zu unterbrechen und die Kontrolle zu übernehmen.

▸ Wenn in schweren Fällen eine Korrektur nicht hilft, muss man unter Umständen für einen der beiden Hunde ein neues Zu Hause finden.

Links: *Der dominante Hund sucht nach Bestätigung durch seinen Halter, dass er Nummer eins in seinen Augen ist. Reagieren Sie angemessen darauf.*

Der jüngere Hund muss sich noch gedulden.

Rechts: *Diese Szene wünschen wir uns zu Hause – zwei glücklich, aufmerksam und entspannt nebeneinander liegende Hunde. Manchmal kommt es aber auch vor, dass die Rivalitäten kein Ende nehmen und ein ständiger Kampf entsteht. In solchen Fällen ist es leider besser, einen der beiden Hunde wegzugeben.*

Vor- und Nachteile der Kastration

Zwei Rüden im Haus – Kastration

Bei Hälfte der von mir betreuten Fälle hat die Kastration geholfen. Als Alternative kann man dem Rüden auch Progesteron injizieren – ein Hormon, das Aggression herabsetzen kann. Diese Methode funktioniert aber eher zufällig und wird von mir nicht empfohlen. Wenn Sie über eine der beiden Möglichkeiten nachdenken, lassen Sie sich vom Tierarzt beraten. Es wäre unklug, den dominanten Rüden der Gruppe zu kastrieren. Lassen Sie immer den weniger dominanten Hund, denn so vergrößern Sie den Abstand in der Rangordnung zwischen beiden und schaffen eher Frieden. Wenn Sie sich nicht sicher sind, welcher Rüde der ranghöhere ist, suchen Sie professionellen Rat, denn der Eingriff kann nicht mehr rückgängig gemacht werden.

Hündinnen – Entfernen der Eierstöcke

Neueste Forschungsergebnisse deuten darauf hin, dass Hündinnen nach einer Kastration eher dominanter werden als umgekehrt. Fragen Sie Ihren Tierarzt um Rat.

▶Besitzerneid

Im Rudel verbringen Wölfe viel Zeit damit, Teile der Kadaver und Knochen von Beutetieren zu sammeln und damit zu spielen. Die Knochen werden von den Tieren offensichtlich hoch geschätzt, denn der Besitz eines solchen Gegenstandes ist ein deutliches Signal für den hohen Rang. Viele Haushunde benutzen Spielzeuge in der gleichen Absicht, nämlich um Besitzanspruch und Status zu demonstrieren. Das trifft besonders für Hunde zu, die es geschafft haben, die Führung des Familienrudels zu übernehmen. Für uns mag es wie ein Spiel aussehen, wenn der Hund sein Spielzeug verteidigt, aber für ihn ist es eine Art, um Dominanz zu zeigen.

Rechts 1 und 2: *Zerrspiele mit dem Hund machen Spaß, aber achten Sie auf Anzeichen von Besitzaggression. Wenn der Hund das Spielzeug am Ende nicht mehr hergibt, zeigt er seine Dominanz.*

Wenn Ihr Hund knurrt, schnappt oder niemanden an sich heranlässt, während er im Besitz eines Gegenstandes wie ein Spielzeug ist, müssen Sie verstehen, dass seine Dominanz bereits die Endphase erreicht hat und er nun die Aggression einsetzt, um seine Rechte auf Besitz und Status zu signalisieren. Für einen Familienhund ist dieses Verhalten aus nahe liegenden Gründen nicht akzeptabel. Jedes Mal, wenn der Hund mit dem Äußern von Besitzaggression Er-

folg hat, wird sich sein Gefühl von Dominanz und Überlegenheit steigern, sobald er den Gegenstand zwischen den Pfoten hat. Das kann sich so äußern, dass der Hund Sie anknurrt, wenn Sie vorbeigehen.

Im Wolfsrudel wird der häufige Streit ums Futter im Allgemeinen mit einer Reihe von rituellen Drohgebärden wie Zähnezeigen, Knurren, Niederdrücken oder Anstarren ausgetragen. Der Haushund verwendet die gleichen Kommunikationsformen gegenüber seinem Halter, der aber oft die subtileren Signale nicht versteht. Reagiert

Der Hund muss lernen, dass die Spielsachen Ihnen gehören.

der Halter mit übermäßiger Gewalt oder Drohung, verschlimmert sich das Problem. Diese Methode funktioniert nicht unter den Bedingungen der Domestikation. Subtilere Methoden sind besser geeignet.

Spielzeug als Ursache

Wenn Spielsachen oder, wie oft der Fall, ein bestimmtes Spielzeug die Ursache des Problems ist, räumen Sie sie einfach weg. Durch Befolgen des Programms zum Abbau von Dominanz kombiniert mit Gehorsamserziehung an der Leine können Sie die Psyche Ihres Hundes allmählich ändern.

Anschließend können Sie, wenn es angebracht ist, dem Hund erneut beibringen, wie die eigentlichen Besitzverhältnisse aussehen – Sie und die Familie sind die einzigen Besitzer des Spielzeugs. Leinen Sie den Hund an und werfen Sie ein Spielzeug ein paar Schritte vor sich hin. Lassen Sie es den Hund aufheben, holen ihn dann an der Leine sanft zu sich und befehlen Sie »Sitz!«. Zerren Sie den Hund nicht zu sich. Bieten Sie ihm die Leckereien gleichzeitig als Tausch für das Spielzeug an. So lernt der Hund, dass diese Übung angenehm belohnt wird.

Halsband und Leine helfen Ihnen, die Kontrolle zu behalten.

1

Ein leckeres Stück Futter ist eine starke Motivation, das Spielzeug loszulassen.

2

Oben 1, 2 und 3: *Benützen Sie bei der Korrektur von Besitzaggression Halsband und Leine. Lassen Sie den Hund das Spielzeug apportieren, zu Ihnen bringen und dann ohne Protest ausgeben. Ein Leckerbissen hilft oft, den Hund zum Loslassen zu bewegen.*

3

Einsatz von Abschreckspray

Hunde, die sich mit dem Spielzeug unter einem Möbelstück verstecken und jeden anknurren, der sich nähert, sind am schwierigsten zu behandeln. Als Sofortmaßnahme sprühe ich in die Luft über dem Hund einfach ein Abwehrspray mit unschädlichem Zitronellöl. Der Duft senkt sich nun langsam über das Geruchssystem des Hundes. Das vereitelt sein ganzes gut eingeübtes Dominanzspiel und er verlässt seinen Platz und das Spielzeug, das Sie nun ruhig vor seinen Augen aufheben können. Jetzt sind Sie das Alphatier. Sagen Sie kein Wort. Wichtig ist, dass Sie die Spraydose nicht mit einer bedrohenden Geste in die Richtung des Hundes halten. Stellen Sie sich einfach vor, dass Sie einen gewöhnlichen Raumduft versprühen, mit dem Sie Ihr Hund möglicherweise schon öfter gesehen hat. Seien Sie ungezwungen, nicht aggressiv. Mir ist noch kein Hund begegnet, der dabei liegen bleibt.

Richtig und Falsch

- Versuchen Sie nie, Ihrem Hund ein Spielzeug wegzunehmen, wenn er damit unter einem Stuhl, Sessel oder Tisch liegt. Die Wahrscheinlichkeit, dass er knurrt oder schnappt ist sehr groß.

- Schlagen Sie Ihren Hund nicht, um ihn zum Herausgeben eines Spielzeuges zu bewegen. Eine Konfrontation mit sehr dominanten Hunden kann zu Komplikationen oder noch mehr Aggression führen.

- Schreien Sie Ihren Hund nicht an. Geben Sie nur klare Kommandos und bieten Sie im Tausch für das Spielzeug Futter an.

- Knurrt Ihr Hund, knien Sie sich nicht hin und reden Sie ihm nicht freundlich zu, sonst bestätigen Sie nur seinen dominanten Status und er knurrt wahrscheinlich noch mehr.

- Versuchen Sie es mit der Methode »Ignorieren«, die bei vielen Hunden funktioniert. Wenn Sie auf das Knurren und Grollen nicht reagieren, bekommt der Hund von Ihnen keine Rückmeldung. Viele Hunde hören mit der Verteidigung ihrer Position auf, wenn der Besitzer nicht mitspielt.

- Nimmt sich der Hund Gegenstände wie Schuhe oder Sandalen und Sie haben den Eindruck, er tut das, um Ihnen den Besitz-

Unten 1 und 2: *Offensichtlich genießt der Spaniel dieses Spiel genauso wie seine Besitzerin. Wenn ein Hund aber in dieser Situation das Spielzeug schnappt, wegrennt und sich unter einem Stuhl versteckt, unterwirft er sich nicht länger dem Rudelführer.*

In dieser Phase ist das Spiel noch harmloses Vergnügen.

▶ Zusammenfassung: Hilfe bei Besitzaggression

- ▶ Wenden Sie sofort das Programm zu Abbau von Dominanz an (siehe S. 44–47).
- ▶ Räumen Sie möglichst alle Hundespielsachen oder begehrte Dinge weg.
- ▶ Sprühen Sie alle Gegenstände, die der Hund nicht nehmen soll, mit einem Abwehrspray mit Zitronellöl ein.
- ▶ Widerstehen Sie der Versuchung, den Hund anzuschreien, dadurch wird sein Gefühl von Dominanz er sich sonst noch dominanter weiter bestärkt.
- ▶ Oft hilft das Kommando »Nein!«, wenn der Hund gerade nach einem Gegenstand schnappen will.

anspruch streitig zu machen, dann sprühen Sie die Sachen täglich mit einem Spray, der für Hunde unangenehm riecht

Oben: *Wenn der Hund den Schuh nicht loslässt, sprühen Sie ihn mit Bitterspray ein.*

Unten 3 und 4: *Jetzt wird es schwieriger – der Hund schnappt nach dem Spielzeug und möchte es der Besitzerin entreißen. Ist doch kein Problem, mögen Sie denken, aber was, wenn der Hund es auch am Ende des Spiels nicht hergibt?*

ein. Der Geschmack wird dem Hund beim nächsten Versuch sehr missfallen.

- • Hebt Ihr Hund beim Spazierengehen ständig irgendwelche Dinge auf, die er Ihnen nicht abgeben möchte, lesen Sie Kapitel zum Thema Futterdiebstahl (S. 160–165) und befolgen Sie die dort angewandten Methoden.

Punkt und Sieg für den Hund! Er hat das Spielzeug ergattert.

❸

❹

▶Futterneid

In der Natur ist Futter für Tiere der stärkste Antriebe überhaupt. Natürlich sind die meisten Hunde mit dem zufrieden, was ihnen ihre Besitzer regelmäßig geben, gelegentlich ergänzt durch das, was sie erjagen bzw. im Haus finden. Leider wird vielen Welpen nicht vom ersten Tag an beigebracht, dass Sie das Recht haben, das Futter wegnehmen zu dürfen oder Ihre Hand ohne Proteste daneben zu legen .

Futteraggression äußert sich in Knurren, wenn Sie am fressenden oder neben dem Futternapf liegenden Hund vorbeigehen oder wenn Sie versuchen, den Futternapf wegzunehmen, den der Hund als Ausdruck seines dominanten Status bewacht. In der Natur ist Streit ums Futter eine alltägliche Sache, wird aber meistens mit ritualisierten Drohgebärden ausgetragen – Zähnezeigen, Knurren oder Anstarren. Der Haushund benutzt die gleichen Signale in der Kommunikation mit seinem Besitzer. Straft oder bedroht dieser seinen Hund, findet er meist schnell heraus, dass dieses Verhalten zu einer Steigerung der Aggression führt und einen wahren Teufelskreis zur Folge hat. Jede Konfrontation, die wir verlieren, bestärkt den Hund in seinem Glauben, dass er dominiert und der Sieger ist. Das Gegenteil von dem, was wir wollen! Daher funktionieren subtilere Methoden besser.

Das folgende Programm zeigt Ihnen Möglichkeiten, solche Konflikte zu vermeiden, die Aufmerksamkeit Ihres Hundes umzulenken und ihm zu zeigen, dass Ihre Annäherung keine Bedrohung, sondern eine Belohnung bedeutet.

Das Umerziehungs- programm

1 Stellen Sie das Ernährung auf Trockenfutter um, das nicht so gut schmeckt und nicht so vehement verteidigt wird wie etwas Saftigeres.

2 Räumen Sie den Futternapf weg, wenn der Hund gefressen hat. Geben Sie ihm jeden Tag nur fünf Minuten Zeit zum Fressen. Das verhindert die Entwicklung oder Verschlimmerung eines Verteidigungsverhaltens.

3 Füttern Sie nicht in einem engen Durchgang oder Raum, in dem Sie sich zu nah am Hund vorbeigehen müssen. Das schafft unnötige Reibungspunkte und Spannung.

4 Füttern Sie Ihren Hund an einem neuen Platz, am besten im Garten. So hat er keinen Futternapf zum Verteidigen, wenn Sie im Haus an ihm vorbeigehen. Der neue Ort lässt ihn auch die Assoziation zwischen früherer Futterstelle und Aggression vergessen.

5 Lassen Sie kein Betteln am Tisch zu und geben Sie keine Leckereien nebenbei.

6 Wenn Knochen oder Kauartikel Probleme verursachen, streichen Sie diese Dinge gänzlich vom Speiseplan.

Gehorsamserziehung

Das Beherrschen des Befehls »Komm!« kann sehr hilfreich sein, um gutes Benehmen zu bestärken. Verwenden Sie Halsband und Leine, da die meisten Hunde die Leine mit Kontrolle verbinden und in der Regel ihrem Besitzer mehr Respekt entgegenbringen, wenn sie angeleint sind. Üben Sie das Kommen auf Rufen täglich zweimal im Haus. Es kann einige Wochen dauern, bis es gut klappt. Der Hund muss darauf konditioniert werden.

Oben: *Wenn ein Hund beginnt, aggressiv sein Futter zu verteidigen, wird er für seinen Besitzer zum echten Problem. Er muss lernen, dass Sie Herrscher über den Futternapf sind und nicht er.*

Verlässt Ihr Hund auf Kommando seinen Futternapf, können Sie es auch ohne Leine versuchen. Er lernt, den Napf zu verlassen, und zu akzeptieren, dass Sie die Situation kontrollieren. Außerdem bekommt er eine Belohnung und lernt, dass die Lage nicht bedrohlich ist.

Ablenkung mit Spray

Wenn Sie einen selbstbewussten, ständig knurrenden Hund haben und Sie beim Erledigen Ihrer täglichen Arbeit öfter an ihm vorbei müssen, wird diese Methode sein Wach- und Verteidigungsverhalten unterbrechen. Sie beseitigt zwar nicht die Aggression, verhindert aber, dass die Situation sich verschlimmert oder zu Gunsten des Hundes entschieden wird.

Setzen Sie ein Spray mit einem bitter schmeckendem, unschädlichem Duft wie Zitronellöl. Sprühen Sie nun einfach im Vorübergehen in mindestens 1,50 m Höhe über dem Futternapf und Hund in die Luft. Die feinen Duftpartikel senken sich auf den Hund herab, der unangenehme Geruch und Geschmack gelangen in die Nase und auf die Zunge. Entscheidend ist, dass Sie nichts zu dem Hund sagen. In der Regel verlässt er den Platz und Sie können den Napf schnell und ohne Streitereien wegräumen. Richten Sie die Sprühflasche nicht in bedrohlicher Weise gegen den Hund.

Futtertausch

Auch diese Methode wird mit einigem Erfolg angewandt. Wieviel Wirkung sie zeigt, hängt von Timing und Durchführung ab. Im besten wirkt sie bei Tieren, die gerade im Frühstadium der Futterverteidigung sind.

Stellen Sie zuerst auf ein weniger schmackhaftes Futter um, zum Beispiel Trockenfutter. Wenden Sie die Anbindemethode am Haken an (siehe S. 48) und binden Sie Ihren Hund mit einer etwa 2,00 m langen Leine an. Bereiten Sie das Futter vor und stellen es so vor den Hund, dass er es gerade nicht erreichen kann. Legen Sie einige Käse- oder Schinkenstücke auf einen Teller neben sich. Schieben Sie den Futternapf in die Reichweite des Hundes und zeigen ihm gleichzeitig die Leckereien. Wenn

Richtig und Falsch

▷ Versuchen Sie nie, einem Hund, der unter einem Tisch oder Stuhl sitzt, einen Knochen wegzunehmen. Er könnte nach Ihnen schnappen oder knurren. Sie sind in dieser Situation besonders ungeschützt.

▷ Schlagen Sie den Hund nicht, damit er einen Gegenstand loslässt.

▷ Schreien Sie Ihren Hund nicht an. Geben Sie knappe, klare Befehle und bieten Sie Futtertausch an.

▷ Knien Sie sich nie freundlich sprechend zu einem knurrenden Hund hin. Das verstärkt nur das dominante Gefühl des Hundes, während gleichzeitig der enge Kontakt die Aggression noch steigert.

▷ Ignorieren Sie den Hund – das funktioniert in vielen Fällen. Wenn der Hund keine Reaktion auf sein Knurren und Drohen erfährt, stellt er die Futterverteidigung häufig ein.

Oben: *Wenn Ihr Hund beim Versuch, den Napf wegzunehmen, nach Ihnen schnappt, dürfen Sie sich nicht hinknien, um ihm ins Gewissen zu reden.*

er diese wahrnimmt und sie dem Futter vorzieht, sind Ihre Erfolgschancen gut.

Geben Sie ihm nun die Leckerei und entfernen Sie den Futternapf. Man nennt das Futtertausch. Wiederholen Sie das so oft, bis der Hund gelernt hat, dass Sie keine

eine Bedrohung darstellen, sondern im Gegenteil eine Quelle schmackhafter Leckerbissen sind. Bleiben Sie aber immer wachsam und sorgen Sie dafür, dass ein Helfer in der Nähe ist, der bei einem aggressiven Angriff des Hundes auf Sie eingreifen kann.

Zum Schluss

Vorbeugen ist die beste Lösung. Manche Hunde sind aber so aggressiv, dass sie auf keine Erziehungsmaßnahmen mehr reagieren, sobald es um Futter geht. Normalerweise liegt das daran, dass sie bereits das Stadium überschritten haben, in dem sanfte Korrektur noch möglich ist oder weil die Halter nicht die nötige Erfahrung hatten, um sie im richtigen Alter mit den richtigen Methoden korrektes Verhalten zu lehren. Solchen Hunden kann man nur außerhalb des Hauses füttern. Seien Sie sehr vorsichtig im Umgang mit dieser Art von Verhalten, besonders wenn Kinder im Haus sind.

▶ Aggression bei der Fellpflege

Warum zeigen Hunde Aggression? Bürsten und Fellpflege sollten eigentlich Spaß machen, denn es ist eine Form von Sozialkontakt, die der Hund gerne mag. Die meisten Hunde lassen sich tatsächlich gerne bürsten, aber manche eben nicht. Das Problem hierbei ist, dass der Hund Ihnen durch Knurren mitteilt: »Ich bin ranghöher als du,

vergiss das nicht!« Bei jedem Bürsten erinnert er Sie wieder daran. Die meisten Halter sind davon genervt; werden sie aber aggressiv und schreien den Hund an, macht das alles nur noch schlimmer. Seinen Ärger zu zeigen hilft selten, besonders nicht bei älteren Hunden.

Meiner Erfahrung nach ist es so, dass fast alle dominanten Hunde, die bei der Fellpflege knurren, das Gebürstet werden eigentlich mögen. Sie möchten nur auf die einzige ihnen bekannte Weise ihre Position weiter festigen. In der Wildnis kann ein dominanter Wolf jeder Zeit einen rangniedrigeren Wolf zur Fellpflege auffordern, nicht aber andersherum. Ihr Hund versucht also nur, die Regeln des Rudels auf Sie anzuwenden, was Sie allerdings nicht mögen. Müssen Sie auch nicht!

Rechts 1, 2 und 3: *Es macht sich bezahlt, Hunde bereits im Welpenalter an die Berührungen durch den Menschen zu gewöhnen. So wird Fellpflege zu einer angenehmen Sache, die Ihre Beziehung verstärkt. Wenn der Hund nur beim Berühren einer bestimmten Stelle nach Ihnen schnappt, hat er dort vielleicht eine wunde, die ärztliche Pflege braucht.*

Links: *Es ist sehr bequem und praktisch, wenn man den Hund in dieser Position bürsten kann, besonders wenn man schon älter ist und das Hinknien schwerfällt.*

Oben links: *Wenn ein Hund neu in die Familie kommt, hilft die Fellpflege, Berührung durch den Menschen zu akzeptieren.*

❶

❷

▶ Tipps zur Vorbeugung

Der beste Weg, um das spätere Entstehen von Aggressionen bei der Fellpflege zu verhindern, ist, den Welpen während der ersten sechs Lebensmonate täglich zu bürsten, auch wenn er zu einer Rasse gehört, die keine aufwendige Fellpflege nötig hat. Geben Sie ihm dabei einige Leckereien und achten Sie darauf, dass der Welpe Sie als Boss betrachtet. Zur Fellpflege gehört in diesem Zusammenhang auch das Berühren aller Körperstellen, das Untersuchen des Hundes oder ein einfaches Hochheben und Umdrehen.

Rechts: *Legen Sie sehr aggressiven Hunden einen Maulkorb an, bis Sie sicher sind, dass die Fellpflege auch ohne Beißen vonstatten gehen kann.*

Rassetypische Probleme

Ernstere Formen von Aggression bei der Fellpflege treten auf, wenn der Hund unter seinem Fell Schmerzen, Entzündungen oder Verletzungen hat. In diesem Fall muss zuerst der Tierarzt befragt werden. Oft treten auch Probleme auf, wenn Menschen sich Hunde anschaffen, die aufgrund der Länge und Struktur ihres Haarkleides sehr viel Pflege benötigen. Beim Entwirren entstandener Knoten mit dem Kamm kann man dem Hund leicht wehtun. Werden solche Hunde von Anfang an von einem Fachmann gepflegt, verhindert die frühe Gewöhnung an eine schmerzlose Fellpflege spätere Probleme.

Maulkorb bei sehr aggressiven Hunden

Manche Hunde wehren sich mit Knurren und Schnappen gegen die Pflege, aber nur wenige beißen. Falls Ihr Hund das aber tut, erwägen Sie den Gebrauch eines Maulkorbes, während Sie versuchen, ihn umzuerziehen. Gewöhnen Sie Ihren Hund daran, den Maulkorb auch schon vor Beginn der Pflegesitzung zu tragen. Bei sehr aggressiven Hunden ist das besonders wichtig.

Binden Sie Ihren Hund mit Halsband und Leine sicher an einem Wandhaken an und

halten Sie ein paar Leckerbissen bereit. Der Hund muss sehr hungrig sein – und zwar wirklich sehr hungrig. Bürsten Sie Ihren Hund während der ersten zehn Sitzungen zunächst nur an Körperstellen, wo es ihm angenehm ist. Weil er angebunden ist, können Sie beide Hände benutzen, was Ihre Bemühungen doppelt so effektiv macht.

Arbeiten Sie sich dann langsam zu den empfindlicheren Körperstellen vor. Verspannt sich Ihr Hund oder knurrt, reden Sie ihm nicht gut zu. Wenn er eine leichte Berührung an dieser Stelle ohne Protest akzeptiert, loben Sie ihn dafür und geben ihm einen Leckerbissen. Streicheln Sie den Hund nicht, weil er das falsch interpretieren könnte. Mit der Zeit wird Ihr Hund die Fellpflege akzeptieren.

Futterdiebstahl und Plündern

Hunde sind von Natur aus Plünderer. Wild lebende Hunde verdanken ihren Überlebenserfolg ihren Gewohnheiten als Allesfresser und ihrer Bereitschaft, neben erjagten Beutetieren auch Aas und alles andere, was sie finden, zu fressen. Für einen wild lebenden Hund kann jede Futterquelle den Unterschied zwischen Leben und Tod bedeuten. Haushunde bekommen ihr Futter zwar von uns, aber trotzdem haben sie den Instinkt behalten, sich nichts entgehen zu lassen – sei es ein unbewachtes Sandwich im Haus oder die Ausscheidungen eines anderen Tieres im Park.

Daraus folgt, dass Hunde unseren Standpunkt im Bezug auf Futterdiebstahl oder überhaupt auf Stehlen nicht teilen – genau wie ihre wilden Verwandten fressen sie, was sie finden. Für sie sind unsere Reaktionen deshalb ziemlich unverständlich. Hunde lernen durch Assoziationen. Was lernt der Hund, wenn er ein köstliches Stück verfaulenden Abfalls findet, sein Besitzer hinter ihm herläuft und es ihm zu entreißen versucht? Der Mensch möchte das Futter für sich haben! Verständlicherweise lernt der Hund, dass die beste Reaktion das Fortlaufen ist – und da er zwei Beine mehr hat, ist sein Sieg vorhersehbar!

Geschmackssinn

Hunde haben weniger Geschmacksknospen als Menschen und ganz andere Vorstellungen von dem, was essbar ist. Außerdem kümmern sie sich nicht um menschliche Befürchtungen, was giftig oder gefährlich sein könnte. Für Hunde ist die ganze Welt ein Restaurant. Wir dagegen finden es abstoßend, wenn unsere Hunde draußen weggeworfene Nahrungsreste aufsammeln. Außerdem wissen wir, dass das gefährlich sein und Vergiftungen hervorrufen kann.

Genauso natürlich ist es für Hunde, den Dung von Kühen, Schafen, Pferden oder anderen Pflanzen fressenden Tieren aufzufressen. Er enthält zahlreiche nur zum Teil verdaute Nährstoffe und das Hundemotto lautet »Lass dir nichts entgehen«. Manche Hunde gehen noch weiter und wälzen sich in dem leckeren Dung, um ihren Eigengeruch zu überdecken. Wieder sind wir Menschen angeekelt. Uns ist klar, dass Hunde beim Kotfressen auch Parasiten verschlucken können. Für wild lebende Hunde ist eine Parasiteninfektion ein akzeptables Risiko, die wir bei unseren Haustieren vermeiden wollen.

Zu Hause

In der Natur ist Futter für Tiere die stärkste Antriebskraft. Haushunde werden regelmäßig gefüttert, aber trotzdem haben sie noch das Bedürfnis, ihre Nahrung gelegentlich mit dem zu ergänzen, was sie erjagen oder finden. Nachlässige Menschen ermöglichen das auch nur allzu leicht, indem sie Kuchen, Kekse, Brote oder andere Leckerbissen auf verlockend niedrigen Tischen stehen lassen. Für einen Hund wäre es unnatürlich, sich eine solche Gelegenheit entgehen zu lassen. Jeder erfolgreiche Futterdiebstahl bestärkt den Hund in seinem Trieb, nach solchen zusätzlichen Leckereien zu jagen.

Oft beginnen Hunde aber auch eher aus

1

2   **3**

Oben und rechts 1, 2 und 3: *Hunde sind Opportunisten und die Jagd nach Futter ist einer ihrer stärksten Triebe. Es überrascht nicht, dass ein niedriger Tisch und ein leckeres Stück Brot zum Zugreifen verführen können.*

1

ne Wiederholung wahrscheinlich. Zur Vorbeugung ist es deshalb klug, alle Mülleimer im Haus und draußen zu sichern.

Manche Hunderassen sind besonders große Vielfraße – Labrador Retriever sind dafür bekannt. Sie fressen alles, was sie finden!

Links und unten 1, 2, 3 und 4: *Wo ein Wille ist, ist auch ein Weg! Hunde riechen Futter über weite Entfernungen und fressen was sie finden, solange man ihnen nichts anderes beibringt.*

2

3

Langeweile als aus Hunger Futter zu stehlen. Sind sie lange Zeit und ohne viel geistige Ablenkung allein, suchen sie Möglichkeiten, sich zu beschäftigen.

Immer der Nase nach

Ihr guter Geruchssinn weckt in Hunden immer wieder den Entdeckergeist und die guten Gerüche aus dem Küchenabfalleimer sind einfach unwiderstehlich. Wirft man den Mülleimer um, kommt man nicht nur an das Futter, sondern hat auch noch Spaß am Durchwühlen und Durchsuchen. Hat sich die Aktion für den Hund gelohnt, ist ei-

4

Gehorsamserziehung

Der einzig sichere Weg zur Vermeidung von Futterdiebstahl im Haus oder draußen auf Spaziergängen ist eine solide Grunderziehung. Da wir Hunden unsere Auffassung von Nahrungsaufnahme nicht vermitteln können, müssen wir ihnen beibringen, dass »Nein!« auch »nein« bedeutet und nicht »vielleicht«. Es ist ratsam, jedem Hund das »Nein!« so früh wie möglich beizubringen. Gehen Sie mit Ihrem Hund an der Leine spazieren. Nähert er sich irgendeiner Futterquelle, rucken Sie kurz an der Leine und sagen »Nein!«. Es hilft auch, Futter außerhalb des Hauses in einem Behälter so zu platzieren, dass der Hund es sehen und riechen, aber nicht danach schnappen kann. Das ist ganz wichtig, denn ein einziges Erfolgserlebnis bleibt ein Leben lang haften.

Für Ihren Hund werden die Regeln klarer, wenn Sie ihn nie aus der Hand füttern und ihm nie Futter von Ihrem Teller geben. Nur wenige Hunde machen sich die Mühe, die Teller von Menschen anzustarren, die sie nie aus der Hand füttern. Es ist natürlich, Ihrem Hund ein Stückchen von dem abzugeben, was Sie gerade essen, um damit zu sagen »Lass uns teilen, aber nimm nichts selbst«. Was jedoch dem Hund dadurch signalisiert wird, ist die Aussicht auf Belohnung, immer wenn Sie essen, und das erhöht die Wahrscheinlichkeit, dass er anfängt, sich selbst zu bedienen

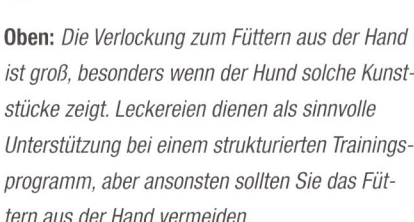

Oben: *Die Verlockung zum Füttern aus der Hand ist groß, besonders wenn der Hund solche Kunststücke zeigt. Leckereien dienen als sinnvolle Unterstützung bei einem strukturierten Trainingsprogramm, aber ansonsten sollten Sie das Füttern aus der Hand vermeiden.*

Abschreckung

Meiner Erfahrung nach wirk Abschrecken nicht so gut wie Vorbeugen. Manchmal wird empfohlen, den Dieb zu entmutigen, indem man ein unschmackhaft zubereitetes Futter stehen lässt, zum Beispiel Senfbrote. Meist ist das reine Zeitverschwendung, denn die Hunde riechen das schreckliche Aroma und halten sich davon fern, was sie aber nicht daran hindert, unbehandeltes Essen zu stehlen. Andere dagegen fressen einfach alles – manipuliert oder nicht.

Tipps zur Vorbeugung

Hunde gewöhnen sich an, Essen vom Tischen oder aus der Küche zu stehlen, weil der Besitzer zu nachlässig ist. Ein Erfolgserlebnis reicht, um es zur Gewohnheit werden zu lassen! Die beste Vorbeugung ist, niemals Essbares unbewacht stehen zu lassen. Schließen Sie jede verfüh-

Links: *»Nein!« bedeutet »nein«. Gehorsam ist wichtig, wenn Sie Ihrem Hund das Plündern im Haus und bei Spaziergängen abgewöhnen wollen. Eine Leine wirkt beim Training unterstützend.*

rerische Leckerei weg. Das schließt den Erfolg aus und verhindert die Entstehung einer Gewohnheit – besonders wichtig bei Welpen in der Phase des Erwachsenwerdens, wenn sich Gewohnheiten allmählich entwickeln.

Hat sich der Hund das Stehlen schon angewöhnt, versuchen Sie es regelmäßig mit der Methode der anonymen Bestrafung, die auf Seite 164 beschrieben wird. So können Sie die Situation kontrollieren. Wenn Sie zulassen, dass der Hund die Trainingszeiten bestimmt, ist der Misserfolg vorprogrammiert.

Die Kombination von Kleinkindern, Hunden und Essen kann für Sie zum Alptraum werden – und zum Riesenspaß für die meisten Hunde. Kleinkinder lassen beim Essen oft Krümel und Brocken auf den Hund herabfallen – eine schwierige Situation. Die beste Lösung ist, den Hund aus dem Raum zu sperren, während das Kind isst, und ihn erst nach dem Aufwischen des

Boden wieder hereinzulassen. Kennt der Hund das Kommando »Nein!«, können Sie ihn damit zurückhalten, vorausgesetzt, das Kind beansprucht nicht Ihre ganze Aufmerksamkeit. Sie können auch die Anbindemethode am Haken (siehe S. 48–49) ausprobieren. Wichtig ist, dass Sie die Kontrolle behalten und nicht der Hund die Handlungen bestimmt.

Links: Kinder spielen und essen gern auf dem Fußboden. Hunde finden das toll – fast immer fällt ein Stückchen für sie auf den Boden.

Unten 1 und 2: *Ein Hund muss lernen, dass er sein Futter nur aus dem Napf bekommt. Sie können ihm auch Extras geben, aber besser nicht von Ihrem eigenen Teller.*

Wenn Sie Futter aus der Hand geben, müssen Sie wirklich die volle Kontrolle haben.

❶

❷

Links und rechts: *Diesem flehenden Blick beim Essen kann man nur schwer widerstehen, besonders wenn man allein lebt und nur den Hund zur Gesellschaft hat. Lernt Hund jedoch, dass ein bestimmtes Verhalten mit Futter belohnt wird, kann die Angewohnheit sich verstärken.*

Links 1: *Unbeaufsichtigtes Essen ist leichte Beute für den Hund, besonders für einen jungen wie diesen, der noch keine Gehorsamsübungen kennt.*

Unten 2: *Manchmal hilft es, absichtlich liegen gelassenem Essen etwas mit unangenehmem Geschmack zuzugeben, aber leider nicht immer! Manche Hunde fressen eben einfach alles.*

Auf frischer Tat ertappt

Stiehlt Ihr Hund in Ihrem Beisein Essen, können Sie dem »Nein!« mit verschiedenen Mitteln wie Wasserpistole oder Trainingsscheiben Nachdruck verleihen. Sprühen Sie ihm Wasser ins Gesicht oder werfen Sie die Trainingsscheiben direkt hinter ihm auf den Boden – das schreckt alle bis auf wirklich hart gesottene Diebe ab.

Sie können auch ein Sprayhalsband mit Fernbedienung einsetzen (kein Elektroschockhalsband verwenden!) Dieser Gegenstand zur Unterbrechung unerwünschter Handlungen ist sehr hilfreich, aber Sie sollten sich von einem Hundetrainer zeigen lassen, wie man es richtig anwendet. Durch die Fernbedienung merkt der Hund gar nicht, dass Sie direkt beteiligt sind, sondern bringt den unangenehmen Effekt nur mit seiner eigenen Handlung in Verbindung.

Anonyme Bestrafung

Diese Art des »natürlichen Lernens« ist oft am besten geeignet, um einem Hund beizubringen, was sich im Leben lohnt und was nicht. So können Sie Ihrem Hund das Stehlen auch dann verleiden, wenn Sie gar nicht im Raum sind: Binden Sie mehrere Konservendosen ohne scharfe Kanten zusammen und befestigen sie mit einer Schnur an einem Stück Futter, zum Beispiel einem Stück Fleisch, das Sie auf den Tisch legen. Verlassen Sie den Raum. Schnappt Ihr Hund nach dem Fleisch, zieht er die Dosen mit hinab und verursacht einen Höllenlärm. Die meisten Hunde erschrecken bei diesem Krach. Wiederholen Sie die Übung regelmäßig in verschiedenen Räumen und mit verschiedenem Futter. Der Hund lernt schnell, nur Futter aus seinem Napf zu fressen.

Links: *Wenn Sie einen Hund beim Futterdiebstahl erwischen, ruft ein gezielter Wasserstrahl bei ihm einen kurzen, unangenehmen Schreck hervor, der ihn von seinem Tun abbringt.*

Einsatz von Maulkorb

Stiehlt ein Hund im Extremfall ständig etwas Essbares – vor allem, wenn er im Park Mülltonnen plündert und dabei gefährliche Substanzen erwischen könnte –, kann ein Maulkorb sinnvoll sein. Sobald sich ein Hund an das Tragen des Maulkorbes gewöhnt hat, kann er wieder überall frei laufen, ohne plündern zu können. Das Verhaltensmuster wird unterbrochen und mit der Zeit, wenn die Gehorsamskeitserziehung hinzukommt, lernt der Hund, nicht alles zu fressen, was er findet. Im Haus kann der Maulkorb bei besonders sturen oder großen und starken Hunden, die sich schlecht kontrollieren lassen, verwendet werden. Der Hund darf den Maulkorb nie länger als zwei Stunden anbehalten – besser eher weniger.

Oben 1 und 2: *Mit Hilfe von Halsband und Leine kann man am Kommando »Nein!« arbeiten, indem man Annäherungsversuche an den Teller mit einem Leinenruck bestraft.*

Unten 3: *Trainingsscheiben dienen zur weiteren Abschreckung. Werfen Sie sie genau dann neben dem Hund auf den Boden, wenn er gerade nach dem Futter schnappen möchte. Das Klappern schafft in ihm eine unangenehme Assoziation zum Futterdiebstahl.*

Zusammenfassung

▷ Lassen Sie kein Essen unbeaufsichtigt in Reichweite des Hundes stehen.

▷ Arbeiten Sie an dem Lautzeichen »Nein!«.

▷ Geben Sie dem Hund keine Leckereien vom Esstisch.

▷ Machen Sie das Stehlen zur unangenehmen Erfahrung (mit Wasserpistole, Trainingsscheiben oder anonymer Bestrafung mittels Klapperdosen).

▷ Bei hart gesottenen Dieben hilft manchmal ein Maulkorb, der aber jeweils nur kurz angelegt werden darf.

►Sexuelle Probleme

Nur einige Hunde haben wirklich einen übermäßig starken Geschlechtstrieb. Offen sexuelles Verhalten wie zum Beispiel das Bespringen von Sofakissen oder Menschenbeinen ist bei Welpen nicht selten und ist Teil des Erwachsenwerdens mit den damit verbundenen Hormonschüben. Das Besteigen anderer Hunde ist außerdem eine Geste der Dominanz und eines der Mittel, mit dem ein Welpe seine Rangposition gegenüber den Wurfgeschwistern festlegt.

In den meisten Fällen normalisiert sich das Verhalten von selbst, wenn die Junghunde die Pubertät hinter sich haben. Manchmal jedoch kommt es vor – besonders bei Rüden, seltener bei Hündinnen –, dass sich dieses Verhalten zu einer inakzeptablen Gewohnheit entwickelt und es im Erwachsenenalter beibehalten wird. Die meisten Hundebesitzer empfinden es als sehr störend, wenn ihr Hund sexuell auf ein Sofakissen oder Plüschtier fixiert ist. Noch schlimmer ist, wenn menschliche Arme und Beine zum Objekt der Begierde werden. Sind Kinder oder alte Menschen betroffen, kann das sogar gefährlich sein.

Revier markieren

Eine ähnlich unangenehme Angewohnheit ist es, wenn Rüden ein Bein an den Möbeln heben – oder sogar am menschlichen Bein. Auch wenn das nicht unbedingt mit Sexualverhalten zu tun hat, kann es aber mit den gleichen, unten beschriebenen Methoden bekämpft werden.

►Tipps zur Vorbeugung

Wasserpistole und Trainingsscheiben

Eine simple Abschreckung ist die Wasserpistole oder eine geleerte, mit Wasser gefüllte Spülmittelflasche. Sobald Sie sehen, dass Ihr Hund ein Sofakissen oder etwas anderes bespringt, richten Sie einen Wasserstrahl auf ihn und sagen »Nein!«. Zielen Sie auf sein Gesicht – der Hundekörper ist zu stark behaart, sodass der Wasserstrahl

Oben: *Diesen Moment fürchten viele Hundebesitzer – wie peinlich, wenn der Hund seine sexuellen Gelüste am Bein Ihres Gastes auslebt! Für Erwachsene ist das Verhalten nur unangenehm, für Kinder oder ältere, schwächere Personen aber vielleicht sogar gefährlich.*

kaum Wirkung zeigen würde. Wenn Ihr Hund schon auf die Trainingsscheiben konditioniert wurde, können Sie auch diese anstelle der Wasserpistole verwenden. Wiederholen Sie die »Behandlung« jedes Mal, wenn der Hund das unerwünschte Verhalten zeigt.

Die Energie umlenken

Wenn Ihr Hund gerne mit einem Ball oder Spielzeug spielt, bringen Sie ihm bei, es zu apportieren. Belohnen Sie ihn jedes Mal für einen gelungenen Apport und wiederholen Sie die Übung täglich zwei- oder dreimal. Halten Sie die Übungen kurz und machen Sie nie so lange weiter, bis der Hund müde oder gelangweilt ist.

Wenn der Ball oder Ihr Kommando »Bring!« eine sofortige Reaktion beim Hund hervorruft, sind Sie mit dem Training weit genug fortgeschritten, um es als Ablenkung vom unerwünschten Verhalten einsetzen zu können. Wenn Sie sehen, dass Ihr Hund dabei ist, irgendetwas oder irgendjemand zu besteigen, rufen Sie freudig-aufgeregt seinen Namen und werfen Sie den Ball. Seine Aufmerksamkeit wird vom sexuellen Faktor auf das Ballspiel umgelenkt.

Links: *Jemand sollte dem Hund sagen, dass das nur ein Plüschtier ist! Besonders junge Hunde verhalten sich so, wenn ihr Körper von Hormonen überschüttet wird.*

tes Verhalten, um damit Aufmerksamkeit zu erlangen. Wenn das Bespringen eines Sofakissens dazu führt, dass der Mensch schimpft, schreit oder sogar schlägt, ist all das Aufmerksamkeit, die solche Hunde als Belohnung empfinden. In diesen Fällen kann das Verlassen des Raumes oft zur Beendigung des Verhaltens führen.

▶ Zusammenfassung

- ▶ Aktives Abschrecken – Wasserpistole oder Trainingsscheiben
- ▶ Passive Abschreckung – Gegenstände einsprühen
- ▶ Umlenken – Ballspiele und/oder Gehorsamsübungen
- ▶ Belohnung vermeiden – Raum verlassen

Unten: *Wenn der Hund ständig an Beinen oder Armen aufreitet, hilft oft ein bitter riechendes, aber unschädliches Abschreckspray. Eine nützliche Methode, wenn Kinder betroffen sind, die vom Verhalten des Hundes leicht einen Schreck bekommen.*

Abschrecken

Hunde, die es auf menschliche Arme und Beine abgesehen haben, kann man abschrecken, indem man die betreffenden Körperstellen mit einem auf Geruch oder Geschmack basierenden Abschreckungsmittel wie Zitronellöl- oder Bitterspray einsprüht. Diese Methode eignet sich besonders gut zum Schutz kleiner Kinder, die den Hund durch Lautzeichen meist nicht kontrollieren können. Abschrecksprays können auch zum Schutz von Gegenständen wie Kissen verwendet werden. Sprühen Sie den Gegenstand eine Woche lang täglich dreimal ein.

Gehorsamserziehung

Letztendlich sollten Sie Ihren Hund auch richtig erziehen. Wenn er die grundlegenden Befehle sicher beherrscht, können Sie »Sitz!«, »Platz!« oder »Bleib!« anwenden, um ihn von seinem Vorhaben abzulenken. Belohnen Sie ihn, wenn er gehorcht.

Zum Schluss

Manche Hunde, besonders die stürmischen, dominanten, gebrauchen sexuell motivier-

Kastrieren – ja oder nein?

Oft wird eine Kastration in Betracht gezogen, Rüden an unerwünschtem Sexualverhalten zu hindern. Besprechen Sie diese Frage mit Ihrem Tierarzt, wenn das Problem bei Ihrem Hund auffällig ist. Meist wird der Sexualtrieb durch eine Kastration gedämpft oder verschwindet sogar ganz. Ich bin kein Befürworter der »hormonellen« Kastration, da das Ergebnis oft mangelhaft ist und gesundheitliche Risiken für den Hund entstehen können.

Kastration

Rüden werden wie die Männchen der meisten Säugetierarten von Instinkten und Hormonen gesteuert, um sich mit jedem weiblichen paarungsbereiten Tier in ihrer Nähe zu paaren. Solange ein Rüde keine auffälligen Probleme entwickelt, halte ich eine Kastration für unnötig. Es wurde schon argumentiert, dass von Hunden ausgehende Aggressionen gegenüber Menschen und anderen Hunden stark zurückgehen könnten, wenn man alle nicht zur Zucht vorgesehenen Rüden kastrieren würde. Das ist möglicherweise richtig, aber genau diese Art von Aggression kann man ebenso gut durch Weiterbildung der Hundehalter reduzieren, indem man ihnen erklärt, wie man Jungrüden richtig sozialisiert.

Oben: *Ständiges Aufreiten an Kissen oder Spielsachen kann auch ein Versuch sein, Aufmerksamkeit zu erregen. Dann ist es am besten, den Hund zu ignorieren und den Raum zu verlassen.*

Dominanzaggression vorbeugen

Es gibt Umstände, unter denen eine Kastration von Rüden ratsam ist. Einer davon ist, wenn ein Verhaltenstherapeut und ein Tierarzt der Meinung sind, dass das aggressive oder dominante Verhalten zurückgehen würde. Nach Entfernung der Hoden nimmt die Menge des männlichen Hormons Testosteron im Blut drastisch ab. Dadurch wird das sexuell aggressive Verhalten gedämpft, wobei es jedoch bis zu sechs Monaten dauern kann, bis die Auswirkungen richtig sichtbar werden. Eine Kastration funktioniert am besten bei jüngeren Rüden.

Gesteigerter Geschlechtstrieb

Auch bei Hunden gesteigertem Geschlechtstrieb kann eine Kastration ratsam sein. Gesteigertes Sexualverhalten ist bei heranwachsenden Jungrüden nicht selten – es wird durch starke Hormonschübe verursacht und verschwindet meist wieder, wenn der Hund ausgewachsen ist. Hört aber ein Hund auch im Erwachsenenalter nicht damit auf, alle möglichen Gegenstände zu besteigen, kann das sehr lästig werden. Dieses Verhalten wird dann auch von oft Aggression begleitet, besonders wenn Kinder betroffen sind. In solchen Fällen sollte man tatsächlich über eine Kastration nachdenken. Lassen Sie sich aber auf jeden Fall von einem Tierarzt beraten.

Gründe für gesteigerte Sexualität
- Hormonschübe
- Erlerntes Gewohnheitsverhalten
- Sexuell motivierte Dominanz

Die Auswirkungen der Kastration werden erst nach einer Zeit sichtbar. Meiner Meinung nach ist mit einem nennenswerten Rückgang des unerwünschten Sexualverhaltens erst nach vier Wochen zu rechnen, aber die Veränderung geht noch einige Monate langsam weiter. Die Kastration ist kein Allheilmittel gegen schlechte Manieren und wird oft unnötig, eher aus vager Hoffnung auf Besserung als aus rationellem Abwägen des Verhaltensproblems vorgenommen.

Die am häufigsten gestellte Frage zum Thema Kastration ist, ob der Rüde dadurch weniger maskulin wird und sein Wesen sich verändert. Meine Antwortet darauf lautet ja! Wesen und Verhalten werden sich ändern, sonst würde die Operation ja auch

Ein Wasserstrahl ins Gesicht hat die beste Wirkung.

Wenn der Wasserstrahl von einem scharfen »Nein!« begleitet wird, lernt der Hund, dass Sie sein Verhalten nicht akzeptieren.

❷

❸

Oben 1, 2 und 3: *Wenn große und starke Hunde gesteigertes sexuelles Verhalten zeigen, werden sie zur echten Herausforderung. Eine Wasserpistole kann hier sehr hilfreich sein, sie zu zügeln.*

▶ Kastration von Rüden – Für und Wider

▷ Bei Welpenabgabe bestehen manche Züchter darauf, dass der Rüde nicht kastriert werden darf. Sprechen aber gute Gründe für eine Kastration, sollte das über dem Interesse des Züchters stehen.

▷ Wenig Auswirkung auf die Aggressivität eines Rüden hat die Kastration, wenn er bereits gewohnheitsmäßig andere Hunde angreift.

▷ Kastrierte Rüden neigen zur Gewichtszunahme, wenn man nicht sorgfältig auf ihre Ernährung achtet.

▷ Kastrierte Rüden markieren ihr Territorium weniger häufig mit Urin, aber bei Rüden, die sich angewöhnt haben, ihr Bein an den Möbeln zu heben, führt eine Kastration nicht automatisch zu einer Besserung.

▷ In der Regel wirkt die Kastration dämpfend auf das gesamte Verhalten

▷ Kastrierte Rüden streunen nicht so leicht.

keinen Sinn machen. Seine eigentliche Persönlichkeit jedoch bleibt weitgehend die gleiche. Als größte Veränderung werden Sie wahrscheinlich feststellen, dass er in bestimmten Situationen nicht mehr so gereizt oder erregt reagiert.

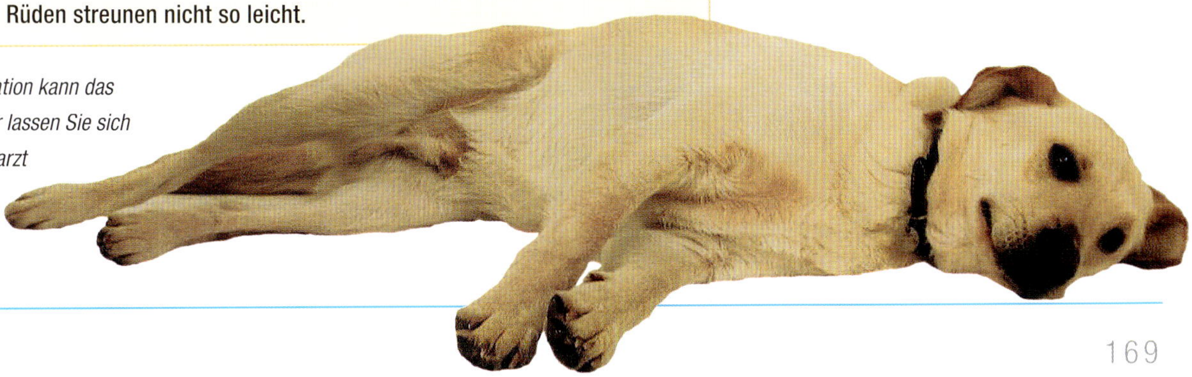

Rechts: *Eine Kastration kann das Problem lösen, aber lassen Sie sich unbedingt vom Tierarzt beraten.*

▶Stubenreinheit

Oft merken Menschen erst nach der Anschaffung eines Hundes, dass sie viel Zeit in seine Erziehung investieren müssen. Die Erziehung zur Stubenreinheit steht dabei ganz oben auf der Liste. Wichtig ist, ab dem ersten Tag die Grundregeln festzulegen. Schließlich möchte niemand in seiner Wohnung Slalom um die Hundehaufen laufen müssen!

Hunde werden normalerweise auf ganz natürliche Weise von selbst stubenrein, so lange sie die Möglichkeit haben, ihr Geschäft an einem geeigneten Ort zu verrichten. Da wir aber zu schnell zu viel auf einmal erwarten, kommt es zu Problemen.

Geduld ist am wichtigsten. Hat ein Welpe ins Haus gemacht, ist es sinnlos, ihn auszuschimpfen, zu schlagen oder – noch

❶

Haus machen als vorher. Selbst wenn Sie Ihren Hund auf frischer Tat ertappen und strafen, lernt er möglicherweise nur, dass er sich nicht lösen darf, wenn Sie anwesend sind und das die gleiche Tat bei Ihrer Abwesenheit ungestraft bleibt. Oder er lernt vielleicht, dass Sie es nicht mögen, wenn er einen bestimmten Raum als Toilette benutzt und sucht sich eine andere Ecke in der Wohnung – nicht unbedingt der gewünschte Effekt. Leider ist es für Welpen schwieriger, ihren Besitzern »Hundedenken« beizubringen, als einem Welpen Stubenreinheit zu lehren.

Oben: Welpen kommen mit Hundeinstinkten, die intakt sind, zur Welt, haben aber keine Ahnung, was Menschen von ihnen erwarten. Häufchen auf dem Teppiche sind unausweichlich.

schlimmer – seine Nase in den Haufen zu drücken. Er kann die Bestrafung nicht mit dem »Verbrechen« in Verbindung bringen, sondern lernt nur, sich vor seinem Besitzer in Acht zu nehmen. Wiederholte verbale und körperliche Strafen können Hunde sogar so unter Stress setzen, dass sie noch öfter ins

Der neue Welpe

Ein junger Hund muss genau wie ein Kleinkind Blase und Darm häufig entleeren und hat keinen angeborenen Wunsch, Ihr Haus sauber zu halten. Auch wenn Sie mit dem Training zur Stubenreinheit beginnen, hat er noch keine Ahnung davon, um was es geht. Denken Sie daran, dass seine geistigen und körperlichen Fähigkeiten zum Lernen, Behalten und Assoziieren noch beschränkt sind. Bis er versteht, dass Sie sein neues Rudel sind und Ihr Haus sein neues Territorium ist, hat er meist einige nicht so gut riechende Fehler begangen, falls Sie nicht die nötigen Vorsichtsmaßnahmen ergriffen haben.

In der Natur halten sowohl erwachsene Hunde als auch Welpen ihren Bau sauber – eine natürliche Vorsichtsmaßnahme gegen Krankheiten. Ein Wolfswelpe beispielsweise wird zum nächst gelegenen Kothaufen krabbeln, um dort seine Visitenkarte abzugeben. Die erwachsenen Wölfe haben bereits genügend Duftmarken hinterlassen, die ihm den Weg weisen. In Ihrer Wohnung fehlen diese natürlichen Hinweisschilder – der Welpe findet nur schöne große Teppiche, PVC- oder Kachelböden.

Trainingsphase 1

Der sicherste Weg, einem Hund schnell und dauerhaft Stubenreinheit beizubringen, ist, ihm jede Gelegenheit zu nehmen, »Duftmarken« im Haus zu verteilen. Lassen Sie den Neuankömmling zu Beginn nicht durch das ganze Haus laufen, sondern schränken Sie seinen Freiraum ein, indem Sie einen Bereich abgrenzen oder einen großen Laufstall benutzen. Wählen Sie, wenn es geht, einen Raum mit festem, leicht zu reinigendem Boden (kein Teppich!) und am besten mit Ausgang nach ins Freie.

Legen Sie den ganzen Raum mit Zeitungspapier aus und stellen Sie den Laufstall mit seinem Körbchen darin in eine Ecke. Solange der Welpe im Laufstall ist, kann er nicht anders als auf die Zeitungen zu machen. Denken Sie daran, dass Welpen sich sofort nach jedem Aufwachen und nach jeder Mahlzeit entleeren müssen. Bringen Sie ihn also möglichst jedes Mal zu diesen Zeiten nach draußen und warten Sie, bis er sein Geschäft gemacht. Loben Sie ihn, wenn er es tut. Wir haben nun ein Trainingsprogramm mit zwei Bereichen ausgearbeitet. Der Welpe kann sicher in seinem Laufstall bleiben, wenn Sie nicht da sind, und frei durch den ganzen übrigen Raum streifen, wenn Sie anwesend sind.

Geben Sie dem Welpen Spielzeug und Kauartikel, wenn Sie ihn allein im Laufstall lassen. Meiner Erfahrung nach sind große, rohe Markknochen am attraktivsten für Welpen. Kauknochen aus Kunststoff haben meistens nicht die gleiche Faszination wie echte Knochen. Geben Sie keine anderen Knochen, vor allem keine Hähnchenknochen, weil sie splittern.

Unser Programm stellt sicher, dass der Welpe nie am falschen Ort pinkeln oder koten kann. Langsam wird er darauf konditioniert, sein Geschäft auf dem Papier oder draußen im Garten zu machen. Mit der Zeit sucht er von selbst einen der beiden Orte auf, wenn es nötig ist.

Oben 1, 2 und 3: *Wenn Sie den Boden des Bereiches des Welpen mit Zeitungspapier auslegen, kann sich der Kleine daran gewöhnen, sein Geschäft entweder auf den Zeitungen oder draußen im Garten zu verrichten. Allmählich können Sie die mit Papier bedeckte Fläche verkleinern und schließlich die Zeitungen in den Garten bringen.*

Trainingsphase 2

Wenn Ihr Welpe etwa 14 Wochen alt ist – vorausgesetzt, Sie haben ihn im Alter von 6–7 Wochen bekommen –, können Sie den Laufstall abbauen und den Hund im ganzen Raum laufen lassen. Legen Sie nur die Hälfte des Fußbodens mit Zeitung aus und rücken Sie das Hundekörbchen in eine andere Zimmerecke, weit weg von den Zeitungen. Der Welpe wird sich nun ganz von selbst zum Pinkeln oder Koten auf die Zeitungen begeben, weil er darauf bereits konditioniert wurde. Macht er Fehler und verrichtet seine Geschäfte in anderen Raumecken, kehren Sie wieder dazu zurück, den ganzen Fußboden für einige Wochen mit Zeitungen auszulegen. Nach ein paar weiteren Wochen verschieben Sie die Zeitungen allmählich in Richtung Türe – sollte sie zum Garten führen – und dann nach draußen vor die Tür,

wenn er seine Geschäfte am gewünschten Platz erledigt. Ein zusätzlicher Befehl wie »Mach mal!« hilft dem Tier zu lernen, dass seine Handlung Ihnen gefällt, und ist außerdem nützlich für die Zukunft – viele Hunde lernen so, sich auf Kommando zu lösen. Eine sehr praktische Sache!

Trainingsphase 3

Sobald sich der Welpe draußen an gewünschter Stelle entleert – möglichst in Ihrem eigenen Garten, wo Sie sauber machen können –, können Sie ihm allmählich den Zutritt zum ganzen Haus erlauben und ihn cs Raum für Raum entdecken lassen. Für Notfälle sollten Sie

im gewohnten Raum noch einige Zeitungen zurücklassen.

Manchmal werde ich gefragt, wie man denn eine Beziehung zum Welpen aufbauen kann, wenn man ihn isoliert hält. Die Antwort darauf ist, dass Einsperren nicht gleichbedeutend mit Isolation sein sollte. Wählen Sie zum Aufstellen des Laufstalls einen Raum, in dem Sie und die Familie sich häufig aufhalten und nehmen Sie sich die Zeit, dort mit dem Welpen zu spielen. Sie haben ja auch noch die Gartenausflüge und kleinen Spaziergänge, um eine Bindung zum Welpen herzustellen. Welpen schlafen bis zu 18 Stunden am Tag, ein normaler Kontakt ist also möglich, wenn man sich bemüht. Mit der Zeit darf der Hund immer größere Bereiche des Hauses betreten.

Käfig für den Innenbereich

Die oben beschriebene Methode mit Laufstall und Zeitung ist sehr sinnvoll, sowohl im Hinblick auf Sicherheit als auch auf eine erfolgreiche Erziehung. Bei Welpen, die über 14 Wochen alt sind, oder bei schwieri-

Oben: *Seien Sie vorbereitet! Welpen müssen nach dem Aufwachen und Fressen fast immer entleeren.*

beschwert mit Steinen, damit sie nicht wegfliegen. Ihr Hund wird nun nach den Zeitungen suchen, wenn er einmal muss oder schon von selbst den Garten bevorzugen. Wenn sie die Wahl haben, ziehen die meisten Hunde Naturboden oder Beton dem Fußboden im Haus vor, da dieser oft nach chemischen Putzmitteln riecht. Auch eine Hundeklappe an der Tür ermöglicht dem Hund, den Garten nach Bedarf aufzusuchen.

Denken Sie daran, Ihren Hund zu loben,

Unten: *Loben Sie den Welpen, wenn er sich wie gewünscht auf der Zeitung erleichtert hat. Ihre Bestätigung hilft, das Verhalten zu festigen, das Sie haben möchten. Fügen Sie ein Kommando wie »Mach mal!« für spätere Anwendung hinzu.*

Oben: *In einem Käfig für Innenbereich sind Welpen sicher aufgehoben, wenn Sie außer Haus sind.*

gen erwachsenen Hunden, die diese Methode nicht gelernt haben, bleibt Ihnen kaum eine andere Wahl als einen Innenkäfig zu benutzen. Er muss so groß sein, dass Ihr Hund darin bequem stehen und liegen kann. Diese Methode macht sich die Tatsache zunutze, dass Hunde ihren eigenen Schlafbereich nicht gerne beschmutzen.

Zuerst müssen Sie Ihren Hund an den Käfig gewöhnen, ansonsten empfindet er die Beengtheit als Stress und könnte bellen oder winseln. Beginnen Sie, indem Sie ihn bei geöffneter Tür im Käfig füttern, und erlauben Sie ihm, seine Spielsachen mit hinein zu nehmen. So ist sein erster Eindruck positiv. Wenn er sich nach ein paar Tagen im Käfig wohl fühlt, versuchen Sie die Tür zu schließen, während Sie im Raum beschäftigt sind. Ignorieren Sie ihn, wenn er winselt; sagen Sie nichts und stellen Sie keinen Blickkontakt her. Im nächsten Stadium lassen Sie den Hund mit einem Leckerbissen oder Kauspielzeug allein, zuerst nur kurz, dann bis zu einer halben Stunde. Wiederholen Sie das täglich mehrmals. Loben Sie ihn nicht, wenn Sie ihn aus dem Käfig herauslassen – wir wollen schließlich nicht, dass der Hund das Freikommen als etwas Positives betrachtet, sondern vielmehr, dass er den Käfigaufenthalt als etwas ganz Normales empfindet.

Käfig als Lösung

Akzeptiert der Hund halbstündige Käfigaufenthalte, beginnen Sie Ihr Erziehungsprogramm zur Stubenreinheit. Ist der Hund nur in der Nacht nicht stubenrein, gebrauchen Sie den Käfig lediglich nachts. Denken Sie

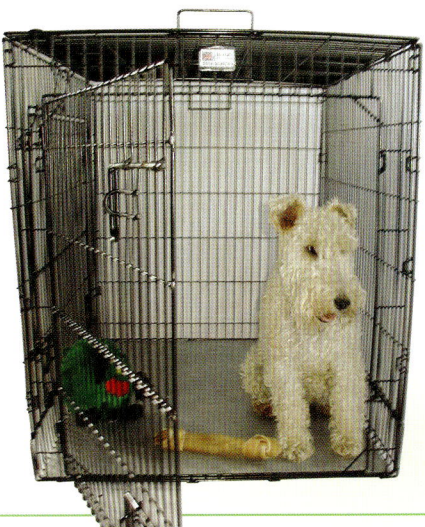

daran, dass Welpen sich nicht die ganze Nacht zurückhalten können. Deshalb muss der Käfig so groß sein, dass Sie eine Hälfte mit Zeitungspapier auslegen können. Für erwachsene Hunde gilt das nicht, da sie ihre Blase kontrollieren können.

Sie müssen dem Welpen nach jedem Aufwachen und nach jeder Mahlzeit sofort Zugang zur »Toilette« verschaffen, sei es der Garten oder die Zeitung. Nachts und wenn Sie nicht zu Hause sind, kommt der Hund in den Käfig. Seinen Schlafbereich wird er nicht beschmutzen. Denken Sie daran, dass er sich eventuell sofort entleert, sobald Sie ihn aus dem Käfig lassen.

Ihr Hund lernt, sich über festgesetzte Zeiträume zurückzuhalten. Bald wird es für ihn zur Gewohnheit, zur »Toilette« zu gehen, wenn er aus dem Käfig kommt und gelobt wird.

Links: *Ein Käfig hilft bei der Erziehung zur Stubenreinheit. Hunde beschmutzen nicht gern ihren Schlafplatz und lernen so auszuhalten, bis sie zur »Toilette« gelassen werden.*

Trennungsangst als Ursache

Besonders bei erwachsenen Hunden kann auch Trennungsangst der Grund für Stubenunreinheit sein. Leidet der Hund darunter, wandert er ruhelos umher, kaut eventuell an Gegenständen, bellt oder zeigt andere unerwünschte Verhaltensweisen. Der Stress durch die Trennung vom Besitzer kann dazu führen, dass er im Haus kotet und/oder uriniert.

Wenn Ihr Hund zu diesem Typ von Hunden gehört, müssen Sie vielleicht darüber nachdenken, ob Sie die ihm durch Streicheln und Spielen entgegen gebrachte Aufmerksamkeit nicht mindestens um die Hälfte reduzieren müssen, besonders wenn er Ihnen auf Schritt und Tritt folgt oder übertrieben um Zuwendung bettelt. Entziehen Sie dem Hund kurz bevor Sie gehen jede Aufmerksamkeit, um ihn auf Ihr Fortgehen vorzubereiten. Tun Sie das Gleiche bei Ihrer Rückkehr, machen Sie kein großes Aufhebens und reagieren Sie nicht auf die Bei-

geisterungsstürme Ihres Hundes. Wenn es Ihnen gelingt, die Trennungsangst Ihres Hundes allmählich abzubauen, werden Sie auch das Problem der Stubenreinheit in den Griff bekommen. Mehr Informationen finden Sie in dem Kapitel über Trennungsangst (S. 68–77).

Reviermarkierung bei Rüden

Dominante Rüden markieren manchmal ihr Territorium durch Urinieren im Haus, vor allem an Möbeln. Das hat nichts mit Harndrang zu tun, sondern ist instinktives Territorialverhalten, und je dominanter ein Rüde ist, desto eher passiert es. Oft tun Rüden es, wenn fremde Menschen oder Hunde in ihr Territorium (Haus) eindringen oder wenn sie selbst ein einem fremden Haus zu Gast sind. In der freien Natur lassen wild lebende Hunde stets eine Duftmarke zurück, wenn sie umherstreunen. Ich habe es schon oft erlebt, dass Rüden blitzschnell ihr Bein an meinem Bein hoben, während ich mit ihren Besitzern sprach. Sie meinten es nicht persönlich,

Rechts: *Hunde reagieren in ihrem Revier auf den Uringeruch anderer Hunde, die damit Dominanz beweisen wollen. Dominante Rüden setzen deshalb auch manchmal Duftmarken an Möbel oder Gegenstände im Haus.*

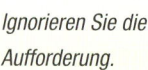

Ignorieren Sie die Aufforderung.

Der Hund fordert Ihre Aufmerksamkeit.

> ### Welches Problem hat mein Hund?
>
> ▸ Hunde entleeren sich im Haus aus folgenden Gründen:
>
> ▸ Die Erziehung zur Stubenreinheit wurde nicht korrekt durchgeführt. Fangen Sie von vorne an.
>
> ▸ Der Hund leidet unter Trennungsangst. Lösen Sie die eigentliche Ursache.
>
> ▸ Ein dominanter Rüde markiert sein Revier. Sprühen Sie die Möbel mit Abschreckspray und ziehen Sie eine Kastration in Erwägung.

Links: *Der Hund ahnt, dass seine Besitzerin gleich aus dem Haus geht und sagt »Ich will nicht allein sein«. Trennungsangst kann zu zahlreichen problematischen Verhaltensweisen führen, unter anderem auch dazu, dass der Hund in die Wohnung macht. Sie müssen ihn daran gewöhnen, eine bestimmte Zeit auch allein zu verbringen.*

Nützliche Tipps

▶ Legen Sie mehrere Lagen Zeitungspapier auf den Boden, sodass die obere Schicht mehr oder weniger trocken bleibt.

▶ Tröpfeln Sie etwas vom Urin des Welpen auf die Zeitung, um ihn an die gewünschte Stelle zu locken.

▶ Bestrafen Sie einen Welpen niemals körperlich für Unsauberkeit im Haus. Sie erreichen dadurch nichts, außer ihn zu verderben.

▶ Besser ist es, den Hund für das Entleeren an der richtigen Stelle zu loben als ihn für einen Fehltritt zu bestrafen.

Unten: *In der Anfangsphase wird es Ihnen nicht erspart bleiben, im Haus Hundehaufen zu beseitigen. Mit solchen Greifern ist es weniger unangenehm.*

sondern teilten mir nur mit, dass sie präsent und wichtig sind. Der Rüde hebt sein Bein, damit seine Duftmarke für nachfolgende Hunde auffällig auf Nasenhöhe liegt.

Dieses Problem ist schwierig zu bekämpfen, weil es anders als andere Probleme der Stubenreinheit instinktiv gesteuert ist. Eventuell können der Strahl aus einer Wasserpistole, der ins Gesicht des Hundes zielt und ein bestimmtes »Nein!« den Rüden entmutigen, wenn man ihn auf frischer Tat ertappt. Es wird ihn jedoch nicht davon abhalten, das Verhalten in Ihrer Abwesenheit doch zu zeigen, oder die Ursache bekämp-

fen. Auch ein Abschreckspray an seinen bevorzugten Stellen kann helfen, aber Sie müssen sie über einen langen Zeitraum mindestens täglich drei- oder viermal einsprühen.

Oben: *Welpen müssen die Bedeutung des Befehls »Nein!« lernen, aber schlagen Sie sie nicht, wenn sie sich im Haus entleeren. Versuchen Sie tolerant zu sein, bis der Kleine die Hausregeln kennt.*

An der Leine ziehen

Viele Menschen haben mit – meist großen – Hunden zu kämpfen, die sie munter durch die Gegend schleppen. In jedem Stadtpark kann man mit großer Wahrscheinlichkeit mehrere Hunde beobachten, die ihre unglücklichen Besitzer hinter sich herziehen. Auch wenn es in diesem Buch eher um die Bekämpfung unerwünschten Verhaltens als um Hundeerziehung geht, will ich hier doch ein paar Erziehungsmethoden erläutern, die bei Hunden, die immer an der Leine zerren, nützlich sind. Nach dem Kommen auf Rufen ist das Bei-Fuß-Gehen eines der häufigsten Probleme, die auftreten, und weshalb Verhaltensberater aufgesucht werden. Erstaunliche 95 Prozent aller Hunde, die wegen dieses Problems zu mir gebracht werden, haben vorher Hundeschulen besucht. Die meisten von ihnen haben sogar trotz ihres Ziehens ein Zertifikat bekommen – stellen Sie sich das einmal vor!

In diesem Kapitel möchte ich ein paar Trainingshilfen vorstellen, die das Ziehen an der Leine wirklich beenden und die einfach in der Anwendung sind. Auf lange Sicht benötigen Sie aber vermutlich Einzelstunden bei einem guten Hundetrainer, um einen Hund zu haben, der auf Dauer ohne zu ziehen neben Ihnen hergeht.

Die Kommandosprache

Nur wenige Hundebesitzer verstehen die Hundesprache, aber noch weniger Hunde verstehen Deutsch. Sie können allerdings lernen, bestimmte Stimmlagen mit einer bestimmten Situation zu assoziieren, weshalb Kommandos mit klarer, fester Stimme gesprochen werden sollten. Sie können beliebige Kommandos wählen, solange sie kurz sind – am besten sollten sie aus nur einer Silbe

Oben: *Sprechen Sie mit fester Stimme, wenn Sie Ihrem Hund Kommandos beibringen. Loben Sie mit sanfter Stimme, damit er zwischen beidem unterscheiden kann.*

bestehen. Zum Loben ist eine weiche, am besten flüsternde Stimme ideal, damit der Hund deutlich vom Befehl unterscheiden kann. Das Wort »nein«, das Ihr Hund unbedingt kennen sollte, muss in sehr scharfem, knappem Ton vorgebracht werden. Denken Sie daran, bei einer Übung immer das gleiche Kommando zu verwenden. Bevor Sie Ihren Hund erziehen können, müssen Sie alle Kommandos konsequent anwenden.

Halsband und Leine

Haben Sie das richtige Halsband und die richtige Leine, um Ihren Hund kontrollieren zu können? Für Welpen sollten Sie ein festes Halsband und eine Leine von 1,20–2,00 m Länge verwenden. Kopfgeschirr, Würgeketten oder -halsbänder dürfen Sie bei Welpen nicht einsetzen.

Im Versuch, erwachsene Hunde unter

Selbst an kurzer Leine ist dieser Hund außer Kontrolle.

❶

Kontrolle zu halten, kaufen viele Menschen Würgeketten und hoffen, dass der Hund zu ziehen aufhört, wenn sich die Kette um seinen Hals zusammenzieht. Das funktioniert aber leider selten, weil die natürliche Gangart des Hundes schneller ist als unsere und er keine Verbindung zwischen dem Würgen und dem, was Sie von ihm wollen, herstellen kann. Bei bestimmten Hunden habe ich selbst Würgeketten mit gutem Erfolg eingesetzt – meistens waren das Hunde, bei denen alle anderen Trainingsversuche versagt hatten. Dazu ist aber viel Erfahrung nötig. Mir ist noch kein Hundehalter begegnet, der ein Würgehalsband ohne Beisein und

gehen, diese Position ist aber kein Muss. Wichtig ist nur, dass man sich festlegt und der Hund weiß, auf welcher Seite er immer zu gehen hat. Ob rechts oder links oder zwei Schritt weiter vor – von Bedeutung ist nur, wenn Sie das Gefühl haben, das es so richtig ist. Viele Hunde ziehen nicht

Die Hundehalterin wird fast umgeworfen.

Links 1, 2 und 3: *Das wird ein ungestümer Spaziergang. Ein großer, starker Hund, der an der Leine zieht, kann den schönsten Spaziergang zum Alptraum machen. Ein solcher Hund wird vermutlich auch andere Fußgänger anrempeln.*

Unten: *Um »Bei Fuß!« zu lernen hilft es, wenn der Hund immer auf der gleichen Seite neben Ihnen geht.*

Anleitung eines Trainers richtig benutzt hätte. Versuchen Sie es also besser gar nicht.

Vielleicht wundern Sie sich, warum Sie die Leine in der rechten Hand halten sollen, wo der Hund doch links von Ihnen geht. So haben Sie aber die linke, dem Hund nächste Hand zum zusätzlichen Eingreifen frei. Zwar bringe ich meinen Hunden bei, links von mir »Bei Fuß!« zu

weiter, wenn man sie an etwas längerer Leine leicht vor sich selbst laufen lässt. In einer Stadt kann das allerdings unpraktisch sein.

Fangen Sie mit der Erziehung »Bei Fuß!« im Garten, Hof oder an einem anderen ruhigen Ort ohne Ablenkungen an. Üben Sie dort in den ersten paar Wochen, bis Ihr Hund zuverlässig auf »Bei Fuß!« und »Sitz!« reagiert.

Welpen und schwache Zieher

Bei der Arbeit mit einem Welpen an festem Halsband (keine Würgehalsbänder oder -ketten) und Leine wird schnell klar, dass diese kleinen Lebewesen sehr leicht formbar sind und innerhalb weniger Wochen lernen, an Ihrer Seite zu gehen, vorausgesetzt, Sie bieten ihm genug Motivation. In diesem Kapitel geht es hauptsächlich um Welpen oder erwachsene Hunde, die bereits ziehen. Trotzdem will ich auch ein paar grundlegende Informationen zur Erziehung von Welpen bringen, weil es das ideale Alter ist, um einen Hund zu erziehen.

Ein Welpe hat keine Ahnung, was Sie wollen oder warum das Gehen an der Leine nichts mit Ziehen zu tun haben soll. Wir beginnen mit der Übung von »Bei Fuß!«, sobald der Welpe sich an Halsband und Leine gewöhnt hat. Bei aller Erziehungsarbeit motiviere ich den Hund mit irgendeiner Aktion, die mir seine Aufmerksamkeit sichert und belohne ihn anschließend. Auf diese Weise empfindet der junge Hund Spaß beim Lernen!

Bei-Fuß-Gehen

Ich halte eine Leckerei oder ein Quietschspielzeug in der linken Hand und gehe mit dem Kommando »Bei Fuß!« los. Drängelt sich der Hund vor mich, wende ich nach rechts ab und bücke mich gleichzeitig mit ausgestreckter linker Hand (mit dem Spielzeug) etwas nach unten. Sobald der Hund aufmerksam geworden ist und meiner Hand folgt, sage ich »Bei Fuß!« und gebe ihm das Spielzeug oder die Leckerei. Nachdem ich das zehnmal oder öfter wiederholt habe, werfe ich das Spielzeug, spiele mit dem Hund und beende die Lektion. Später fange ich noch einmal an. Der Hund hat nun begonnen, sich auf mich zu konzentrieren, lernt das Kommando »Bei Fuß!« und merkt, dass es Spaß und Belohnung bedeutet, wenn er an meiner Seite geht.

In der nächsten Phase üben wir »Bei Fuß!« an verschiedenen anderen Orten wie auf der Straße, im Park oder auf öffentlichen Plätzen. Aber achten Sie darauf, dass Sie in der Nähe von Verkehrsstraßen nur an der Leine üben dürfen – ohne Ausnahme! Anfangs wird sich der Welpe ablenken lassen. Das ist normal, deshalb müssen Sie sich nun etwas mehr anstrengen. Vielleicht findet er die Ablenkungen spannender als Sie und es sieht so aus, als würde der Rückschritte machen. Deshalb geben viele Hundehalter in dieser Phase auf.

Wenn Sie mit Ihrem Hund bei Fuß anderen Hunden begegnen, ist es nur natürlich, wenn er Interesse an einer Begegnung zeigt. Bleiben Sie nicht stehen, gehen Sie einfach weiter und loben Sie Ihren Hund, damit er an Ihre Seite zurück kommt. Sie können ihm auch ein Leckerbissen anbieten, um ihn noch mehr von anderen Hunden abzulenken. Bei einem erwachsenen Hund können Sie auch einmal kurz an der Leine rucken, wenn er stur zu seinen Artgenossen hinzieht. Manchmal renne ich los, etwa fünf Meter weit und die meisten Hunde finden das spannend und laufen lieber mir nach.

Die Kontrolle behalten

Ihr Hund darf nicht auf die Idee kommen, dass er nicht mehr auf Sie hören muss, sobald er im Park oder auf der Straße einem anderen Hund begegnet. Vermutlich wollen Sie, dass er mit anderen Hunden spielt und sich sozialisicrt. Das ist ja auch vollkommen in Ordnung, solange Sie Ihren Hund je-

derzeit unter Kontrolle haben. Ich wende die gleiche Erziehungsmethode bei erwachsenen Hunden an, füge aber noch eine weitere Komponente hinzu: Zieht der Hund wirklich vorwärts, bleibe ich wie angewurzelt stehen, befehle dem Hund »Sitz!« und lasse ihn sich nicht rühren, bis er sich wieder beruhigt hat. Dazu ist Geduld nötig, manchmal über viele Trainingswochen hinweg. Irödelt Ihr Hund, ziehen Sie ihn unter keinen Umständen hinter sich her, sondern loben Sie ihn.

Unten 1, 2 und 3: *Um einem Welpen »Bei Fuß!«
begreiflich zu machen, kann man ihn mit
Leckerbissen ermutigen, Ihren Richtungs-
änderungen zu folgen. Er wird für das
Befolgen Ihrer Kommandos belohnt,
wodurch es für ihn attraktiv wird,
an Ihrer Seite zu bleiben.*

Zusammenfassung: Bei-Fuß-Gehen

▷ »Bei Fuß!« bedeutet eine Rich-
tungsänderung

▷ Futter und/oder Spielzeug verknüpfen das Kommando mit
einer Belohnung

▷ Als zusätzliche Belohnung dient
ein ausgelassenes Spiel am Ende einer Lektion

Unten: *Wenn ein anderer Hund auftaucht, zerrt Ihr Hund vielleicht wild an der
Leine, weil er ihn begrüßen möchte. Lassen Sie das nicht zur Gewohnheit
werden, weil sonst Ihre vorherige Arbeit zunichte gemacht wird.
Beim erwachsenen Hund hilft ein kurzer Leinenruck, um seine
Aufmerksamkeit wieder auf Sie zu
lenken.*

Hundeerziehung und psychologische Tipps

▷ Bevor Sie Ihrem Hund eine Übung beibringen können, müssen Sie sie erst selbst richtig verstanden haben. Versuchen Sie nie etwas, wenn Sie sich nicht ganz sicher sind, wie es geht.

▷ Die Lernmotivation für Ihren Hund ist mit angenehmer Stimme vorgebrachtes Lob. Nur ganz wenige Welpen brauchen eine körperliche Korrektur, sondern stattdessen nur Geduld und Wiederholungen mit einem entspannenden Spiel am Ende.

▷ Wenn der Hund Fehler zu machen scheint, können Sie sicher sein, dass es daran liegt, dass der Trainer nicht klar genug mit dem Tier kommuniziert.

▷ Während des Trainings kann der Hund das Interesse verlieren oder Ihre Kommandos vorwegnehmen. Lassen Sie ihn eine Übung machen, die er besonders gut kann, loben Sie ihn, beenden die Übung und spielen mit ihm. Versuchen Sie es später am Tag noch einmal.

▷ Bedenken Sie dass Hunde verschiedener Rassen je nach ihrer Arbeitsveranlagung auch unterschiedlich schnell Fortschritte machen.

▷ Manche Hunde schnüffeln für ihr Leben gern. Gehen Sie in diesem solchen Fall nicht zu nah an Mauern oder Büschen vorbei, die besonders intensiv riechen. Bevorzugen Sie die Mitte des Weges – das erleichtert das Training.

Einsatz von Kopfgeschirr bei hartnäckigen Fällen *(nur bei dominanten Hunden)*

Ein Kopfgeschirr oder Halfter wird um den Fang des Hundes gelegt. Es funktioniert bei den meisten, aber nicht allen Hunden gut. Meiner Erfahrung nach lernen damit auch dominante und schwierige Hunde, nicht an der Leine zu ziehen.

Leider gibt es sie in nur etwa sechs Größen, und da Kopfform und -größe bei Hunden stark variieren, verursachen sie manchmal leichte Scheuerstellen am Kopf. Gut angepasst sind sie aber zweifellos der beste Weg, um zu

Links: *Halfter darf man nur bei starken und selbstsicheren erwachsenen Zieher verwenden – sie eignen sich nicht für junge und empfindliche Hunde. Bei richtiger Anwendung können sie zu sehr guten Ergebnissen führen.*

verhindern, dass der Hund Ihnen ständig die Arme lang zieht.

Das Kopfgeschirr anpassen

Es ist sehr wichtig, den Hund allmählich an das Halfter zu gewöhnen, damit er es mit etwas Angenehmem verbindet. Die meisten Besitzer gehen bei der Gewöhnung zu rasch vor und wundern sich dann über die Stressreaktion ihres Hundes.

Als Erstes lassen Sie den Hund an Leine und Halsband sitzen. Halten Sie einige Leckereien bereit. Legen Sie das Halfter an und belohnen Sie den Hund mit Futter. Lassen Sie das Halfter für ein paar Minuten am Kopf und geben Sie zwischendrin einige Leckereien. Ihr Hund lernt, das Tragen des Kopfgeschirrs mit Futterbelohnung zu verknüpfen. Das müssen Sie nun über einen Zeitraum von drei Tagen täglich dreimal jeweils etwa zehn Minuten üben. Als Nächstes befestigen Sie die Leine am Halfter und gehen Sie mit dem Hund über eine kurze Strecke im Haus oder Garten spazieren; belohnen Sie Ihren Hund zwischendurch. Gerät Ihr Hund in Panik oder versucht seinen Kopf am Boden zu reiben, lenken Sie ihn mit Futter ab und lassen Sie ihn mit Hilfe der Leine sitzen. Die meisten Hunde mögen das Kopfgeschirr zu Anfang nicht, gewöhnen sich aber schnell

daran, sobald sie es mit Futterbelohnungen und Spaziergängen assoziieren. Sobald Sie ohne Gegenwehr des Hundes damit im Haus und Garten spazieren können, sind Sie für den normalen Gebrauch draußen bereit. Bleiben Sie konsequent, geben Sie nicht auf und haben Sie kein Mitleid mit Ihrem Hund, oder Sie werden schnell wieder am Ausgangspunkt sein.

Brustgeschirr

(nur für dominante und hartnäckige Hunde)
Um Hunden das Ziehen an der Leine abzugewöhnen, gibt es auch ein spezielles Brustgeschirr. Bei diesem Hilfsmittel laufen zwei Brustriemen, die nicht zu dünn sein dürfen (Verletzungsgefahr!) unter den »Achseln« des Hundes hindurch. Zieht der

Unten, links und rechts: *An das Tragen eines Halfters muss sich der Hund erst gewöhnen – Futterbelohnungen sind anfangs sehr hilfreich.*

Hund nach vorn, drücken die Brustriemen gegen den Brustkorb und verursachen Unbehagen. Sobald er mit dem Ziehen aufhört, lässt auch der Druck nach. Der Hund bestraft oder belohnt sich also selbst und viele Hunde gewöhnen sich auf diese Weise das Ziehen schnell ab. Wie das Halfter ist das eine wirksame Trainingshilfe.

Zusammenfassung

▷ Bei Welpen und sensiblen Hunde sollten Sie das Bei-Fuß-Gehen mit Belohnung üben, um korrektes Verhalten zu bestärken.

▷ Dominante und kräftige erwachsene Hunde können Sie durch richtige Anwendung von Kopf- und Brustgeschirr zum korrekten Verhalten erziehen.

▶Ein zweiter Hund kommt ins Haus

Gewöhnlich verläuft die Eingliederung eines neuen Hundes in die Familie glatt und ohne größere Probleme. Wie leicht sich ein Hund in die neue Umgebung eingewöhnt, hängt aber von mehreren Faktoren ab. Jeder mit Ihnen zusammen lebende Hund – auch wenn es nur einer ist – sieht sich selbst als Mitglied eines Rudels mit einer festen Hierarchie. Jeder Neue wird deshalb als Konkurrent betrachtet und aufmerksam beobachtet. Manche Hunde finden einen Neuling nur lästig, während andere aggressiv werden können und versuchen, die vermeintliche Bedrohung einzuschüchtern. Wie Ihr Hund reagiert, hängt vom Grad seiner Dominanz und/oder seiner Beziehung zu Ihnen ab.

Laufstall für Kinder ist das ein Ort, an dem der Welpe mitten im geschäftigen Haushaltstreiben sicher vor Gefahren ist.

Wenn der Welpe ankommt, wird der anwesende Hund sehr neugierig oder sogar ein bisschen aggressiv sein, je nachdem, wie gut er sozialisiert ist. Setzen Sie den Welpen in den Laufstall und lassen Sie Ihren alten Hund in den Raum, sodass sich beide durch die Gitterstäbe beschnüffeln und miteinander bekannt machen können. Während der ersten drei Wochen lasse ich einen Neuankömmling nie mit dem alten Hund allein und auch danach nur, wenn ich ganz sicher bin, dass sie sich gut verstehen. Der heimische Hund muss immer die Möglichkeit haben, dem Neuling aus dem Weg zu gehen – allein das verhindert im Anfangsstadium schon die meisten Konfrontationen. Reagiert der heimische Hund aggressiv, sollten Sie das Kapitel über Aggressionen innerhalb eines Rudels lesen (siehe S. 116–131), um die Dynamik der Situation besser zu verstehen.

Ein neuer Welpe gewöhnt sich allmählich an die neue Umgebung; er betrachtet jeden bereits anwesenden Hund als Spielgefährten, egal, ob das erwidert wird oder nicht. Erwachsene Hunde scheinen instinktiv zu wissen, dass Welpen lästig sind, und knurren leicht, wenn sich der Kleine nähert, besonders wenn die scharfen Zähnchen im Spiel sind. Das Knurren ist eine Warnung, wenn der Kleine zu aufdringlich wird, weshalb Sie es nicht unterbinden sollten. Selbst ein angedeutetes Schnappen sollten Sie dem älteren Hund erlauben, denn es ist eher Warnung. Lassen Sie am besten die Hunde ihre Angelegenheiten ohne Einmischung selbst regeln.

Zunächst müssen wir verstehen, was im Kopf Ihres Hundes und dem des Neuankömmlings vorgeht. Ist der Neue ein Welpe, werden ganz andere Probleme auftreten und wir müssen nach einer anderen Methode vorgehen, um den Neuankömmling in die Familie zu integrieren. Auch das Geschlecht des etablierten und des neuen Hundes spielt eine Rolle – außer bei Welpen –, wie glatt die ersten Tage verlaufen werden.

Oben: *Wenn ein zweiter Hund ins Haus kommt, kann es zur Eifersucht kommen. Die bisherige Rangordnung wird durcheinandergebracht.*

Ein neuer Welpe

Für einen neuen Welpen besorge ich immer einen Laufstall und manchmal auch einen Käfig. So hat er gewisse Bewegungsfreiheit, während der bereits vorhandene Hund etwas Ruhe genießen kann. Genau wie ein

Unten 1, 2 und 3: *Wenn ein neuer Hund ankommt, ist er neugierig und möchte das Haus erkunden. Erlauben Sie ihm das, denken Sie aber auch daran, dass der heimische Hund seine Privatsphäre braucht.*

Nach etwa einer Woche wird der neue Welpe gewöhnlich akzeptiert.

Der Welpe möchte in der Regel mit dem großen Hund spielen, bindet sich an ihn und lernt von ihm. Hat Ihr älterer Hund also irgendwelche schlechten Angewohnheiten wie das Anspringen von Menschen oder Aggressionen gegen andere Hunde,

versuchen Sie von Anfang an zu verhindern, dass der Welpe sich diese aneignet. Nach Möglichkeit versuchen Sie, mit der Grunderziehung des Welpen im Alter von sechs Wochen zu beginnen und halten Sie während der Übungsstunden den anderen Hund von ihm fern. Gehen Sie auch ein- bis zweimal pro Woche nur mit dem Welpen spazieren und konzentrieren sich auf seine Gehorsamserziehung.

Bleiben Sie der Boss

Ein häufiges Problem, das auftritt, wenn ein zweiter oder dritter Hundes hinzukommt, ist die zu starke Bindung des Welpen an den bereits anwesenden Hund, sodass der Halter dadurch die Kontrolle verliert. Sie müssen unbedingt die Oberhand behalten.

Nach Möglichkeit sollten Sie mit Ihrem Welpen an den Spielstunden zur Sozialisation in Hundeschulen teilnehmen. Wegen der Schutzimpfungen kommt diese Art der Erziehung für sehr junge Welpen meist noch nicht in Frage, aber Sie können die Zeit nutzen, um etwas über Hundeerziehung zu lesen oder sich die verschiedenen Hundeschulen in Ihrer Gegend anzuschauen. So sind Sie schon mit den anderen Teilnehmern bekannt, wenn Ihr Welpe soweit ist.

Links: *Für uns sieht er entzückend aus, aber ihr erster Hund sieht das vielleicht anders. Lassen Sie die beiden ihre Beziehung möglichst allein und ohne Einmischung klären.*

Unten 1: *Wenn man einen Welpen mit einem erwachsenen Hund bekannt macht, hilft ein solcher Käfig.*

Unten 2 und 3: *Die beiden Hunde können sich völlig gefahrlos durch die Gitterstäbe beschnüffeln und kennenlernen.*

Falsch und richtig bei einem neuen Welpen

Falsch – den neuen Welpen anfangs mit dem anderen Hund allein lassen, außer der Welpe ist in einem Käfigs.

Richtig – dem heimische Hund die Möglichkeit geben, sich vor dem Neuling zurückzuziehen.

Richtig – die Anschaffung eines Laufstalls oder Käfigs für den neuen Welpen erwägen, besonders wenn dieser sehr stürmisch ist. Der Käfig ermöglicht Ruhepausen und hilft bei der Erziehung zur Stubenreinheit.

Falsch – einschreiten, wenn der ältere Hund den neuen Welpen durch Knurren oder angedeutetes Schnappen verwarnt, außer er beißt wiederholt oder lässt den Welpen nicht in Ruhe. Die Hunde klären ihre Angelegenheiten unter sich.

Falsch – dem Welpen im Vergleich zum heimischen Hund zu viel Aufmerksamkeit schenken. Kommen Ihnen beide zur Begrüßung entgegen, kümmern Sie sich immer zuerst um den alten Hund, sonst provozieren Sie Eifersuchtsreaktionen.

Richtig – Sind die beiden Hunde von sehr unterschiedlicher Größe, verhindern sie, dass der Welpe zu grob wird. Greifen Sie mit Gehorsamsübungen ein, wenn der kleinere Hund sich nicht verteidigen kann.

Richtig – füttern Sie die Hunde in den ersten Wochen getrennt. Schieben Sie die Futternäpfe dann allmählich näher zusammen, wenn der ältere Hund das zu tolerieren scheint.

Falsch – dem Junghund erlauben, das ganze Futter zu verputzen. Der ältere Hund hat das Recht auf Knurren oder Beißen, wenn der Neue ihm sein Fressen wegnehmen möchte. Manchmal lernt der Kleine aus dieser Warnung, manchmal nicht.

Wollen Kinder mit dem Welpen spielen, dann sollen sie sich in einen anderen Teil des Hauses oder Gartens zurückziehen, damit keine Eifersucht entsteht. Besonders während der ersten Wochen ist das wichtig. Sagen Sie auch den Kindern, dass sie, wenn beide Hunde da sind, den älteren Hund stärker beachten müssen.

Erwachsene Hunde verschiedenen Geschlechts
(Während der Sozialisation sind zwei Personen nötig)

Vorsicht: Kommt es bei der ersten Begegnung zwischen neuem und altem Hund zu einem Kampf – was sehr wahrscheinlich ist, wenn diese auf dem Heimterritorium von einem der beiden stattfindet –, kann das einen schweren Rückschlag für die zukünftige Harmonie bedeuten. Der erste Eindruck ist für Hunde wichtig.

Auch Kinder dürfen den alten Hund nicht zugunsten des Neulings vernachlässigen.

Wenn Sie den neuen Hund noch nicht haben, wählen Sie möglichst einen, der in Geschlecht, Größe und Wesen von ihrem alten Hund verschieden ist. Wenn sich die beiden Hunde in Wesen und Stärke zu ähnlich sind, könnten Sie in Zukunft Probleme bekommen. Sie machen sich die Sache erheblich leichter, wenn Sie die Hunde auf neutralem Gebiet miteinander bekannt machen, obwohl manche Hunde noch nicht einmal auf diesem Weg neue Freundschaften schließen. Leinen Sie beide Hunde an und versuchen Sie es zunächst mit einem gemeinsamen Spaziergang. Klappt das gut, lassen Sie beide frei laufen. Wenn sie zusammen spielen, ist das ein gutes Zeichen.

Erste Bekanntschaft

Gibt es keine offensichtliche Aggression, können sich die beiden Hunde in der nächsten Phase im Haus oder Garten begegnen. Sollte ein Hund körperlich dominant und der andere unterwürfig sein, machen Sie sich deshalb keine Sorgen. Für Hunde ist es normal, auf diese Weise abzuklären, wer der Boss ist.

Zeigt einer der Hunde Aggression – durch Beißen oder Angreifen –, sollte die nächste Begegnung wieder an der Leine stattfinden und beide Hunde bekommen eine Futterbelohnung, wenn sie sich sehen. So machen Sie das Treffen zu etwas Angenehmem. Wiederholen Sie solche Treffen und Belohnungen, bis ein gutes Einvernehmen hergestellt ist. Spielen Sie keine Ball- oder anderen Spiele, die zum Wettstreit zwischen den beiden Hunden führen könnten, denn dadurch könnten Besitzerneid oder Dominanzaggression provoziert werden. Haben sich die beiden Hunde gegenseitig vollständig akzeptiert, sind normale Apportierspiele erlaubt. Wie bei Welpen sollte auch hier der ältere Hund bevorzugt behandelt werden, wenn beide Hunde zusammen zu Ihnen kommen, und glauben Sie ja nicht, dass Sie beide gleich behandeln können. Bedenken Sie auch, dass der neue Hund die dominante Rolle übernehmen kann und Sie ihm dann mehr Zuwendung schenken müssen – ob es Ihnen gefällt oder nicht. Die Hunde sollten getrennt gefüttert werden, bis sie sich auch in dieser Situation vertragen und sich gegenseitig tolerieren.

Oben: *Begrüßen Sie Ihren alten Hund immer zuerst und behandeln Sie ihn bevorzugt, solange er ranghöher als der Neuling bleibt.*

Unten: *Beim Füttern kann es zu Aggressionen kommen, wenn einer an den Napf des anderen will. Füttern Sie die Hunde getrennt, bis Sie wissen, dass sie sich verstehen und die Anwesenheit des jeweils anderen akzeptieren.*

Erwachsene Hunde gleichen Geschlechts

Wenn die beiden erwachsenen Hunde gleichen Geschlechts sind, müssen sie sozialisiert werden, bevor sie zusammenleben können – es sei denn, einer der beiden Hunde ist sehr unterwürfig. Gehen Sie so vor, wie es im vorhergehenden Abschnitt beschrieben wurde. Bei gleichgeschlechtlichen Hunden ist die Wahrscheinlichkeit für Kämpfe und Rivalität um die Rangordnung definitiv erhöht, und die Kämpfe können auch durchaus sehr ernst sein.

Oben: Vorsicht bei gleichgeschlechtlichen Hunden – scheinbar spielerisches Verhalten kann sehr plötzlich in heftige Kämpfe umschlagen.

Lassen Sie die beiden Hunde zunächst weder Tag noch Nacht miteinander allein. Wenn sie nach ein oder zwei Wochen beginnen, sich besser zu verstehen, werden sie auch einmal miteinander spielen oder Zeichen von Zuneigung zeigen. Selten kommt es vor, dass sie sich gegenseitig völlig ignorieren. Bestimmende Faktoren sind, wie dominant die Hunde vom Wesen her sind und wie Sie beide Hunde während der Eingewöhnungsphase behandeln. Insgesamt ist bei Hunden genau wie bei Menschen gleichen Geschlechts eine Frage der Sympathie, ob sie sich verstehen oder nicht.

Verteidigt einer der beiden Hunde seine Spielsachen besonders stark, ist es besser, diese ganz zu entfernen. Wenn der neue Hund unsicher ist und besondere Bestärkung braucht, verbringen Sie anfangs Zeit mit ihm allein, damit Ihr alter Hund nicht eifersüchtig werden kann. Aus den Augen, aus dem Sinn!

Links: Es kann länger dauern, bis sich zwei Hunde aneinander gewöhnt haben, aber mit der Zeit schaffen es die meisten. Manche werden sogar dicke Freunde.

Machen Sie nicht zuviel Aufhebens, wenn Sie spazieren gehen wollen oder wenn Besuch kommt; jede Aufregung kann dazu führen, dass ein Hund nach dem anderen schnappt. Die Hunde könnten in dieser Situation auch darum wetteifern, wer als erster den Besuch begrüßt. Seien Sie ungewöhnlichem Verhalten gegenüber wachsam, wenn sich beispielsweise die Hunde gegenseitig anstarren oder sich ständig aus dem Weg gehen. Selbst nach vielen Wochen kann gelegentliches Knurren, fehlendes Spielverhalten oder dauernde Ängstlichkeit eines der Hunde Zeichen dafür sein, dass etwas nicht in Ordnung ist.

> ### ▶ Zusammenfassung: Zwei erwachsene Hunde
>
> ▷ Wählen Sie einen Hund, der sich von Ihrem vorhandenen Hund in Größe, Geschlecht und Wesen unterscheidet.
>
> ▷ Machen Sie die Hunde zuerst angeleint und auf neutralem Gebiet miteinander bekannt
>
> ▷ Setzen Sie Futter als Belohnungen ein, damit das Treffen der Hunde für jeden der beiden mit einer positiven Erfahrung zu assoziieren ist.
>
> ▷ Vermeiden Sie Spiele mit Wettstreitcharakter.
>
> ▷ Schenken Sie dem Ersthund zu Beginn mehr Aufmerksamkeit als dem Neuling, seien sie aber darauf gefasst, sich umzustellen, wenn die Rangordnung sich ändert.

Zerrspiele können zu Dominanzkämpfen umschlagen.

Hier wäre es besser, das Spielzeug wegzunehmen.

Oben: *Spiele mit Wettkampfcharakter und Kräftemessen sollten besser vermieden werden. Auch ist es ratsam, den neuen Hund so auszuwählen, dass er sich in Größe, Rasse, Geschlecht und Wesen von Ihrem ersten Hund unterscheidet.*

Zum Schluss

Nur die Hunde können entscheiden, ob sie sich mögen oder nicht. Unsere Gefühle spielen dabei keine Rolle. Wir können jedoch zum Erfolg beitragen, indem wir möglichst ideale Bedingungen schaffen. Zwingen Sie Hunde, die sich offensichtlich nicht mögen, zum Zusammenleben. Zum Glück klären aber 90 Prozent aller Hunde früher oder später ihre Rangordnung innerhalb des Familienrudels selbst.

▶ Phobien und Ängste

Eine Phobie ist eine abnormale und irrationale Angst vor etwas. Genau wie Menschen können auch Hunde unter Phobien leiden und brauchen genau wie diese Hilfe, um sie zu überwinden. Natürlich können Menschen, die eine Phobie loswerden möchten, mit einem Psychotherapeuten über ihre unbegründeten Ängste sprechen. Hunde können das nicht, aber Kommunikation auf einer bestimmten Ebene ist wichtig. Tiere mit Phobien gehören zu den schwierigsten Fällen. Wichtig ist, eine Situation zu schaffen, in der der Wunsch eine Belohnung zu bekommen größer ist als die Angst.

▶ Typische Anzeichen einer Phobie

- ▶ Auf den Arm des Halters springen
- ▶ Sich Verstecken
- ▶ Zittern
- ▶ Winseln
- ▶ Urinieren und Kot absetzen
- ▶ Hervortretende Augen
- ▶ Starke Speichelbildung
- ▶ Hecheln
- ▶ Weglaufen

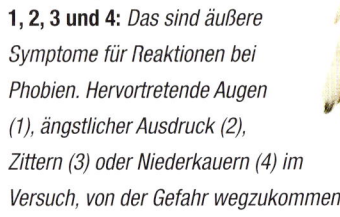

Was verursacht Phobien?

Manche Hunde sind von Geburt an ängstlicher als andere. In sehr frühem Alter – jünger als 12 Wochen – auftretende Ängste sind vermutlich erblich bedingt, es sei denn, es hat bereits eine offensichtlich negative Erfahrung stattgefunden. Es ist fast unmöglich, solche ererbten Ängste zu bekämpfen, weshalb Jäger Welpen, die nicht schussfest (Angst vor dem Gewehrknall ohne ersichtlichen Grund) sind, aus der Ausbildung aussondern.

Trotzdem entstehen meiner Erfahrung nach die meisten Phobien durch traumatische Erfahrungen. In manchen Fällen waren diese so minimal, dass der Halter sie gar nicht bemerkt hat. Die Saat für eine richtige Phobie kann beispielsweise gelegt werden, wenn der Hund erschrickt, weil sein Besitzer gelegentlich einen Mixer betätigt oder eine Plastiktüte ausschüttelt. In anderen Fällen kann die zu Grunde liegende ängstigende Erfahrung erkannt werden – ein Donnerkrachen, ein Feuerwerk, ein tief fliegendes Flugzeug oder einfach nur eine wehende Tüte.

1, 2, 3 und 4: *Das sind äußere Symptome für Reaktionen bei Phobien. Hervortretende Augen (1), ängstlicher Ausdruck (2), Zittern (3) oder Niederkauern (4) im Versuch, von der Gefahr wegzukommen.*

Vorbeugung durch Sozialisation

Das beste Mittel gegen die Entstehung von Phobien ist die Sozialisation des Welpen im Alter zwischen 6 und 12 Wochen. In diesem Alter muss Ihr Welpe mit möglichst vielen Umweltreizen und sozialen Erfahrungen konfrontiert werden, damit er sich zu einem ausgeglichenen erwachsenen Hund entwickeln kann. Leider sind Welpen aber auch genau in diesem Alter am anfälligsten für das Entstehen von Ängsten. Deshalb ist es wichtig, in dieser entscheidenden Phase

die aufregende Welt aus Hundeaugen zu betrachten. Wenn Sie beispielsweise hinter einem stehenden Auto mit laufendem Motor vorbeigehen, erschrecken Sie sich vielleicht, wenn plötzlich Auspuffgase an Ihre Beine treffen. Jetzt stellen Sie sich vor, Sie wären in dieser Situation ein Hund: Sein Kopf ist in Auspuffhöhe, die Abgase blasen direkt in sein Gesicht. Das ist wesentlich beängstigender und der Hund kann darüber hinaus nicht wie wir verstehen, was gerade passiert ist. Die meisten Hunde – wie die meisten Menschen – schütteln solche Erlebnisse einfach ab. Andere aber entwickeln eine verständliche Phobie gegen die Rückseiten von Autos.

Oben: *Bei Hunden mit Geräuschphobie kann man das gefürchtete Geräusch auf Tonband aufnehmen und zuerst leise, dann immer lauter abspielen.*

Das wilde Tier im Hund

Wild lebende Hunde und Wölfe können auf Angstsituationen einfach mit Flucht reagieren. Ihr Territorium ist riesig und jede Bedrohung – ob echt oder nur so empfunden – kann meilenweit zurück gelassen werden. Haushunde haben die gleiche Reaktion in sich, können aber oft nicht so mit ihrer Angst umgehen, wie ihr Instinkt es ihnen sagt. Wir beschränken sie mit Türen, Mauern, Zäunen, Straßen und Leinen. Da ihnen jede Fluchtmöglichkeit genommen ist, müssen Welpen wohl oder übel lernen, sich an eine unnatürliche Umwelt anzupassen.

Viele Hunde erschrecken sich vor plötzlichen lauten Geräuschen wie Feuerwerk, Donner oder Schüsse. Sind sie angeleint, werden sie manchmal hysterisch vor Angst, nicht angeleint laufen sie auf und davon. Die Angst kann sogar so weit gehen, dass der Hund die Gegend, in der er das Geräusch zum ersten Mal hörte, nicht mehr betreten möchte. Über-

raschenderweise können auch Hunde, die jahrelang laute Geräusche akzeptiert haben, noch in späteren Jahren Phobien gegen Geräusche entwickeln.

Kampf dem Krach

Zuallererst sollten Sie von vorne beginnen. Zwingen Sie den Hund nicht das Gebiet zu betreten, das er bereits mit dem schrecklichen Geräusch verbindet. Sobald diese Assoziation im Kopf des Hundes entstanden ist, ist es fast unmöglich, sie zu löschen. Ich nenne das Ortsangst.

Nehmen Sie auf Kassette Geräusche von Donnerkrachen und lautem Knallen auf, um ein Programm zur Desensibilisierung durchzuführen. Spielen Sie die Geräusche dem Hund in einer Lautstärke vor, die keine Panik bei ihm verursacht. Sie lösen vielleicht etwas Angst aus, aber eine schwache Reaktion ist in Ordnung. Bei jedem Abspielen der Geräusche bieten Sie dem Hund gleichzeitig eine positive Ablenkung, wie zum Beispiel

• Futterbelohnung in Form schmackhafter Leckerbissen – der Hund muss vorher hungrig sein.

• Spielen Sie ein spannendes Spiel mit ihm.

Ignorieren Sie jede negative Reaktion. Zeigt der Hund zum Beispiel Angst, dürfen Sie ihn nicht beruhigen oder streicheln, sondern nur durch Ihr eigenes Verhalten zeigen, dass überhaupt nichts Schlimmes geschieht.

Wenn Sie im Freien üben, verwenden Sie eine Abrollleine, damit Ihr Hund nicht weglaufen kann. Sollten Sie einen Helfer haben, nimmt einer von Ihnen den Hund an die Abrollleine und der andere geht etwa 20 Meter parallel neben Ihnen her und spielt die Kassette in zunächst sehr niedriger Lautstärke ab. Mit der Zeit verringern Sie allmählich die Entfernung und erhöhen die Lautstärke. Es kann viele Monate und Dutzende von Übungsstunden dauern, aber es ist der einzige Weg zum Erfolg.

Links: *Streicheln Sie den ängstlichen Hund nicht – zeigen Sie durch Ihr Verhalten, dass es nichts zu fürchten gibt.*

Wenn Ihr Hund ein bestimmtes Spiel ganz besonders liebt, bieten Sie ihm dieses zur Ablenkung von dem gefürchteten Geräusch; Sie sehen dann, ob es funktioniert. Begeisterte Apportierhunde zum Beispiel können Sie vor die Wahl stellen, mit Ihnen ein Apportierspiel zu spielen oder sich der

Angst hinzugeben. Die Wirkung wird erhöht, wenn Sie das begehrte Spiel nur in den Übungsstunden zur Desensibilisierung spielen. Nach meinen Erfahrungen entscheiden sich die meisten Hunde für den Ball, solange die Geräusche in mäßiger Lautstärke bleiben.

Haushaltsgeräusche

Manche Hunde entwickeln Phobien vor bestimmten Geräuschen im Haushalt wie das Ploppen beim Entkorken einer Weinflasche oder Rascheln einer Alufolie. Versuchen Sie in solchen Fällen, das gefürchtete Geräusch mit der Essenszeit des Hundes in Verbindung zu bringen. Machen Sie dieses Geräusch, während der Futterzubereitung – so leise wie möglich. Bitten Sie jemanden, das Fressen rasch von der Geräuschquelle entfernt auf den Boden zu stellen, zum Beispiel im Nachbarraum.

Der Hund muss sich jetzt entscheiden – Panik oder Fressen. Anfangs wird er zögern, aber wenn er sich in Richtung Futter bewegt – wie zögerlich auch immer – sind Sie auf dem richtigen Weg. Ignoriert er das Futter und flüchtet, nehmen Sie den Futternapf wieder weg und versuchen es später oder am nächsten Tag noch einmal, wenn der Hunger sehr groß wird. Es funktioniert jedoch nicht, wenn Sie ihm zwischendurch Leckereien geben, denn Futter darf nur mit dem gefürchteten Geräusch assoziiert werden.

Rechts: *Entwickelt Ihr Hund eine Phobie vor einem Haushaltsgeräusch, bereiten Sie sein Futter mit dem Geräusch im Hintergrund zu. Oft entscheiden sich die Hunde lieber für das Futter als für die Flucht aus dem Raum.*

Tipps zur Angstbekämpfung

▷ Setzen Sie Tonbandaufnahmen ein, die Sie anfangs leise und in einiger Entfernung vom Hund abspielen.
▷ Belohnen Sie nie die Angstreaktion, indem Sie Ihren Hund beruhigen oder trösten.
▷ Benutzen Sie eine Abrollleine
▷ Bieten Sie dem Hund eine positive Ablenkung an, zum Beispiel Futter oder Spiel.

Unten 1 und 2: *Futter hilft auch dabei, den Hund an ein Gegenstand zu gewöhnen, der normalerweise Panik bei ihm auslösen würde. Kommen Sie damit allmählich näher, während der Hund frisst. Meist ist es ein langsamer Prozess, aber mit der Zeit lernt der Hund, dass der Gegenstand keine Bedrohung ist.*

❶

❷

Beruhigungsmittel

▷ Beruhigungsmittel können in bestimmten Situationen wie Silvesterfeuerwerk hilfreich sein, aber fragen Sie bitte immer Ihren Tierarzt um Rat. Solche Medikamente dürfen nur für kurze Zeit und nicht dauerhaft oder über längere Zeiträume verabreicht werden.

Beruhigen Sie den Hund, ohne seine Panik steigern. Wenn er einen dunklen Raum braucht, dann erlauben sie ihm das. Wenn er sich an Ihr Bein lehnt oder Ihnen von Raum zu Raum folgt, lassen Sie das zu. Aber trösten Sie ihn nicht – weder mit Worten noch durch Streicheln, weil Sie ihn damit nur in seiner Meinung bestärken würden, dass irgend etwas nicht in Ordnung ist. Eine gleichgültigere und souveränere Haltung von Ihrer Seite gibt ihm wesentlich mehr Sicherheit.

Auf Kassette

Wenn Ihr Hund Angst vor einem ganz bestimmten Geräusch hat zum Beispiel Staubsauger oder Motorrad, kann wieder ein Kassettenrekorder helfen. Nehmen Sie das Geräusch auf. Während Ihr Hund auf eine angenehme Art abgelenkt, beispielsweise durch ein Spiel oder Fressen, spielen Sie das Geräusch in niedriger Lautstärke etwa zehn Minuten lang ab. Wiederholen Sie die Übung über zehn Wochen täglich dreimal. Akzeptiert Ihr Hund das Geräusch, erhöhen Sie die Lautstärke allmählich, bis es so laut ist wie in Wirklichkeit.

Angst vor Gegenständen

Wenn Ihr Hund Angst vor bestimmten Dingen wie Autos, Staubsaugern, Tieren, Kindern oder vor Menschen im Allgemeinen Angst hat, dann konfrontieren Sie ihn damit aus einer Entfernung, die er noch tolerieren kann. Belohnen Sie ihn sofort mit einem Leckerbissen oder einem Teil seiner täglichen Futterration, wenn er ruhig bleibt. Reduzieren Sie allmählich die Entfernung und belohnen Sie ihn weiter mit Futter. Es hilft auch, die Umstände etwas zu variieren, denn dadurch kann eine angenehme Assoziation mit dem Problem hergestellt werden.

Zwingen Sie Ihren Hund nicht, schreien Sie ihn nicht an und bedrohen Sie ihn nie, wenn er Angst hat. Auch dürfen Sie ihn nicht belohnen, während er Angst zeigt, sondern erst, wenn er sich entspannt.

Allgemeine Tipps

▷ Zwingen Sie einen ängstlichen Hund nie, sich der Quelle seiner Angst zu nähern.

▷ Bücken Sie sich nicht streichelnd zu einem ängstlichen Hund herunter – das macht die Sache nur schlimmer.

▷ Wenn Sie die Angst des Hundes ignorieren, zeigen Sie damit, dass es nichts gibt, wovor man sich fürchten muss.

▷ Wenn der Hund vor etwas Angst hat, dem man leicht aus dem Weg gehen kann, dann tun Sie es!

▷ Der langfristige Einsatz von Beruhigungsmitteln ist keine Lösung.

▷ Manche Hunde lassen sich von der Anwesenheit anderer Hunde beruhigen. Versuchen Sie, einen ruhigeren Hund von einem Freund auszuleihen.

▷ Achten Sie darauf, dass Halsband und Leine Ihres Hundes so stabil und sicher sind, dass sie einem Fluchtversuch standhalten

Kapitel 18

Reisekrank beim Autofahren

Manchen Hunden wird es genau wie Menschen beim Autofahren übel. Sie fühlen sich schlecht und können erbrechen. Bei Hunden kann sich Übelkeit auch durch starke Speichelbildung bemerkbar machen, sodass sie am Ende der Fahrt ganz nass sind. Manche Hunde lernen, dass eine Autofahrt bevorsteht, wenn sie die Schlüssel klimpern hören oder wenn die Autotür geöffnet wird. Solche Hunde zeigen dann oft schon Speichelbildung, bevor sie überhaupt im Auto sitzen. Andere Hunde zittern vor Angst – beides sind Zeichen dafür, dass der Hund das Autofahren nicht verträgt.

Ursachen

Die meisten Hunde lieben das Autofahren, weil ihnen die Nähe der Menschen behagt und sie wissen, dass die Fahrt meistens zu spannenden Zielen wie zum Beispiel einem Park führt. Für manche Hunde dagegen ist es eine Qual. Die Ursache ist meist eine Kombination aus den verschiedenen Bewegungen in Kurven, beim Bremsen und Beschleunigen. Die üblichen Symptome für Übelkeit sind übermäßige Speichelbildung, ein abwesender Gesichtsausdruck und in schlimmeren Fällen Erbrechen.

Tipps zur Vorbeugung

Gewöhnen Sie Ihren Hund von Anfang an ans Autofahren. Damit können Sie schon im Alter von sechs Wochen beginnen, wenn die Chancen am größten sind, dass sich positive Assoziationen zum Auto bilden. Nehmen Sie den Welpen mit leerem Magen zuerst auf kurze Fahrten von nicht mehr als fünf Minuten Länge mit. Finden solche Fahrten häufig statt, schaffen sie bald eine positive Einstellung beim Hund und er verknüpft das Auto mit angenehmen Erfahrungen wie Aufmerksamkeit von Seiten des Besitzers, Gesellschaft und, wenn er alt genug ist, Ausflügen ins Grüne. Wegen dieser Belohnungen am Ende lieben die meisten Hunde Autos.

Für Hunde, die bereits negativ auf das Auto fahren reagiert haben, brauchen wir eine Strategie, um ihnen die Angelegenheit schmackhafter zu machen. Versuchen Sie es mit folgendem Trainingsplan, den Sie nach Ihren Bedürfnissen abwandeln können:

1. Woche: Unternehmen Sie noch keine Fahrten mit Ihrem Hund. Legen Sie eine alte Wolldecke auf den Rücksitz, damit es weich und warm ist. Füttern Sie Ihren Hund mindestens täglich zweimal im Auto. Setzen Sie sich anfangs dazu und schließen Sie nach einigen Tagen, wenn alles in Ordnung ist, auch einmal die Autotüren. Lassen Sie Ihren Hund bei den ersten Fütterungen hinausspringen, sobald er aufgefressen hat. Hat der Hund Hunger, motiviert ihn das Futter, das Auto näher zu untersuchen. Schließen Sie Ihren Hund später nach jeder Mahlzeit fünf Minuten lang im Auto ein und achten Sie darauf, dass die Fenster etwas geöffnet bleiben. Machen Sie kein großes Aufhebens, wenn Sie den Hund wieder hinauslassen, sondern tun Sie so, als sei das alles Teil der

Oben und links: *Helfen Sie dem Hund, Autofahrten mit angenehmen Ereignissen wie Ausflügen ins Grüne zu assoziieren. Dann ist das Klimpern der Autoschlüssel für ihn bald ein Zeichen zur Freude.*

ganz normalen Alltags. Zeigt Ihr Hund keine Zeichen von Unbehagen und keine Speichelbildung, sind Sie bereit für Phase zwei.

2. Woche: Fahren Sie mit dem Programm aus der ersten Woche fort, aber unternehmen Sie jetzt nach jeder Fütterung eine fünfminütige Autofahrt. Fünf Minuten sind für die meisten Hunde nicht lange genug, um Übelkeit zu entwickeln. Hat der Hund ein Stadium erreicht, in dem er sich nicht länger unwohl zu fühlen scheint, sind wir bereit für Phase drei.

3. Woche: Bringen Sie Ihren Hund jeden Tag im Auto zum Park, vorausgesetzt, dass die Fahrt dahin nicht länger als 15 Minuten dauert. Gehen Sie spazieren und fahren Sie anschließend wieder nach Hause. Für unterwegs können Sie ihm auch Leckereien oder Kauknochen ins Auto legen. In diesem Fall dürfen Sie aber den ganzen Tag lang keine weiteren Belohnungen dieser Art geben. Die Methode funktioniert sehr gut, solange Sie nichts übereilen.

Weitere Tipps

• Kaufen Sie, nach Möglichkeit ein Hundegeschirr, das sich am Sicherheitsgurt befestigen lässt. So können Sie Ihren Hund auf dem Rücksitz anschnallen.

• Vermeiden Sie Fahrten in starkem Ver-

kehr, da ständiges Stoppen und Anfahren das Problem nur verschlimmert

• Setzen Sie Ihren Hund tagsüber immer mal wieder für etwa zehn Minuten ins Auto und lassen Sie ihn ohne Aufhebens wieder heraus. So ist Ihr Hund bald nicht mehr in der Lage, eine Autofahrt vorherzusehen und kann auch folglich keine Übelkeit vor Beginn der Fahrt entwickeln.

• Nehmen Sie den Hund erst dann auf längere Fahrten mit, wenn er kurze gut verträgt.

• Hat Ihr Hund eine extreme Abneigung gegen das Autofahren, können vielleicht Tabletten gegen Reisekrankheit helfen. Langfristig ändern sie jedoch nichts an den negativen Gefühlen, die der Hund dem Auto gegenüber hegt.

Oben: *Dieser Hund ist bereit zur Abfahrt. Wenn die Reise ein interessantes Ziel hat, steigen Hunde gerne ein.*

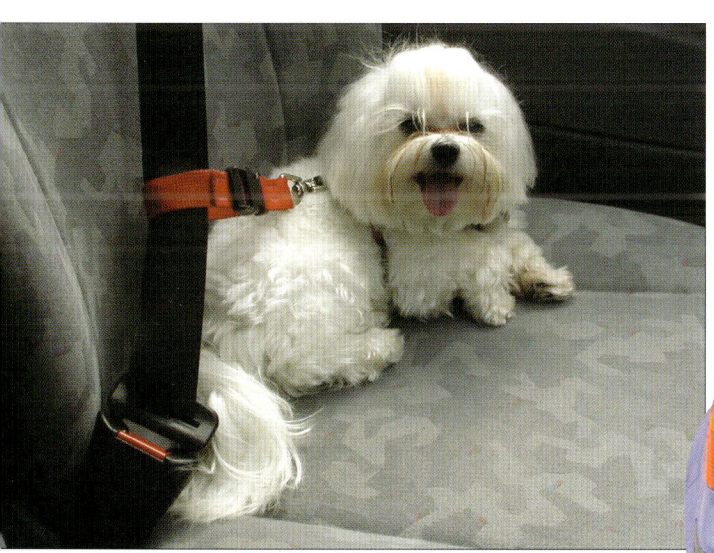

Oben und rechts: *Die Übelkeit vieler Hunde wird durch die Bewegungen des Autos verursacht. In solchen Fällen kann es helfen, den Hund mit einem Spezialgeschirr anzuschnallen (oben). Wenn der Hund ab und zu Zeit in einem Kombi verbringt (rechts) verliert er seine ängstliche Erwartungshaltung, ins Auto steigen zu müssen.*

Kapitel 19

▶ Buddeln im Garten

Graben oder Buddeln ist für Hunde etwas völlig Normales. Vielleicht haben sie einen interessanten Geruch entdeckt oder sie möchten einen Knochen für schlechtere Zeiten vergraben. An heißen Tagen buddeln sie manchmal nach kühler Erde, auf die sie sich legen können. Für manche Hunde ist es auch ein Mittel gegen Langeweile oder Angst, für andere nichts weiter als eine spannende Beschäftigung. Uns erscheint das Buddeln sinnlos und zerstörerisch, für den Hund ist es so natürlich wie Gähnen für seinen Besitzer.

Tipps zur Vorbeugung

Wenn das Buddeln ein Symptom für Langeweile oder Angst ist, wird der Hund vielleicht zu oft und lange allein gelassen. Stellen Sie sicher, dass der Hund genügend Bewegung und geistigen Anreiz bekommt. Vielleicht reicht es schon, öfter mal mit Ihrem Hund zu spielen, um ihn zufriedener zu machen und vom Buddeln abzubringen.

Wenn Ihr Hund nur in einer Gartenecke buddelt oder nur bestimmte Pflanzen ausgräbt, legen Sie eine große Steinplatte in das Loch und decken Sie sie mit etwas Erde ab. Sie können auch Steinplatten rund um den Stamm eines Busches legen.

Wenn Ihr (junger oder alter) Hund zum ersten Mal dieses Buddelverhalten zeigt, ist es vielleicht das einfachste, den Gartenbereich, den Sie erhalten möchten, zu umzäunen. Eine andere Möglichkeit wäre ein Außenzwinger und Laufstall für einen Welpen, bis er aus dem Flegelalter heraus ist, oder auch als Dauerlösung für einen hartnäckigen erwachsenen Hund, der gerne gräbt.

Eine Alternative, die den Bau von Zäunen erspart und dem Hund mehr Freiheit gibt, ist die Laufleine. Sie wird in etwa 1,20 m Höhe zwischen zwei Pfosten oder Bäumen gespannt; mit einem Ring wird eine 2,00 m lange Leine daran befestigt. So kann der Hund die gesamte Länge der Leine auf- und ablaufen. Für Welpen eignet sich die Laufleine nicht, weil sie sich leicht darin verheddern können.

Eine weitere einfache Lösung bietet ein stabiler Pfosten, der eingeschlagen wird, und an dem man eine etwa 2,00 m lange Leine oder Kette befestigt. So kann der Hund sich um den Pfosten frei bewegen und außer Reichweite wertvoller Gartenpflanzen gehalten werden. Der Hund darf aber nie länger als eine Stunde so angebunden bleiben. Er muss Zugang zu einer Schutzhütte haben. Behalten Sie den Hund bei heißem Wetter immer im Auge.

▶ Zusammenfassung: Anbinden

▶ Jeder im Freien angebundene Hund muss Schutz vor Hitze, Kälte oder Regen aufsuchen können.

▶ Binden Sie den Hund nie länger als eine Stunde an.

▶ Geben Sie dem Hund Markknochen, Kauartikel oder Spielsachen.

Oben: *Eine Taktik gegen unbelehrbare Gräber ist das zeitweise Einsperren in einen Außenzwinger mit Hundehütte.*

Trainingsscheiben

Ein direktes Eingreifen, um den Hund vom Graben abzuhalten, ist oft schwierig, weil es nicht einfach ist, ihn wirklich auf frischer Tat zu ertappen. Gelegentlich funktioniert es aber doch. Bringen Sie Ihrem Hund vorher im Haus bei, das Geräusch der Trai-

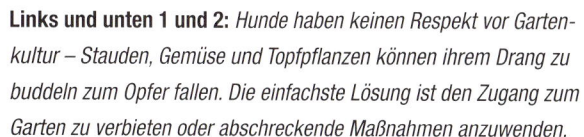

Links und unten 1 und 2: *Hunde haben keinen Respekt vor Gartenkultur – Stauden, Gemüse und Topfpflanzen können ihrem Drang zu buddeln zum Opfer fallen. Die einfachste Lösung ist den Zugang zum Garten zu verbieten oder abschreckende Maßnahmen anzuwenden.*

haftet und so die Neugier des Hundes geweckt wird. Gegen diese Art von Verhalten hilft es, die Pflanze im Stängel- und Wurzelbereich mit einem Bitterspray einzusprühen, das Hunde als ganz widerwärtig empfinden. Da der Regen das Spray wegspült, muss man die Behandlung nach dem Regen wiederholen.

ningsscheiben mit Ihren Kommandos zu assoziieren. Wenn er auf das Klappergeräusch der Scheiben in Ihren Händen richtig konditioniert ist, können Sie diese Reaktion auch nach draußen übertragen. Klappern Sie mit den Scheiben, wenn Sie Ihren Hund beim Graben erwischen. Die meisten Hunde hören sofort auf, wenn sie das Geräusch wahrnehmen, vorausgesetzt, dass sie vorher richtig konditioniert wurden.

Eine andere Methode ist, den Hund nur unter Aufsicht in den Garten zu lassen. Stecken Sie die Trainingsscheiben in Ihre Tasche. Beginnt Ihr Hund zu graben, werfen Sie die Scheiben direkt hinter ihm auf den Boden und befehlen Sie gleichzeitig »Nein!«. Ihr Hund wird abgelenkt und sobald er aufsieht, rufen Sie ihn freundlich zu sich und loben ihn fürs Kommen. Wichtig ist bei dieser Methode, dass der Hund Ihr Eingreifen nicht sieht. So kann er das Klappergeräusch mit »Nein!« in Verbindung bringen und wird mit dem Graben aufhören.

Abschreckendes Duftspray

Wenn Hunde frisch gepflanzte Büsche und Pflanzen ausgraben, liegt das häufig daran, dass ihnen noch menschlicher Geruch an-

> ### Zusammenfassung: Abschrecken
>
> ▷ Kennt der Hund die Bedeutung des Geräusches von Trainingsscheiben, kann man diese einsetzen, um ihn vom Graben abzuhalten.
>
> ▷ Sprühen Sie Gartenpflanzen mit einem Bitterspray ein.
>
> ▷ Wiederholen Sie das Einsprühen nach jedem Regen.

Oben 3: *Ein bitter schmeckendes Spray an der Pflanze hält die meisten Hunde vom Graben ab. Denken Sie daran, nach einem Regenguss erneut zu sprühen.*

Kapitel 20

▶Kotfressen

Hunde scheinen ein natürliches Bedürfnis zu haben, die Ausscheidungen von Pflanzenfressern wie Schafen, Rindern oder Pferden zu fressen. Uns erscheint das äußerst abstoßend, besonders bei der Vorstellung, dass der gleiche Hund uns vielleicht gleich anspringt und zur Begrüßung das Gesicht schleckt. Auch Katzenklos werden von manchen Hunden gern für eine kleine Zwischenmahlzeit aufgesucht – etwas, was viele Menschen ganz besonders ekelhaft finden. In solchen Fällen empfiehlt sich ein Katzenklo mit Deckel, dessen Eingang so klein ist, dass nur die Katze hindurch passt.

Kotfressen ist aber eigentlich etwas ganz Normales. Für den Hund bedeutet es eine Nahrungsergänzung zum Fleisch, die er instinktiv zu sich nimmt. Besonders trifft das für Welpen zu, die neugierig die Welt erkunden und erst noch lernen müssen, was man fressen kann.

Oben: *»Schön dich zu sehen, aber was hast du gerade gefressen?« Kot fressende Hunde stoßen uns ab, obwohl diese Gewohnheit für sie recht natürlich ist.*

Oft wird Nährstoffmangel als Ursache für das Kotfressen angeführt, ich kann diese Meinung aber aus meiner Erfahrung heraus nicht unterstützen. Die mir persönlich vorgestellten Hunde waren in tadellosem Gesundheitszustand und ausgewogen ernährt. Egal, was die Ursache ist, die Wirkung auf den Hundehalter bleibt der gleiche: Reine Abscheu! Leider ist es nicht immer einfach, dem Hund dieses Verhalten abzugewöhnen. Sie sollten es aber versuchen, denn beim Kotfressen kann sich Ihr Hund auch mit Darmparasiten infizieren.

▶ Tipps zur Vorbeugung

Hunde, die ihren eigenen Kot fressen
Die nahe liegendste Methode zur Vorbeu-

gung ist in diesem Fall, die Hinterlassenschaften Ihres Hundes sofort wegzuräumen. Sie können sich das Leben erleichtern, indem Sie ihn möglichst natürlich ernähren. Trockenfutter produziert in der Regel größere Kotmengen, weshalb ein

Unten: *Wenn ein Hund seinen eigenen Kot frisst, kann das ein Zeichen von Langeweile sein. Bieten Sie ihm genügend Ablenkung in Form von Spielsachen und Gesellschaft.*

Wechsel zu Fleisch, Pansen und Ähnlichem zu verringerter Ausscheidung führt. Besonders nach Genuss von Pansen scheidet der Hund dunklen, fast schwarzen Kot aus, der für ihn weniger schmackhaft ist. Wenn Sie nur einmal am Tag füttern, wird sich Ihr Hund auch weniger oft lösen müssen.

Meiner Meinung nach ist die häufigste Ursache, warum Welpen sich mit ihrem eigenen Kot zu beschäftigen beginnen, Langeweile. Wenn Hunde lange Zeit in uninteressanter Umgebung allein gelassen werden, lernen Sie das Kotfressen eher, besonders wenn die Ausscheidungen lange Zeit nicht weggeräumt werden. Diese frühe Konditionierung ist sehr prägend und die Antwort ist klar: Vermeiden Sie diese Situation und bieten Sie dem Hund von Anfang an ein abwechslungsreiches Leben mit Spielsachen und viel Beschäftigung mit Ihnen oder anderen Tieren.

Hunde, die den Kot anderer Tiere fressen
Der Kot von Pflanzenfressern ist für Hunde besonders attraktiv, der als Nahrungsergänzung dient. Wölfe haben kein Problem damit, größere Mengen Dung von Elchen, Hirschen oder anderen Tieren zu fressen und

Links: *Selbst das Kätzchen ist entsetzt! Katzenklos sind für manche Hunde attraktiv. Die Lösung ist einfach – ein Deckel darüber!*

wieder abnehmen, können Sie mit einer der anderen Methoden fortfahren.

Eine gute Methode, um Hunde am Fressen unerwünschter Dinge zu hindern, sind auch die im Abschnitt über Trainingshilfen beschriebenen Halsbänder mit Sprühfunktion. Das Spray ist ungiftig und sehr effektiv. Diese Halsbänder wirken, indem Sie eine dem Hund unangenehme Duftwolke freisetzen und ihm den Spaß an seinem ursprünglichen Vorhaben verleiden. Bei richtigem Timing hat diese Methode eine erstaunliche und positive Wirkung, aber Sie müssen die richtige Anwendung dieser Halsbänder von einem Trainer lernen.

damit ihren Nährstoffbedarf zu decken. Sie können pflanzliches Material nicht so vollständig verdauen wie ein Pflanzenfresser und so ist das Fressen von teilweise verdautem Pflanzenmaterial eine Möglichkeit, die benötigten Nährstoffe aufzunehmen. Wenn Hunde den Kot ihrer Artgenossen fressen, kann man ihnen einen speziellen Futterzusatz geben, der Schwefel enthält und im Fachhandel erhältlich ist. Die Ausscheidungen nehmen dadurch einen fauligen Geschmack an und werden weniger attraktiv. Der Erfolg dieser Methode ist aber nur durchschnittlich, wenn das Kotfressen als Gewohnheit bereits fest verankert ist.

Erziehung an der Leine

Wenn Sie mit dem Hund an Orten unterwegs sind, an denen er seiner schlechten Gewohnheit frönen könnte, leinen Sie ihn an einer etwa 9 m langen Nylonleine an. Solange Ihr Hund sie trägt, darf er wegen der Gefahr des Verhedderns nicht mit anderen Hunden spielen. Versucht Ihr Hund Kot zu fressen, rucken Sie kurz und scharf an der Leine und sagen gleichzeitig »Nein!«. Wenn

Sie konsequent vorgehen, kann diese Methode Wirkung zeigen. Loben Sie den Hund, wenn er zu Ihnen zurück kommt.

Ablenkungsmanöver

Der Erfolg dieser Methode hängt davon ab, ob Ihr Hund ein Lieblingsspielzeug hat, das er zu apportieren gelernt hat. Macht Ihr Hund Anstalten, Kot zu fressen, rufen Sie seinen Namen und »Bring!«, während Sie das Spielzeug werfen. Wenn der Hund zu Ihnen zurückkommt, rennen Sie rückwärts und loben ihn, sobald er bei Ihnen angekommen ist.

Abschreckende Methoden

Der einzig sichere Weg, um Hunde dauerhaft am Kotfressen zu hindern, ist ein Maulkorb – auch wenn das uns nicht immer gefällt. Ich wende diese Methode bevorzugt als sozusagen Starter im ersten Monat der Korrektur an, da sie fast hundertprozentig wirksam ist, um das unerwünschte Verhalten im Keim zu ersticken. Wenn Sie den Maulkorb

Oben: *Wenn die korrigierende Erziehung nicht hilft, kann ein Maulkorb nötig sein – keine schöne, aber eine wirksame Lösung.*

Kapitel 21

Jagd auf Menschen und Tiere

Das Jagen von Tieren ist einer der stärksten natürlichen Instinkte des Hundes. Verfolgungs- und Jagdverhalten ist für einen Hund so natürlich wie das Gehen für einen Menschen und ist Ausdruck des Wunsches, Beute zu erlegen. Sowohl dominante als auch ängstliche Hunde können Beuteaggressions mit Jagdverhalten zeigen. Dabei werden zwar die Verhaltensschritte durchlaufen, aber am Ende der Jagd kommt es gewöhnlich nicht zum Angriff und Töten der Beute. Das kann sich allerdings ändern, wenn der Hund mehr Übung hat. Wenn Ihr Hund andere Tiere oder Hunde auf aggressive Weise jagt, lesen Sie nochmals den Abschnitt über Aggressionen unter Hunden.

Das Verhalten gerät dann außer Kontrolle, wenn der Hund beginnt, ständig andere Tiere oder Menschen zu jagen. Jede erfolgreiche Jagd – belohnt durch den Anblick des flüchtenden Tieres oder Joggers – motiviert den Hund, es wieder zu tun. Wenn Sie schon im Frühstadium eingreifen, haben Sie aber eine gute Chance, das Problem im Keim zu ersticken und in der Zukunft völlig zu unterbinden.

Das Problem erkennen

Erkennen Sie das Problem so früh wie möglich. Leicht erregbare Hunde wie Border Collies oder Terrier werden oft zu Jägern, weil ihre Halter ihnen als Welpen erlaubt haben, hinter Kaninchen oder Eichhörnchen im Park herzujagen und dabei völlig übersehen haben, dass sie den Grundstein für ein späteres Problemverhalten legen. Ein Verhalten, das über mehrere Monate hinweg gezeigt wird, entwickelt sich zur festen Gewohnheit.

Viele Hunde langweilen sich bei Spaziergängen mit ihrem Besitzer. Sie beginnen, Ablenkung bei anderen Tieren und Menschen zu suchen und jagen zu Anfang allem hinterher, was sich schnell von ihnen weg bewegt. Dieses Verhalten wird durch Wiederholung bestärkt und es wird immer schwieriger, das Problem zu korrigieren. Jogger sind leichte Opfer, weil sie immer wegzulaufen scheinen, sobald der Hund bellt oder Ansätze von Jagdverhalten zeigt. Würde der Jogger sich umdrehen und den Hund einmal gründlich erschrecken, würde dieser die Verfolgung schnell weniger spaßig finden. Leider tun Jogger das nur selten.

Gehorsamserziehung

Gehorsamserziehung ist die beste Korrekturmethode, die man immer zuerst ausprobieren sollte. Lassen Sie sich von einem qualifizierten Trainer beraten und üben Sie dort, wo Ihr Hund den Jagdtrieb auslösenden Reizen ausgesetzt ist. Die Kommandos »Komm!« und »Platz, Bleib!«, aus der Entfernung gegeben, sind bei dieser Art von Problem besonders wichtig und müssen gründlich erlernt werden. Mit der Zeit sollten Sie so die Kontrolle über Ihren Hund gewinnen. Lesen Sie auch noch einmal den Abschnitt über das Training mit der Fährtenleine (S. 60).

Den Spieß umdrehen
(nur für Hunde, die Menschen jagen)

Bitten Sie einen Freund, den Ihr Hund nicht kennt, in der Gegend, wo sie gewöhnlich Spazieren gehen, zu joggen. Geben Sie ihm eine gefüllte Wasserpistole oder mit Wasser gefüllte Spülmittelflasche mit. Wird Ihr Freund nun von Ihrem Hund verfolgt wird, sollte er sich umdrehen und ihm Wasser ins Gesicht spritzen. Eine Alternative bietet ein so genannter Dog-Stop-Alarm, um den hinterher jagenden Hund zu erschrecken. Wurde der

Oben: *Wir alle erwarten, dass Hunde Katzen jagen – aber problematisch wird das Verhalten, wenn Menschen, Pferde, andere Hunde oder das Vieh zum Opfer werden. Ohne Korrektur wird das Verhalten immer schlimmer.*

Hund bereits auf das Geräusch von Trainingsscheiben konditioniert, kann man diese vor seine Pfoten werfen, während er sich auf Verfolgungsjagd befindet. Aus Sicht des Hundes wird das Jagen nicht mehr länger mit einem positiven Erlebnis belohnt – und das reicht oft schon aus, damit das Verhalten aufhört.

Das Jagdverhalten umlenken

Hunde lieben es, Dingen hinterher zu jagen, vor allem hinter Bällen. Die Ablenkungsmethode funktioniert

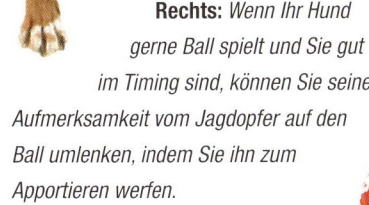

besonders bei Hunden, die sehr gerne apportieren. Üben Sie das Apportieren intensiv und spielen Sie dann nur noch Apportierspiele mit ihm, wenn Sie sich in der Umgebung befinden, in der er zum Jagdverhalten neigt. Ihr Ziel ist, die Aufmerksamkeit des Hundes vom Jagen auf das Apportieren umzulenken, und deshalb ist das richtige Timing entscheidend. Sie müssen seine Aufmerksamkeit auf das Apportieren lenken, wenn er gerade daran denkt, hinter etwas herzujagen und nicht erst, wenn er schon in vollem Lauf ist. Werfen Sie also den Ball zum richtigen Zeitpunkt und loben Sie Ihren Hund ausgiebig.

Rechts: Wenn Ihr Hund gerne Ball spielt und Sie gut im Timing sind, können Sie seine Aufmerksamkeit vom Jagdopfer auf den Ball umlenken, indem Sie ihn zum Apportieren werfen.

Elektroschockhalsband

Ein Sprayhalsband zusammen mit einem guten Gehorsamstraining ist sehr effektiv. Trotzdem gibt es auch schwere Fälle, bei denen ich auf ein Elektroschockhalsband zurückgreife. Das kann beispielsweise nötig sein, wenn ein Hund aggressiv Menschen oder Tiere jagt. An dieser Stelle muss aber eine Warnung ausgesprochen werden: Sie müssen den Umgang mit diesem Halsband üben, bevor Sie es das erste Mal einsetzen. Bei falscher Anwendung kann es den Hund stark traumatisieren. Kaufen Sie nie ein Elektroschockhalsband in der Hoffnung, Sie könnten am Hund üben, sondern gehen Sie zu einem kompetenten Hundetrainer oder Verhaltenstherapeuten.

Jagdverhalten verhindern

▷ Erkennen Sie das Problem frühzeitig und versuchen Sie das Verhalten zu korrigieren, bevor es zur Gewohnheit wird.

▷ Erziehen Sie Ihren Hund gründlich zum Grundgehorsam.

▷ Schrecken Sie den Hund während der Verfolgungsjagd mittels Wasserstrahl, lautem Geräusch oder Trainingsscheiben ab.

▷ Lenken Sie den Verfolgungstrieb des Hundes mit Hilfe eines Balles auf einen anderen Gegenstand um.

▷ Führen Sie das Trainingsprogramm zur Dominanzkontrolle durch (siehe Seite 44–47), um Ihre Autorität zu stärken.

▷ Lesen Sie das Kapitel über das Kommen aus Rufen und üben Sie den Befehl gründlich.

▷ Wenn Ihr Hund das Opfer zu beißen versucht, erwägen Sie den Einsatz eines Maulkorbs.

▶ Register

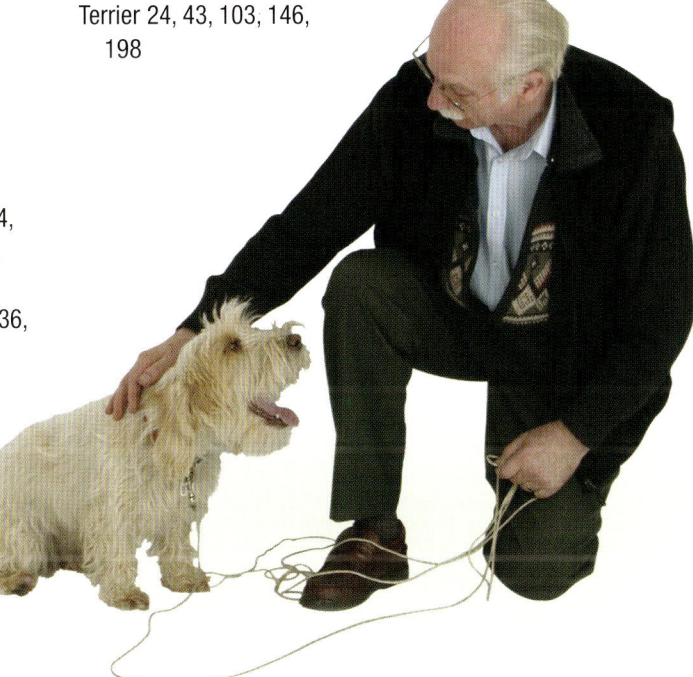

Impressum

Bibliografische Information Der Deutschen Bibliothek

Die Deutsche Bibliothek verzeichnet diese Publikation in der Deutschen Nationalbibliografie; detaillierte bibliografische Daten sind im Internet über http://dnb.ddb.de abrufbar.

Das Werk einschließlich aller seiner Teile ist urheberrechtlich geschützt. Jede Verwertung außerhalb des Urhebergesetzes ist ohne Zustimmung des Verlages unzulässig und strafbar. Das gilt insbesondere für Vervielfältigungen, Übersetzungen, Mikroverfilmungen und die Einspeicherung in elektronischen Systemen.

Es ist deshalb nicht gestattet, Abbildungen dieses Buches zu scannen, in PCs oder auf CDs zu speichern oder in PCs/Computern zu verändern oder einzeln und zusammen mit anderen Bildvorlagen zu manipulieren, es sei denn mit schriftlicher Genehmigung des Verlages.

Die im Buch veröffentlichen Ratschläge wurden von Verfasser und Verlag sorgfältig erarbeitet und geprüft. Eine Garantie kann dennoch nicht übernommen werden. Ebenso ist die Haftung der Verfasser bzw. des Verlages und seiner Beauftragten für Personen-, Sach- und Vermögensschäden ausgeschlossen.

Jede gewerbliche Nutzung der Arbeiten und Entwürfe ist nur mit Genehmigung von Verfasser und Verlag gestattet.

Bei der Verwendung im Unterricht ist auf dieses Buch hinzuweisen.

Titel der Origninalausgabe: Breaking bad habits in Dogs

© 2002 Interpret Publishing, Surrey, GB, all rights reserved

© Deutsche Ausgabe 2005 Knaur Ratgeber Verlage Ein Unternehmen der Droemerschen Verlagsanstalt Th. Knaur Nachf. GmbH & Co. KG, München

Übersetzung: Gisela Rau
Lektorat: Feryal Kanbay, München
Umschlagkonzeption: Zero Werbeagentur, München
Studio-Fotografie: David Ward, Colin Tennant, John Bowe
Satz: Uhl + Massopust, Aalen
Druck und Bindung: Sino Publishing House Ltd, Hong Kong

ISBN 3-426-64143-7

Printed and bound in China

Bitte besuchen Sie uns im Internet: www.droemer-knaur.de

Dank des Autors

Ich möchte mich an dieser Stelle bei allen Freunden und Kunden bedanken, die mir erlaubt haben Sie für dieses Buch zu fotografieren.
Mein spezieller Dank gilt: Christopher Harvey für die Arbeit im Studio; Gist, Saphie und Lillie, meine Hunde, John France
(Verhaltensexperte und Trainer); Ross McCarthy (Verhaltensexperte und Trainer); John Bowe für seine technische Unterstützung.
Außerdem danke ich John Ashford, Stephen, Juliet und Gabriella, Kelly Brown, Charlie Brown, Libby Grey und Mike Turner,
der mich bei der Schreibarbeit unterstützt hat.

Ein ganz besonderer Dank gilt Philip und Malcolm für ihre unermüdliche Unterstützung und unverzichtbare Hilfe
bei der Erstellung dieses komplexen Buches zum Thema Hunderverhalten.

Bildnachweis

Alle hier nicht aufgeführten Bilder stammen von David Ward, Colin Tennant und John Bowe.
Aufgenommen wurden Sie im Studio des Colin Tennant Forschungszentrums für
Caniden- und Felidenverhalten in Hertfordshire.
Sonstige: Monty Sloan, Wolf Park: Seite 16 oben links, 18-19 Mitte, 19 oben.
Neil Sutherland/Interpet: Seite 172 unten, 175 beide, 183 unten, 196 oben links, 196-197 oben, 199 rechts.